石油教材出版基金资助项目

高等院校特色规划教材
应用型大学特色建设教材

分析化学实验

王 月 龙彦辉 主编

石油工业出版社

内 容 提 要

本书针对有关普通本科院校实验教学以及开展应用型特色课程建设的需要编写，设计了定性分析实验、四大滴定分析实验、重量分析实验和光度分析实验，并增加了综合性设计实验和研究性设计实验。在重视基本操作和标准规范的基础上，强调实验的适用性、多样性和新颖性，将加强基础训练、注重能力培养、提高综合素质作为指导思想，通过综合性设计实验和研究性设计实验扩展学生的知识面，培养学生分析问题和解决问题的能力。

本书可作为高等院校化学、化工、制药、冶金、食品、石油、环境工程等专业的学生分析化学实验课的基础训练教材，也可供相关企事业单位的专业技术人员参考。

图书在版编目(CIP)数据

分析化学实验/王月，龙彦辉主编.—北京：石油工业出版社，2019.10

高等院校特色规划教材

ISBN 978-7-5183-3583-1

Ⅰ.①分… Ⅱ.①王…②龙… Ⅲ.①分析化学—化学实验—高等学校—教材 Ⅳ.①O652.1

中国版本图书馆 CIP 数据核字(2019)第 191158 号

出版发行：石油工业出版社
　　　　　(北京市朝阳区安华里2区1号楼　100011)
　　　　　网　　址：www.petropub.com
　　　　　编辑部：(010)64256990
　　　　　图书营销中心：(010)64523633　(010)64523731
经　　销：全国新华书店
排　　版：北京密东文创科技有限公司
印　　刷：北京中石油彩色印刷有限责任公司

2019年10月第1版　2019年10月第1次印刷
787毫米×1092毫米　开本：1/16　印张：14.5
字数：372千字

定价：30.00元
(如发现印装质量问题，我社图书营销中心负责调换)
版权所有，翻印必究

前　　言

为了加快应用型人才培养的步伐，聚焦专业转型内涵建设，建设特色鲜明的高水平应用型本科大学，亟须编写一批适用于应用型大学学生的教材。

分析化学是一门实践性很强的学科，而分析化学实验教学则是一门实用性、实践性非常强的课程，在化学、化工、制药、环境、食品、能源化工等专业的教学中具有特别重要的作用。通过学习本课程，学生不但可以掌握各种相关的知识和操作技能，而且能更好地理解理论教学的内容，同时也培养学生科学思维能力、动手能力和科研能力，使学生具备独立分析问题、解决问题的能力，为学习后续课程和将来从事化学、化工等方面的工作打下坚实的基础。

本教材由重庆科技学院化学化工学院化学系组织相关教师编写，由王月和龙彦辉担任主编，刘德蓉、董文丽和刘火安担任主审。同时，参加本书编写和审稿工作的还有易欢、刘佳、王云帆、邱会东、苏小东等老师。全书由王月负责统稿。

本书的编写得到了重庆市计量质量研究院李根容、重庆邮电大学徐红梅、重庆理工大学梁浩然的支持、指导和关心。本教材在编写过程中，参考了已出版的相关教材和大量的文献资料，并引用了其中的一些图表，主要参考书及文献资料已列于本教材后面。同时，本书还得到了石油工业出版社"石油教材出版基金"的支持，在此一并表示衷心的感谢。

由于编者水平有限，书中难免有不足和错误之处，敬请同行专家和广大读者提出宝贵意见。

编　者

2019 年 4 月

目　　录

第1章　分析化学实验基础知识 1
第1节　分析化学实验课程目标及要求 1
第2节　实验结果的记录、实验数据的处理和实验报告 2
第3节　实验室安全常识 5
第4节　分析化学实验室用水 9
第5节　常用试剂的规格及试剂的使用和保存 10
第6节　分析化学实验常用玻璃仪器的洗涤及干燥 12
第7节　溶液的配制及结果表示 14
实验1.1　常见玻璃仪器的洗涤及干燥 17
实验1.2　化学试剂及溶液的配制 18

第2章　定性分析实验 21
第1节　定性分析基础知识 21
第2节　定性分析常用仪器和基本操作 25
实验2.1　阳离子第Ⅰ组的分析 33
实验2.2　阳离子第ⅡA组的分析 35
实验2.3　阳离子第ⅡB组的分析 39
实验2.4　阳离子第Ⅲ组的分析 44
实验2.5　阳离子第Ⅳ组的分析 51
实验2.6　阳离子第Ⅴ组的分析 55
实验2.7　阳离子Ⅰ～Ⅴ组未知液的分析 57
实验2.8　阴离子的分组和初步试验、常见阴离子的分析 61
实验2.9　未知易溶盐分析 66
实验2.10　铜合金的定性分析 67

第3章　定量分析实验 68
第1节　分析天平及操作方法 68
第2节　滴定分析仪器及操作方法 72
第3节　沉淀重量分析仪器及操作方法 80
第4节　酸度计 86
第5节　分光光度计及操作方法 89
实验3.1　电子分析天平基本操作练习 92
实验3.2　滴定分析基本操作 95
实验3.3　容量仪器的校准 98

第4章 酸碱滴定实验 ... 102
实验4.1 氢氧化钠标准溶液的配制与标定 ... 102
实验4.2 盐酸标准溶液的配制与标定 ... 104
实验4.3 混合碱的分析测定(双指示剂法) ... 105
实验4.4 硫酸铵肥料中氮含量的测定(甲醛法) ... 108
实验4.5 食用醋中总酸度的测定 ... 110
实验4.6 工业纯碱总碱度的测定 ... 111
实验4.7 有机酸摩尔质量的测定 ... 113

第5章 配位滴定实验 ... 115
实验5.1 EDTA标准溶液的配制与标定 ... 115
实验5.2 自来水总硬度的测定 ... 117
实验5.3 铅铋混合液中Bi^{3+}、Pb^{2+}含量的连续测定 ... 119
实验5.4 铝合金中铝含量的测定 ... 121
实验5.5 胃舒平药片中Al_2O_3和MgO含量的测定 ... 124
实验5.6 蛋壳中Ca和Mg含量的测定 ... 127
实验5.7 铁铝混合液中铁、铝含量的连续测定 ... 129

第6章 氧化还原滴定实验 ... 132
实验6.1 高锰酸钾标准溶液的配制和标定 ... 132
实验6.2 过氧化氢含量的测定($KMnO_4$法) ... 135
实验6.3 铁矿石中铁含量的测定($K_2Cr_2O_7$无汞定铁法) ... 136
实验6.4 硫代硫酸钠标准溶液浓度的标定 ... 139
实验6.5 注射液中葡萄糖含量的测定 ... 142
实验6.6 铜合金中铜含量的测定 ... 144
实验6.7 维生素C药片中抗坏血酸含量的测定 ... 146
实验6.8 溴酸钾法测定苯酚的含量 ... 149

第7章 重量分析和沉淀滴定实验 ... 152
实验7.1 硝酸银标准溶液浓度的标定 ... 152
实验7.2 莫尔法测定可溶性氯化物中氯的含量 ... 154
实验7.3 可溶性钡盐中钡含量的测定 ... 156
实验7.4 钢铁中镍含量的测定 ... 158

第8章 吸光光度法实验 ... 161
实验8.1 邻二氮菲分光光度法测定微量铁 ... 161
实验8.2 磷钼蓝吸光光度法测定钢铁中的磷 ... 164
实验8.3 水样中六价铬含量的测定 ... 166
实验8.4 水样中铜的吸光光度法测定 ... 168

第9章 综合性设计实验 170

实验9.1　HCl—NH_4Cl 混合液中各组分含量的测定 171
实验9.2　HCl—H_3BO_3 混合液中各组分含量的测定 174
实验9.3　石灰石或白云石中钙、镁含量的测定 176
实验9.4　黄铜中铜、锌含量的测定 179
实验9.5　化工厂污水中化学需氧量的测定(高锰酸钾法) 182
实验9.6　三草酸合铁(Ⅲ)酸钾的合成及其组成与性质测定 184
实验9.7　吸光光度法测定天然水和废水中总磷含量 187
实验9.8　铅矿中铅含量的测定 190
实验9.9　硅酸盐水泥中主成分分析 192
实验9.10　硫酸四氨合铜(Ⅱ)的制备及组成分析 198

第10章 研究性设计实验 204

实验10.1　阿司匹林药片中乙酰水杨酸含量的测定 204
实验10.2　NH_3—NH_4Cl 混合液中各组分含量的测定 205
实验10.3　补钙制剂中钙含量的测定 205
实验10.4　白酒中糠醛含量的测定 206
实验10.5　洗衣粉中含磷量与碱度的测定 207
实验10.6　煤样中全硫的测定 208
实验10.7　水中亚硝酸盐氮的测定 208

参考文献 210

附录 211

附录1　某些离子和化合物的颜色 211
附录2　常用浓酸、浓碱的密度和常数 214
附录3　常用基准物质的干燥条件和应用 214
附录4　常用各种指示剂 215
附录5　常用缓冲溶液的配制 217
附录6　弱酸及其共轭碱在水中的离解常数(25℃,$I=0$) 218
附录7　微溶化合物的溶度积(18～25℃,$I=0$) 220
附录8　元素的相对原子质量(IUPAC,2009年公布) 222
附录9　常见化合物的相对分子质量 223
附录10　分析化学实验操作考试评分表 225

第1章 分析化学实验基础知识

第1节 分析化学实验课程目标及要求

一、分析化学实验课程目标

(1)通过严格的实验训练,培养学生正确熟练地掌握定性、定量分析化学实验的基本操作技能,学习并掌握典型的分析测定方法。

(2)充分运用所学的理论知识指导实验;培养手脑并用能力和统筹安排能力。在培养学生掌握实验的基本操作、基本技能和基本知识的同时,培养学生的科技创新意识与能力。

(3)确立"量""误差""有效数字"等概念;学会正确、合理地选择实验条件和实验仪器,保证实验结果的准确性和可靠性。

(4)结合综合性设计实验和研究性设计实验,通过自拟实验方案,培养学生的综合能力,如信息和资料的收集与整理能力,数据的记录与分析能力,问题的提出与证明、观点的表达与讨论等能力,并培养学生敢于质疑、勇于探究的精神和意识。

(5)培养严谨、实事求是、一丝不苟的科学态度和勤俭节约的优良作风;培养学生认真细致的工作作风以及相互协作的团队精神,为学习后续课程、参加实际工作和开展科学研究打下良好的基础。

二、分析化学实验课程要求

(1)开实验课前,由指导老师制定实验教学进度,每个实验提前一周备课,明确实验目的、要求和有关注意事项,做好记录。

(2)每次实验,指导老师提前进入实验室,检查实验设施,熟悉药品摆放情况,并准备试剂、试样、仪器设备等。

(3)实验过程中,教师应注意巡视观察,认真辅导,随时纠正个别学生不规范的操作。实验结束后,检查学生的数据记录和实验台卫生情况,提醒学生检查水、电、门窗等是否关好,然后告知实验室值班人员,经检查合格后方可允许学生离开。

(4)要求学生课前必须认真预习,理解实验原理,了解实验步骤,探寻影响实验结果的关键环节,做好必要的预习笔记。未预习者不得进行实验。

(5) 要求学生认真阅读"实验室安全制度"和"化学实验课学生守则",遵守实验室的各项规章制度,了解消防设施和安全通道的位置,树立环境保护意识,尽量降低化学物质(特别是有毒有害试剂以及洗液等)的消耗。

(6) 要求学生将所有的实验数据,尤其是各种测量的原始数据,必须随时记录在专用的、预先编好页码的实验记录本上。不得记录在其他任何地方,不得涂改原始实验数据。

(7) 要求学生保持实验室内安静、实验台面清洁整齐,爱护仪器和公共设施,树立良好的公共道德。

(8) 要求学生每次实验不得迟到。因病、因公缺席,必须请假。事后必须自己到实验室找老师补上所缺实验。

(9) 要求学生实验后能够正确分析和处理实验中的相关数据,合理表达和解释实验结果,并能给出合格的实验报告。在每次实验报告后附上自己学习本次实验的感受,特别欢迎提出宝贵的意见和建议。

总之,强调养成良好的分析化学实验习惯,做好以下几个方面:(1)预习在先、胸有成竹;(2)操作规范、胆大心细;(3)善于观察、多思好问;(4)实事求是、科学认真;(5)勤学苦练、学有所成。

第2节 实验结果的记录、实验数据的处理和实验报告

分析化学实验的任务是鉴定物质的组成并准确测定各组分的含量。为了得到准确的分析结果,不仅要求精确地进行各种测定,还要求正确地记录实验现象、数据等实验结果,并对结果进行分析、处理和报告。分析结果的数据不仅表达试样中被测组分的含量,还反映测量的准确度。因此,学会正确地记录实验现象及数据、书写实验报告、报告分析结果,是分析人员不可或缺的基本业务素质。

一、实验结果的记录

实验结果(包括实验现象、实验数据等)的记录应及时、准确、简明,不追记、漏记和凭印象记。其基本要求如下:

(1) 应有专门的、预先编有页码的实验记录本,不得撕去其中任何一页。绝不允许将实验结果记在单页纸上,或随意记在其他地方。

(2) 实验记录上要写明实验名称、日期、测定次数、实验现象、实验数据等。

(3) 实验记录及时、准确、清楚。

(4) 实验记录要有严谨的科学态度,实事求是,切忌夹杂主观因素,绝不能随意拼凑和伪造数据。

(5) 实验过程中涉及的各种特殊仪器的型号和标准溶液浓度等,需及时准确记录。

(6) 记录测量数据时,应注意其有效数字的位数,如用万分之一的分析天平称量时,要记录至0.0001g;滴定管及移液管的读数,应记录至0.01mL。实验记录上的每一个数据,都是测量结果,即使重复测量数据完全相同,也应如实记录。

(7) 进行记录时,对文字记录,应简明扼要;对数据记录,应用一定的表格形式,更为清楚明了。

(8) 在实验过程中,如发现数据算错、测错、记错或读错而需要改动时,可将该数据用一横线划去,并在其上方写上正确的数字。

二、实验数据的处理

(一) 列表

做完实验后,将获得的大量数据,应尽可能整齐地列表整理或表达出来,以便运算处理。列表时应注意以下几点:

(1) 每一个表都应有简明准确的名称;

(2) 在表的每一行或每一列的第一栏,要详细地写出名称、单位等;

(3) 在每一行中数字排列要整齐,位数和小数点要对齐,有效数字的位数要合理;

(4) 原始数据可与处理的结果写在一张表上,在表下注明处理方法和使用的公式。

(二) 数据的取舍

为了衡量分析结果的精密度,一般对一组测量结果 $x_1, x_2, \cdots, x_n$,计算出平均值 $\bar{x}$ 后,再用平均偏差 $\bar{d}$、相对平均偏差 $\bar{d}_r$、标准偏差 s、相对标准偏差 s_r 等表示出来。

分析化学实验中最常用的几种数据处理的公式如下:

$$\bar{x} = \frac{x_1 + x_2 + \cdots + x_n}{n} = \frac{\sum_{i=1}^{n} x_i}{n}$$

$$\bar{d} = \frac{|x_1 - \bar{x}| + |x_2 - \bar{x}| + \cdots + |x_n - \bar{x}|}{n} = \frac{\sum_{i=1}^{n} |x_i - \bar{x}|}{n}$$

$$\bar{d}_r = \frac{\sum_{i=1}^{n} |x_i - \bar{x}|}{n \times \bar{x}} \times 100\% = \frac{\bar{d}}{\bar{x}} \times 100\%$$

$$s = \sqrt{\frac{(x_1 - \bar{x})^2 + (x_2 - \bar{x})^2 + \cdots + (x_n - \bar{x})^2}{n - 1}} = \sqrt{\frac{\sum_{i=1}^{n} (x_i - \bar{x})^2}{n - 1}}$$

$$s_r = \frac{s}{\bar{x}} \times 100\%$$

其他有关实验数据的统计处理,请参考《分析化学》的有关章节和有关专著。

若某一数据偏差较大,需用统计学的方法进行处理,经确认为过失误差造成的,可以舍弃该数据,同时应分析原因并找出问题,重新实验并得到准确的结果;否则,不能随便舍弃。

(三) 作图

利用图形表达实验结果更直观,易显示出数据的特点。在作图时应注意以下几点:

(1) 坐标纸和比例尺的选择。最常用的坐标纸是直角坐标纸,其他如对数坐标纸、半对数坐标纸和三角坐标纸有时也会用到。在用直角坐标纸作图时,以自变量为横坐标,因变量为纵坐标,横坐标与纵坐标的读数一般从0开始,也有不是从0开始的,要视具体情况而定。作图时选择比例尺是极为重要的,因为比例尺的改变,将会引起曲线外形的变化。特别对于曲线的一些特殊性质,如极大值、极小值、转折点等,比例尺选择不当会使图形特点显示不清楚。比例尺的选择应遵循如下的规则:①要能表示出全部有效数字,以便从作图法求出的物理量的精确度与测量的精确度相适应。② 读数方便。图纸每小格所对应的数值应便于迅速简便地读数,便于计算。③充分利用图纸的全部面积,使全图布局匀称合理。选定比例尺后,画上坐标轴,注明该轴所代表变量的名称及单位。横轴读数自左至右,纵轴自下而上。

(2)作代表点。将测得数值的各点绘于图上,实验点用铅笔以 ×、□、○、△ 等符号标出(符号的大小表示误差的范围)。若测量的精确度很高,这些符号应作得小些,反之就大些。在一张图纸上如有数组不同的测量值时,各组测量值代表点应用不同符号表示,以示区别。

(3)连曲线。借助于曲线板或直尺把各点连成线,曲线应光滑均匀,细而清晰,曲线不必强求通过所有各点,实验点应该分布在曲线的两边,曲线的两边的点在数量上应近似于相等。代表点与曲线间的距离表示测量的误差,曲线与代表点间的距离应尽可能小。

(4)选用合适的绘图工具。铅笔应该削尖,线条才能明晰清楚。画线时应该用直尺或曲线尺辅助,不能光凭手来描绘。选用的直尺或曲线板应该透明,才能全面地观察实验点的分布情况,画出较理想的图形。

(5)写图名。写上清楚完备的图名。

也可利用电子计算机作图。

三、实验报告

实验完毕后,要及时而认真地写出实验报告,并在离开实验室前或指定时间交给老师。实验报告一般包括以下内容:

(1)实验名称和日期。

(2)实验目的。

(3)实验原理:简要地用文字和化学反应方程式表达,如标定和滴定反应的方程式或基准物和指示剂的选择,试剂浓度和分析结果的计算公式等。

(4)实验步骤:简明扼要写出。

(5)数据记录。

(6)实验数据处理。用文字、表格、图形,将数据表示出来,根据实验要求计算出分析结果、实验误差大小。

(7)结果分析与问题讨论。应对实验教材上的思考题和实验中观察到的现象,以及产生误差的原因进行讨论和分析,以提高自己分析问题和解决问题的能力。

上述各项内容的繁简取舍,应根据各实验的具体情况而定,以清楚、简练、整齐为原则。实验报告中的有些内容,如原理、表格、计算公式等,要求在实验预习时准备好,其他内容则可在实验过程中以及实验完成后填写、计算和撰写。

四、分析化学实验考核要求及评分标准

(1)平时实验成绩(占总成绩的60%),包括四部分:预习10%;实验操作过程40%;实验

结果与实验报告(含实验数据、结果计算与结果分析)40%;实验纪律(出勤、课堂纪律)与清洁卫生等10%。

(2)考试实验成绩(占总成绩的40%)。

备注:若无考试实验成绩,则分析化学实验总成绩由平时实验成绩相加而成。

第3节　实验室安全常识

在长期的化学实验工作过程中,总结出关于实验室工作安全的一句俗语:"水、电、门、窗、气、废、药"。这七个字,涵盖了实验室工作中使用水、电、气体、试剂、实验过程产生的废物处理和安全防范的关键字眼。

一、实验室用水安全

使用自来水后要及时关闭阀门,尤其遇突然停水时,要立即关闭阀门,以防来水后跑水。离开实验室之前,应再检查自来水阀门是否完全关闭(使用冷凝器时较容易忘记关闭冷却水)。

二、实验室用电安全

实验室用电有十分严格的要求,不能随意。必须注意以下几点:

(1)所有电器必须由专业人员安装。

(2)不得任意另拉、另接电线用电。

(3)在使用电器时,先详细阅读有关的说明书及资料,并按照要求去做。

(4)所有电器的用电量应与实验室的供电及用电端口匹配,决不可超负荷运行,以免发生事故。谨记:任何情况下发现用电问题(事故)时,先关电源。

(5)发生触电事故的应急处理:如若遇触电事故,应立即使触电者脱离电源,即拉下电源或用绝缘物将电源线拨开(注意千万不能徒手去拉触电者,以免抢救者也被电流击倒)。同时,应立即将触电者抬至空气新鲜处,如电击伤害较轻,则触电者短时间内可恢复知觉;若电击伤害严重或已停止呼吸,则应立即为触电者解开上衣并及时做人工呼吸和给氧。对触电者的抢救必须要有耐心(有时要连续数小时),同时忌注射强心兴奋剂。

三、实验室用火(热源)安全

目前,实验过程使用的热源大多用电,但也有少数直接用明火(如用煤气灯)。不管采用什么形式获得热源都必须十分注意用火(热源)的规定及要求:

(1)使用燃气热源装置,应经常对管道或气罐进行检漏,避免发生泄漏引起火警。

(2)加热易燃试剂时,必须使用水浴、油浴或电热套,绝对不可使用明火。

(3)若加热温度有可能达到被加热物质的沸点,则必须加入沸石(或碎瓷片),以防暴沸伤人。实验进行中不得离开实验现场。

(4)用于加热的装置,必须是规范厂家的产品,不可随意使用简便的器具代用。

如果在实验过程发生火灾,第一时间要做的是:将电源和热源(或煤气等)断开。起火范围小可以立即用合适的灭火器材进行灭火,但若火势有蔓延趋势,必须同时立即报警。常用的灭火器及其适用范围见表1.1。

表1.1 常用的灭火器及其适用范围

灭火器类型	主要成分	适用范围
水型灭火器	水	A类火灾场所
泡沫灭火器	蛋白泡沫、氟蛋白泡沫、水成膜泡沫	A类火灾场所、B类火灾场所
二氧化碳灭火器	液体CO_2	B类火灾场所、C类火灾场所、E类火灾场所
干粉灭火器(碳酸氢钠)	碳酸氢钠及适量润滑剂、防潮剂	B类火灾场所、C类火灾场所、E类火灾场所
干粉灭火器(磷酸铵盐)	磷酸铵盐及适量润滑剂、防潮剂	A类火灾场所、B类火灾场所、C类火灾场所、E类火灾场所
卤代烷灭火器(1211)	CF_2ClBr	B类火灾场所、C类火灾场所、E类火灾场所
专用灭火器(扑灭金属火灾)		D类火灾场所

水虽是人所共知的常用灭火材料,但在化学实验室的灭火中要慎用。因为大部分易燃的有机溶剂都比水轻,会浮在水面上流动,此时用水灭火,非但不能灭火反而使火势扩大蔓延;还有的溶剂与水发生剧烈的反应产生大量的热能引起燃烧加剧甚至爆炸。

根据燃烧物质的性质,灭火器配置场所火灾种类可划分为A、B、C、D、E五类,必须根据不同的火灾原因,选择相应的灭火器材。火灾类别及其灭火器材的选用见表1.2。

表1.2 火灾类别及其灭火器材的选用

火灾类型	燃烧物质	灭火器种类	注意事项
A类火灾	固体物质火灾	水型灭火器、磷酸铵盐灭火器、泡沫灭火器、卤代烷灭火器	(1)在同一灭火器配置场所,宜选用相同类型和操作方法的灭火器。当同一灭火器配置场所存在不同火灾种类时,应选用通用灭火器。 (2)在同一灭火器配置场所,当选用两种或两种以上类型灭火器时,应采用灭火器相容的灭火器。 (3)扑灭E类火灾(带电火灾)不得选用装有金属喇叭筒的二氧化碳灭火器
B类火灾	液体火灾或可熔化固体物质火灾	泡沫灭火器、磷酸铵盐灭火器、碳酸氢钠灭火器、二氧化碳灭火器	
C类火灾	气体火灾	磷酸铵盐灭火器、碳酸氢钠灭火器、二氧化碳灭火器、卤代烷灭火器	
D类火灾	金属火灾	砂土、扑灭金属火灾专用灭火器	
E类火灾(带电火灾)	物体带电燃烧的火灾	磷酸铵盐灭火器、碳酸氢钠灭火器、二氧化碳灭火器、卤代烷灭火器	

四、实验室使用压缩气的安全

使用压缩气(钢瓶)时应注意：
(1)压缩气体钢瓶有明确的外部标识，内容气体与外部标识一致。
(2)搬运及存放压缩气体钢瓶时，一定要将钢瓶上的安全帽旋紧。
(3)搬运气瓶时，要用特殊的担架或小车，不得将手扶在气门上，以防气门被打开。气瓶直立放置时，要用铁链等进行固定。
(4)开启压缩气体钢瓶的气门开关及减压阀时，旋开速度不能太快，而应逐渐打开，以免气流过急流出，发生危险。
(5)瓶内气体不得用尽，剩余残压一般不应小于数百千帕，否则将导致空气或其他气体进入钢瓶。

五、化学实验废液(物)的安全处理

由于化学实验室的实验项目繁多，所使用的试剂与反应后的废物也不尽相同，很多有毒有害物质不能随手倒在水槽中。例如，氰化物的废液，若倒入强酸的介质中将立即产生剧毒的 HCN，因此，一般将含有氰化物的废液倒入碱性亚铁盐溶液中使其转化为亚铁氰化物盐类，再作为废液进行集中处理；又如重铬酸钾标准溶液是常用的标准溶液之一，剩余的重铬酸钾溶液应将其转化为三价铬后再作废液处理，决不允许未经处理就倒入下水道。比如 GB 8978—1996《污水综合排放标准》对第一类污染物(指能在环境或动物体内蓄积，对人体产生长远影响的污染物)允许排放的浓度作了严格的规定，见表1.3。

表1.3 第一类污染物的最高允许排放浓度

污染物	最高允许排放浓度，$mg \cdot L^{-1}$
六价铬	0.5
总砷	0.5
总铅	1.0
总镍	1.0
苯并(a)芘	0.00003
总汞	0.05(烧碱行业采用0.005)
烷基汞	不得检出
总镉	0.1
总铬	1.5

(1)含汞盐废液的处理：将废液调至 pH 为 8~10，加入过量的硫化钠，使其生成硫化汞沉淀，再加入共沉淀剂硫酸亚铁，生成的硫化铁吸附溶液中悬浮的硫化汞微粒而生成共沉淀。弃去清液，残渣用焙烧法回收汞，或再制成汞盐。

(2)含砷废液的处理：加入氧化钙，调节 pH 为 8，生成砷酸钙和亚砷酸钙沉淀，或调节 pH

为10以上,加入硫化钠与砷反应,生成难溶低毒的硫化物沉淀。

(3)含铅、镉废液的处理:用消石灰将 pH 调节至 8~10,使 Pb^{2+}、Cd^{2+} 生成 $Pb(OH)_2$ 和 $Cd(OH)_2$ 沉淀,加入硫化亚铁作为共沉淀剂,使之沉淀。

(4)含氰废液的处理:用氢氧化钠调节 pH 为10以上,加入过量的高锰酸钾(3%)溶液,使 CN^- 氧化分解。如 CN^- 含量高,可加入过量的次氯酸钙和氢氧化钠溶液。

(5)含氟废液的处理:加入石灰生成氟化钙沉淀。

(6)含 Cr(Ⅵ)废液的处理:我国环境保护有关规定,Cr(Ⅵ)最高允许排放浓度为 $0.5 mg \cdot L^{-1}$,而有些国家往往限制到 $0.05 mg \cdot L^{-1}$。Cr(Ⅵ)处理一般常用化学还原法,还原剂可用 SO_2 等(二氧化硫、硫酸亚铁、亚硫酸氢钠等),例如:

$$2SO_2 + 2H_2O == 2H_2SO_4$$

$$3SO_2 + Na_2Cr_2O_7 + H_2SO_4 == Cr_2(SO_4)_3 + Na_2SO_4 + H_2O$$

铬酸盐被还原后,应使用石灰或氢氧化钠将铬酸盐转化成氢氧化铬从水中沉淀下来再另作处理:

$$Cr_2(SO_4)_3 + 3Ca(OH)_2 == 2Cr(OH)_3 \downarrow + 3CaSO_4$$

六、化学实验室的安全防范

由于化学实验室一般都存放有化学试剂、易燃易爆的气体、有机溶剂等,因此,必须十分重视实验室的安全防范工作。对所有在实验室工作的人员和上实验课的学生,都必须进行安全教育,使所有人员都知道如何安全地进行工作和学习,更应该知道当事故发生时,应如何面对和采取怎样的应急措施。

七、分析化学实验室安全守则

(1)实验前做好预习,熟悉每个实验的原理、规范操作和要求、药品性质及安全注意事项。

(2)实验时服从任课教师、实验指导教师或实验管理人员的指导,严格按照规定操作。未经教师同意,不得任意改变规定的操作方法和药品的用量。

(3)加强个人防护意识,不得穿拖鞋进入实验室,严禁在实验室内饮食吸烟,严禁把食品和餐具带进实验室,实验完毕,必须洗净双手。

(4)倾注药品或加热液体时,不要俯视容器,以防溅出。试管加热时,切记不要使管口向着自己或别人。

(5)储存挥发和易燃物质的容器,应远离火源。

(6)浓酸和浓碱具有强腐蚀性,切忌溅在皮肤或衣服上。

(7)绝对不允许把各种化学药品任意混合,以免发生意外事故。

(8)未经教师允许,严禁将药品带出实验室。

(9)爱护实验仪器和设备,搞好实验室清洁卫生。

第4节 分析化学实验室用水

一、纯水的规格

在分析化学实验中,应根据所做实验对水质量的要求,合理地选用不同规格的纯水。GB/T 6682—2008《分析实验室用水规格和试验方法》中规定了实验室用水的技术指标、制备方法和检验方法等。各级实验室用水的级别及主要技术指标见表1.4。

表1.4 各级实验室用水的级别及主要技术指标

指标名称	一级	二级	三级
pH 范围(25℃)	—	—	5.0~7.0
电导率(25℃),mS·m^{-1}	≤0.01	≤0.10	≤0.50
可氧化物质(以 O 计),mg·L^{-1}	—	≤0.08	≤0.4
吸光度(254nm,1cm 光程)	≤0.001	≤0.01	—
蒸发残渣(105℃±2℃),mg·L^{-1}	—	≤1.0	≤2.0
可溶性硅(以 SiO$_2$ 计),mg·L^{-1}	≤0.01	≤0.02	—

注:(1)在一级水、二级水条件下,难以测定其 pH,故不作规定。
(2)一级水、二级水的电导率必须用新制备的水"在线"测定。
(3)在一级水的纯度下,难以测定可氧化物质和蒸发残渣,故不作规定。

二、纯水的储存和用途

(一)储存

各级用水均可使用密闭的、专用的聚乙烯容器。三级水也可用密闭的专用玻璃容器。新容器在使用前需用盐酸溶液浸泡 2~3d,再用待装水反复冲洗,并注满待装水浸泡 6h 以上。

各级用水在储存期间,其污染的主要来源是容器的可溶性成分溶解,如空气中的二氧化碳和其他杂质。因此一级水不可储存,应使用前制备。二级水、三级水可适量制备,分别储存在预先经同级水清洗过的相应容器中。

(二)用途

一级水用于有严格分析要求的分析化学实验,包括对颗粒有要求的实验,如高效液相色谱分析用水。一级水可由二级水经过石英设备蒸馏或离子交换混床处理后,再经 0.2μm 滤膜过滤来制备。二级水用于无机痕量分析等实验,如原子吸收光谱分析用水。二级水可由多次蒸馏或离子交换等方法来制备。三级水用于一般分析化学实验,如普通化学分析用水。三级水可由蒸馏或离子交换等方法制备。

三、纯水的制备

纯水的制备方法常有蒸馏法、离子交换法、电渗析法、反渗透法等。各种方法的原理、设备、特点及应用见表1.5。

表1.5　纯水的制备方法分类

名称	原理	设备	特点	应用
蒸馏法	利用水与杂质的沸点不同	玻璃、铜、石英等蒸馏器	操作简单、成本低。能除去非蒸发性杂质；不能除去易溶于水的气体。不同材质的蒸发器带入的杂质不同（Na^+、SiO_3^{2-}、Cu^{2+}等）	定性分析、一般工业分析
离子交换法	利用阳离子交换树脂可交换除去水中的阳离子，阴离子交换树脂可交换除去水中的阴离子	强酸性阳离子交换树脂柱、强碱性阴离子交换树脂柱	设备简单，节约能源；水质纯度高。不能完全除去非电解质和有机物	化工、冶金、环保、医药、食品等
电渗析法	利用离子交换膜的选择透过性：阳离子膜只允许阳离子透过，阴离子膜只允许阴离子透过	直流电源、电渗析仪	不能除去非离子型杂质	一般工业用水
反渗透法	利用水分子在压力作用下，通过反渗透膜成为纯水	电源、反渗透仪	可有效除去水中的溶解盐、胶体、细菌及病毒、大部分有机物等	环保、医药、食品等行业用水

第5节　常用试剂的规格及试剂的使用和保存

分析化学实验中所用试剂的质量，直接影响分析结果的准确性，因此应根据分析方法的灵敏度与选择性、分析对象的含量及对分析结果准确度的要求等，合理选择相应级别的试剂，在既保证实验正常进行的同时，又可避免不必要的浪费。

另外试剂应合理保存，避免沾污和变质。

一、常用试剂的规格

化学试剂产品及门类很多，世界各国对化学试剂的分类和分级标准不尽相同。我国化学试剂产品有国家标准（GB）、专业（行业）标准及企业标准（QB）等。国际标准化组织（ISO）和国际纯粹化学与应用化学联合会（IUPAC）也有很多相应的标准和规定。例如 IUPAC 对化学标准物质的分级有 A 级、B 级、C 级、D 级和 E 级。本书只简要地介绍标准试剂、一般试剂、高纯试剂和专用试剂。

（一）标准试剂

标准试剂是用于衡量其他(待测)物质化学量的标准物质,习惯称为基准试剂,其特点是主体含量高,使用可靠。国家规定滴定分析第一基准和滴定分析工作基准,其主体含量分别为 $100\%\pm0.02\%$ 和 $100\%\pm0.05\%$。主要国产标准试剂的规格及用途见表1.6。

表1.6 主要国产标准试剂的规格及用途

类别	主要用途	相当于 IUPAC 的级别
滴定分析第一基准试剂	工作基准试剂的定值	C 级
滴定分析工作基准试剂	滴定分析标准溶液的定值	D 级
滴定分析标准溶液	滴定分析法测定物质的含量	E 级
杂质分析标准溶液	仪器及化学分析中作为微量杂质分析的标准	
一级 pH 基准试剂	pH 基准试剂的定值和高精密度 pH 计的校准	C 级
pH 基准试剂	pH 计的校准(定位)	D 级
热值分析试剂	热值分析仪的标定	
气相色谱分析标准试剂	气相色谱法进行定性和定量分析的标准	
临床分析标准溶液	临床分析化验标准	
农药分析标准试剂	农药分析的标准	
有机元素分析标准试剂	有机物元素分析的标准	E 级

（二）一般试剂

一般试剂是实验室最普遍使用的试剂,其规格是以其中所含杂质的多少来划分,包括通用的一、二、三、四级试剂和生化试剂等。一般试剂的规格及选用列于表1.7。

表1.7 一般试剂的规格及选用

级别	中文名称	英文符号	适用范围	标签颜色
一级	优级纯(保证试剂)	GR	精密分析实验	绿色
二级	分析纯(分析试剂)	AR	一般分析实验	红色
三级	化学纯	CP	一般化学实验	蓝色
四级	实验试剂	LR	一般化学实验辅助试剂	棕色或其他颜色
生化试剂	生化试剂、生物染色剂	BR	生物化学及医用化学实验	咖啡色、玫瑰色

（三）高纯试剂

高纯试剂最大的特点是其杂质含量比优级或基准试剂都低,用于微量或痕量分析中试样的分解和试液的制备,可最大限度地减少空白值带来的干扰,提高测定结果的可靠性。同时,高纯试剂的技术指标中,主体成分与优级或基准试剂相当,但标明杂质含量的项目则多1~2倍。

（四）专用试剂

专用试剂顾名思义是指专门用途的试剂,例如在色谱分析法中用的色谱纯试剂,色谱分析专用载体、填料、固定液和薄层分析试剂,光学分析法中使用的光谱纯试剂和其他分析法中的专用试剂。专用试剂除了符合高纯试剂的要求外,更重要的是在特定的用途中,其干扰的杂质成分不产生明显干扰的限度之下。

二、使用试剂注意事项

(1)打开瓶盖(塞)取出试剂后,应立即将瓶盖(塞)盖好,以免试剂吸潮、沾污和变质。

(2)瓶盖(塞)应倒置放在桌子上(或安全位置),不许随意放置,以免被其他物质沾污,影响原瓶试剂质量。

(3)试剂应直接从原试剂瓶取用,多取的试剂不允许倒回原试剂瓶。

(4)固体试剂应用洁净干燥的小勺取用。取用强碱性试剂后的小勺应立即洗净,以免腐蚀。

(5)用吸管取用液态试剂时,决不允许用同一吸管吸取两种不同的试剂。

(6)盛装试剂的瓶上,应贴有标明试剂名称、规格及出厂日期的标签。没有标签或标签字迹难以辨认的试剂,在未确定其成分前,不能随便取用。

三、试剂的保存

试剂放置不当可能引起质量和组分的变化,因此,正确保存试剂非常重要。一般化学试剂应保存在通风良好、干净的房子里,避免水分、灰尘及其他物质的污染,并根据试剂的性质采取相应的保存方法和措施。

(1)容易腐蚀玻璃、影响试剂纯度的试剂,应保存在塑料或涂有石蜡的玻璃瓶中,如氢氟酸、氟化物(氟化钠、氟化钾、氟化铵)、苛性碱(氢氧化钾、氢氧化钠)等。

(2)见光易分解、遇空气易被氧化和易挥发的试剂应保存在棕色瓶里,放置在冷暗处,如过氧化氢(双氧水)、硝酸银、焦性没食子酸、高锰酸钾、草酸、铋酸钠等属见光易分解物质,氯化亚锡、硫酸亚铁、亚硫酸钠等属易被空气逐渐氧化的物质,溴、氨水及大多有机溶剂属易挥发的物质。

(3)吸水性强的试剂应严格密封保存,如无水碳酸钠、苛性钠、过氧化物等。

(4)易相互作用、易燃、易爆炸的试剂,应分开储存在阴凉通风的地方,如酸与氨水、氧化剂与还原剂属易相互作用物质,有机溶剂属易燃试剂,氯酸、过氧化氢、硝基化合物属易爆炸试剂等。

(5)剧毒试剂应专门保管,严格取用手续,以免发生中毒事故,如氰化物(氰化钾、氰化钠)、氢氟酸、氯化汞、三氧化二砷(砒霜)等。

第6节　分析化学实验常用玻璃仪器的洗涤及干燥

分析化学实验中常用到各种玻璃仪器。这些仪器在使用之前,均应洗涤干净,有的甚至需要干燥。

在分析工作中,洗涤玻璃仪器不仅是实验前的准备工作,也是一项技术性的工作。仪器洗涤是否符合要求,对分析结果的准确度和精确度均有影响。不同分析工作(如工业分析、一般化学分析和微量分析等)有不同的仪器洗涤要求,现主要以化学分析为基础介绍玻璃仪器的洗涤方法。

一、洗涤原理

选择合适的溶剂,利用洗涤剂与污物之间的化学反应或物理化学作用,使污物脱离容器壁后与溶剂一起流走,用自来水洗净后,再用纯水按"少量多次"的原则洗涤器皿内壁 2~3 次。

二、洗涤方法

常用的烧杯、锥形瓶、试剂瓶、量杯、量筒、滴瓶等一般玻璃器皿,洗涤方法如下:

(1)用水刷洗:使用各种形状的毛刷蘸水刷洗仪器,用水冲去可溶性物质及刷去表面黏附的污物,再用纯水或蒸馏水润洗仪器内壁三次。

(2)用合成洗涤溶液刷洗:先用自来水洗去仪器表面的灰尘,后用毛刷蘸取 0.1%~0.5% 的洗涤液刷洗,再用自来水冲洗干净,最后用纯水或蒸馏水润洗仪器内壁三次。

滴定管、移液管、吸量管和容量瓶等具有精密刻度的玻璃量器,不宜用刷子刷洗,可将 0.1%~0.5% 的洗涤液倒入容器内,摇动几分钟,必要时可温热或短时间浸泡,弃去,用自来水洗涤干净,再用纯水或蒸馏水润洗仪器内壁三次。

若用洗涤液未洗干净,可用铬酸洗液洗涤。方法如下:先用自来水洗去尘土和水溶性污物,然后尽可能倾掉残留液,再加入少量铬酸洗液,慢慢地转动仪器,使其内壁全部浸润(注意不能让洗液流出来),旋转几周后,把洗液倒回原瓶,最后依次用自来水、纯水冲洗干净。也可以用铬酸清洗液处理一段时间(一般放置过夜),然后用自来水清洗,最后用纯水冲洗内壁 2~3 次。

光度分析用的比色皿,是用光学玻璃制成的,不能用毛刷刷洗,应根据不同情况采用不同的洗涤方法。常用的洗涤方法是将比色皿浸泡于热的洗涤液中,一段时间后冲洗干净即可。被有色物质沾污的容量瓶等用此法也很有效。

此外,分析化学实验室常用洗涤剂还有稀 HCl 溶液、NaOH—$KMnO_4$ 溶液、乙醇及其与盐酸或氢氧化钠的混合液等。

针对仪器污染物的性质,采用不同洗涤液能有效地洗净仪器。要注意在使用各种性质不同的洗液时,一定要把上一种洗涤液除去后再用另一种,以免相互作用生成的产物更难洗净。常用洗涤液及使用方法见表 1.8。

表 1.8 常用洗涤液及使用方法

洗涤液及其配方	使用方法
铬酸洗液(铬酸钾—浓硫酸溶液):研细的重铬酸钾 10g 加热溶于 20mL 水中后,冷却,在搅拌下慢慢加入 200mL 浓硫酸。溶液为暗红色,储存于磨口玻璃瓶中备用	用于去除器壁残留油污,用少量洗液刷洗或浸泡一夜。铬酸洗液可重复使用,当溶液为绿色时则失效。 由于铬酸洗液是一种酸性很强的强氧化剂,腐蚀性很强,易烫伤皮肤、烧坏衣服,且铬有毒,所以使用时要注意安全和环境保护
工业盐酸(浓度为 1:1)	用于洗去碱性物质及大多数无机物残渣
碱性洗液:10% 氢氧化钠水溶液或乙醇溶液	水溶液加热(可煮沸)使用,其去油效果较好。注意:煮的时间太长会腐蚀玻璃,碱—乙醇洗液不要加热

续表

洗涤液及其配方	使用方法
碱性高锰酸钾洗液:4g 高锰酸钾溶于水中,加入 10g 氢氧化钠,用水稀释至100mL	洗涤油污或其他有机物,洗后容器沾污处有褐色二氧化锰析出,再用浓盐酸或草酸洗液、硫酸亚铁、亚硫酸钠等还原剂去除
草酸洗液:5~10g 草酸溶于100mL 水中,加入少量浓盐酸	洗涤高锰酸钾洗液后产生的二氧化锰,必要时加热使用
有机溶剂:苯、乙醇、二氯乙烷等	可洗去油污或可溶于该溶剂的有机物质,使用时要注意其毒性及可燃性。 用乙醇配制的指示剂干渣、比色皿,可用盐酸—乙醇(1:2)洗液洗涤
乙醇、浓硝酸 注意:不可事先混合!	用一般方法很难洗净的少量残留有机物,可用此法:于容器内加入不多于2mL 的乙醇,加入10mL 浓硝酸,静置即发生激烈反应,放出大量热及二氧化氮,反应停止后再用水冲。此操作应在通风橱中进行,不可塞住容器,作好防护

洗涤干净的玻璃仪器在倒置时,水流出后,器壁内壁应不挂小水珠。然后再用少许纯水或蒸馏水润洗仪器内壁三次,洗去残留自来水带来的杂质,即可使用。注意:

(1)洗刷仪器时,应首先将手洗净,免得手上的油污附在仪器上,增加洗刷的困难。

(2)及时洗涤玻璃仪器。有些化学实验的残液,搁置一段时间后,挥发性溶剂逸去,就有残留物附着到仪器内壁,使洗涤变得困难;还有一些物质,能与仪器的本身部分发生反应,若不及时洗涤将使仪器受损,甚至报废。

(3)切不可盲目地将各种试剂混合作洗涤剂使用,也不可任意使用各种试剂来洗涤玻璃仪器。

(4)实验结束后,仪器用自来水洗涤干净后,放入指定位置。

第7节 溶液的配制及结果表示

在分析化学实验中,常常需要配制各种溶液来满足不同实验的要求。如果实验对溶液浓度的准确性要求不高,一般利用台秤、量筒、烧杯等低准确度的仪器配制就能满足需要;如果实验对溶液浓度的准确性要求较高,如定量分析实验,这就需要使用分析天平、移液管、容量瓶等高准确度的仪器来配制溶液。

对于易水解的物质,在配制溶液时还要考虑先用相应的酸溶解易水解的物质,再加水稀释。无论是粗配还是准确配制一定体积、一定浓度的溶液,首先要计算所需试剂的用量,包括固体试剂的质量或液体试剂的体积(称量或量取),然后再进行配制。不同浓度的溶液在配制时的具体计算及配制步骤如下。

一、由固体试剂配制溶液

(一)质量分数(百分浓度)

$$w = \frac{m_{溶质}}{m_{溶质} + m_{溶剂}} \times 100\%$$

$$m_{溶质} = \frac{wm_{溶剂}}{1-w} = \frac{w\rho_{溶剂}V_{溶剂}}{1-w}$$

如果溶剂为水(4℃时,$\rho_{溶剂} = 1.000\text{g}\cdot\text{mL}^{-1}$),则

$$m_{溶质} = \frac{wV_{溶剂}}{1-w}$$

式中　w——溶质质量分数;
　　　$m_{溶质}$——固体试剂的质量,g;
　　　$m_{溶剂}$——溶剂质量,g;
　　　$V_{溶质}$——溶剂体积,mL;
　　　$\rho_{溶剂}$——溶剂的密度,$\text{g}\cdot\text{mL}^{-1}$。

计算出配制一定质量分数溶液所需固体试剂质量,用台秤称取,倒入烧杯,再用量筒量取所需溶剂(如去离子、蒸馏水等),水倒入烧杯,搅拌,使固体完全溶解即得所需溶液,将溶液倒入试剂瓶中,贴上标签备用。

(二)物质的量浓度(摩尔浓度)

$$m_{溶质} = cVM$$

$$c = \frac{m}{MV}$$

式中　c——物质的量浓度,$\text{mol}\cdot\text{L}^{-1}$;
　　　V——溶液体积,L;
　　　M——固体试剂摩尔质量,$\text{g}\cdot\text{mol}^{-1}$。

(三)物质的质量浓度

$$\rho = \frac{m}{V}$$

式中　ρ——物质的质量浓度,$\text{g}\cdot\text{L}^{-1}$;
　　　V——溶液体积,L。

(1)粗略配制。计算出配制一定体积溶液所需固体试剂的质量,用台秤称取所需试剂,倒入带刻度烧杯中,加入少量蒸馏水(或其他溶剂)搅拌使固体全部溶解,用蒸馏水稀释至所需刻度,即得所需溶液。然后将溶液移入试剂瓶中,贴上标签,待标定或待测使用。

(2)准确配制。计算出配制一定体积准确浓度溶液所需固体试剂的质量,并在电子分析天平上准确称出它的质量(准确至0.0001g),放在洁净的小烧杯中,加适量蒸馏水(或其他溶剂)搅拌使固体全部溶解。将溶液定量转移到容量瓶(与所配溶液体积相应)中,用少量蒸馏水(或其他溶剂)洗涤烧杯2~3次,洗涤液也移入容量瓶中,再加蒸馏水(或其他溶剂)至标线处,盖上盖子,将溶液摇匀即得所配溶液,然后将溶液移入干燥洁净(预先用已经配制好的溶液润洗干净)的试剂瓶中,贴上标签备用。

二、由液体试剂(或浓溶液)配制溶液

(一)质量分数(百分浓度)

(1)由两种已知浓度的溶液,配制所需浓度溶液的计算(划线法):把所需的溶液浓度放在两条直线的交叉点上(即中间位置),已知溶液的浓度放在两条直线的左端(较大的在上,较小的在下),然后再用每条直线两个数字相减,差额写在同一直线的另一端(右边的上、下),这样就得到所需的已知溶液浓度的份数。例如,由80%和40%的溶液混合,配制50%的溶液(图1.1),需取10份80%的浓溶液和30份40%的稀溶液混合。

(2)用溶剂稀释原溶液制成所需浓度的溶液:在计算时,只需将左下角较小的浓度写成0表示纯溶剂即可。如用水把45%的溶液稀释成30%的溶液(图1.2),取30份45%的溶液兑15份的水,就得到30%的溶液。

图1.1　50%溶液的配制　　图1.2　30%溶液的配制

配制时应先加水或稀溶液,然后加浓溶液,搅匀,将溶液转移到试剂瓶中,贴上标签备用。

(二)物质的量浓度(摩尔浓度)

(1)计算。由已知物质的量浓度溶液稀释:

$$V_{稀释前} = \frac{c_{稀释后} V_{稀释后}}{c_{稀释前}}$$

式中　$V_{稀释前}$——稀释前溶液的体积,mL;
　　　$c_{稀释后}$——稀释后溶液的物质的量浓度,mol·L^{-1};
　　　$V_{稀释后}$——稀释后溶液的体积,mL;
　　　$c_{稀释前}$——稀释前溶液的物质的量浓度,mol·L^{-1}。

(2)粗略配制。当用较浓的溶液配制较稀的溶液时,先计算所需体积,然后用洗涤干净的量杯量取所需浓溶液注入装有少量水的刻度烧杯中,再加蒸馏水稀释至所需体积,摇匀后倒入试剂瓶中,贴上标签备用。

(3)准确配制。当用较浓的准确浓度的溶液配制较稀的准确浓度的溶液时,先计算所需体积,然后用预先处理好的移液管移取所需溶液注入给定体积的洁净的容量瓶中,再加蒸馏水稀释至标线处,摇匀,用所配制溶液润洗试剂瓶后,再将溶液倒入处理过的试剂瓶中,贴上标签备用。

(三)体积比浓度

按体积比,用量筒量取液体(或浓溶液)试剂和溶剂的用量,在烧杯中将两者混合,搅动,使其均匀,即成所需的体积比溶液,将溶液转移到试剂瓶中,贴上标签备用。

注意:浓硫酸、浓硝酸、浓盐酸等强酸在稀释时,应将量取的浓酸缓慢倒入已装有少量蒸馏水的烧杯中(切记不可反向操作!),边倒入边搅拌溶液散热,以防止由于大量热量的散发而引起溶液溅出!

实验1.1　常用玻璃仪器的洗涤及干燥

一、实验目的

(1)了解分析化学实验常用玻璃仪器的规格、用途；
(2)能正确选用洗涤剂洗涤玻璃仪器并干燥；
(3)掌握常用玻璃仪器的保管方法。

二、实验原理

选择合适的溶剂,利用洗涤剂与污物之间的化学反应或物理化学作用,使污物脱离容器壁后与溶剂一起流走,用自来水洗净后,再用纯水或蒸馏水按"少量多次"的原则润洗器皿内壁2~3次。

玻璃器皿洗净的标准是:仪器内壁能被水均匀湿润而不挂水珠。

一般玻璃器皿可用毛刷蘸洗涤液刷洗,再用自来水冲洗干净,最后用纯水或蒸馏水润洗仪器内壁三次。

滴定管、移液管、吸量管和容量瓶等具有精密刻度的玻璃量器,可采用合成洗涤剂洗涤。将配成的0.1%~0.5%的洗涤液倒入容器内,摇动几分钟,必要时可温热或短时间浸泡,弃去,用自来水洗涤干净,再用纯水或蒸馏水润洗仪器内壁三次。若未洗干净,可再用铬酸洗液洗涤。

三、主要试剂与仪器

试剂:合成洗涤剂(或去污粉)、铬酸洗液等。
仪器:烧杯、锥形瓶、量杯、容量瓶、移液管、吸液管、滴定管、试剂瓶、试管等。

四、实验步骤

(一)认领仪器

按仪器清单领取和认识分析化学实验中常用的仪器。
容器类:试剂瓶、称量瓶、锥形瓶、量筒、烧杯、洗瓶、滴瓶、试管等。
量器类:吸量管、移液管、容量瓶、酸式/碱式滴定管等。
其他:洗耳球、水浴锅、药匙、毛刷、滴管、表面皿等。

(二)仪器的洗涤

1. 一般玻璃器皿的洗涤

按照第6节"一般玻璃器皿的洗涤方法"进行洗涤。

2. 容量瓶的洗涤

(1)检验容量瓶是否漏液,如有,则换取一个不漏液的容量瓶;

(2)向容量瓶中倒入 10~20mL 的铬酸洗液,旋转容量瓶同时将瓶口倾斜,直至铬酸洗液布满全部内壁,放置几分钟;

(3)将铬酸洗液由上口倒出同时旋转,使洗液布满容量瓶的瓶颈;

(4)将瓶塞放入管口转动洗涤,倒出洗液;

(5)用自来水将容量瓶冲洗干净,使用毛刷蘸洗衣剂或去污粉刷洗外壁,最后用纯水润洗容量瓶内壁 3 次备用。

注意:若容量瓶已经使用过且比较干净,则按照洗涤仪器的一般步骤进行洗涤。

3. 移液管、吸量管的洗涤

(1)吸取 1/3 或 1/2 的铬酸洗液,轻轻地转动吸液管;

(2)将洗液从吸量管的尖端放出;

(3)依次吸取自来水、蒸馏水进行润洗 3 次备用。

注意:移液管、吸量管在使用前应用所需移取的溶液润洗 3~4 次,以确保实验时所取用溶液的浓度一致。

4. 酸式/碱式滴定管的洗涤

(1)先检查活塞上的橡胶套是否扣牢,防止洗涤时滑落破损;

(2)检验酸式/碱式滴定管是否有漏液,如有漏液则需更换或涂抹凡士林至不漏液;

(3)向酸式/碱式滴定管加入 2~3mL 的铬酸溶液,慢慢倾斜滴定管至水平,缓慢转动滴定管,使内壁全部被洗液浸到;

(4)将酸式/碱式滴定管固定在铁架台上,旋开活塞,使洗液从滴定管的尖嘴放出;

(5)向酸式/碱式滴定管中倒入自来水进行冲洗后,再用蒸馏水润洗内壁 3 次备用。

注意:洗涤干净的酸式/碱式滴定管,在使用前需用待装入的溶液润洗 3~4 次,以确保实验时所取用溶液的浓度一致。

五、思考题

(1)玻璃仪器的基本洗涤方法是什么?

(2)玻璃仪器洗涤干净的检验方法是什么?

实验1.2 化学试剂及溶液的配制

一、实验目的

(1)学会台秤、电子天平、量筒等仪器的使用方法;

(2)掌握一般溶液的配制方法和基本操作；
(3)学会容量瓶的使用；
(4)掌握准确配制一定浓度溶液的方法和操作。

二、实验原理

根据配制溶液的浓度和体积，先计算所需固体试剂的质量或液体试剂的体积，然后再根据实验要求，选择不同的方法进行配制。

一般化学试剂溶液，可用台秤、量筒、带刻度烧杯等低准确度的仪器配制。而对标准溶液、分析试液等准确性要求较高的溶液，可用分析天平、移液管、容量瓶等高准确度的仪器来配制。对于易水解的物质，在配制溶液时还要考虑先用相应的酸溶解易水解的物质，再加水稀释。

不同浓度的溶液在配制过程中的具体计算及配制步骤见第7节。

三、主要试剂与仪器

试剂：NaOH 固体、NaCl 固体、浓 HCl 等。
仪器：烧杯、量杯、量筒、容量瓶、试剂瓶、洗瓶等。

四、实验步骤

（一）一般溶液的配制

(1) 用固体 NaOH 粗略配制 250mL 0.1mol·L^{-1} NaOH 溶液。(NaOH 的摩尔质量为 40.0g·mol^{-1}，计算应称取 NaOH 的质量，应量取蒸馏水的体积。)

(2) 用浓 HCl 粗略配制 250mL 0.1mol·L^{-1} HCl 溶液。(浓 HCl 的浓度为 12mol·L^{-1}，计算应量取浓 HCl 的体积。)

(3) 配制 100mL 5% NaCl 溶液。(称取 5g NaCl + 95g 水混合而成，选做。)

（二）标准溶液的准确配制

准确称取 0.5g 左右（准确至 0.0001g）的固体 NaCl 于干净的小烧杯中，加 30mL 蒸馏水溶解后。定量转入 100mL 容量瓶中，计算此 NaCl 溶液的浓度。分别以 g·mL^{-1} 和 mol·L^{-1} 表示。(NaCl 的摩尔质量为 58.44g·mol^{-1})

五、数据记录与处理

(1) 称取固体 NaOH 的质量计算：
$$m_{溶质} = cVM$$

(2) 量取浓盐酸体积的计算：
$$V_{稀释前} = \frac{c_{稀释后} V_{稀释后}}{c_{稀释前}}$$

(3) 称取固体氯化钠的质量计算：

$$m_{溶质} = cVM$$

(4) 准确配制氯化钠溶液的浓度计算：

$$m_{溶质} = cVM$$

$$\rho = \frac{m}{V}$$

六、注意事项

(1) 配好的溶液应转移到试剂瓶中保存，并及时贴上标签，注明溶液的名称、浓度、配制日期。

(2) 量筒及密度计等玻璃仪器易碎，使用时要小心。

(3) 浓酸、浓碱具有强腐蚀性，使用时要特别小心。

(4) 配制 H_2SO_4 等强酸溶液时必须将浓酸沿玻璃棒慢慢倒入水中，并不断搅拌，切不可将水倒入浓 H_2SO_4 中。

(5) 配制碱溶液时要用小烧杯称取药品，溶解时边加水边搅拌。

七、思考题

(1) 配制 50mL 3mol·L^{-1} H_2SO_4 溶液时应注意些什么问题？

(2) 配制溶液或量取溶液时，烧杯和量筒要不要干燥？能否烘干？

(3) 如何转移溶液？

(4) 怎样保存溶液？

第2章 定性分析实验

第1节 定性分析基础知识

一、定性分析的任务及方法

定性分析是分析化学的一个基本组成部分,其任务是鉴定物质中所含有的组分。对于无机定性分析来说,这些组分通常表示是元素或离子,而在有机分析中所鉴定的通常是元素、官能团或化合物。在此基础上,才能进行定量分析。

定性分析方法可以分为化学分析法和仪器分析法。化学分析法是利用物质的化学性质进行鉴定的方法,该方法具有设备简单、经济、方法灵活性强等优点;但也具有一定的缺点,比如对于试样中微量组分的鉴定不够灵敏,分析速度较慢等。仪器分析法是利用物质的物理和化学性质进行鉴定的方法,该类方法具有灵敏度高、分析速度快、试样用量少等优点,因此实际应用日益广泛;但是使用的仪器较复杂,价格昂贵。

本书只讨论常见无机离子的定性分析。通过实验使学生在掌握元素周期律的基础上,熟悉常见离子的分组、分离及鉴定,进一步掌握其分析特性(共性和个性),以便为选择和设计离子的定性和定量分析方法提供理论依据。

本书在具体定性分析实验中采用半微量定性分析法,试样量为常量法的十分之一或二十分之一,即固体试样可用几十毫克,试液可用 $1\sim3mL$,沉淀与溶液的分离使用离心机,离子的检出以点滴反应为主。这种方法基本上保留了常量法的优点,又具有灵敏、快速、节约试剂等优点。

二、鉴定方法的灵敏度

鉴定方法所能检出的某种离子的最低量,称为该鉴定方法的灵敏度,一般用检出限量和最低浓度表示。

检出限量是指在一定条件下,利用某反应能检出离子的最小质量,单位用 μg 表示,符号以 m 表示。

最低浓度是指在一定条件下,某鉴定方法能得到肯定结果的该离子的最低浓度,用质量浓度表示,单位为 $\mu g \cdot mL^{-1}$,符号以 ρ_B 表示。

例如,用 K_2CrO_4 鉴定 Pb^{2+} 的方法,当 $1g$(即 $10^6 \mu g$)Pb^{2+} 被稀释至 $200000mL$ 时,取一滴溶

液(相当于0.05mL)加入 K_2CrO_4 试液还能观察到黄色的 $PbCrO_4$ 沉淀析出,但若进一步稀释或减少所取试液体积,现象就不明显了。因此,可以根据所取试液的体积和浓度估算检出限量、最低浓度,以此表示鉴定反应的灵敏度。

最低浓度:
$$\rho_{Pb^{2+}} = \frac{1 \times 10^6 \mu g}{2 \times 10^5 mL} = 5 \mu g \cdot mL^{-1}$$

检出限量:
$$m = \frac{0.05 mL \times 10^6 \mu g}{2 \times 10^5 mL} = 0.25 \mu g$$

最低浓度和检出限量的关系: $m = \rho_B \cdot V$

检出限量越低,最低浓度越小,鉴定方法的灵敏度越高。

检出限量和最低浓度是相互关联的两个量,只用其中一种方式表达鉴定方法的灵敏度是不全面的。因为虽然达到了最低浓度,如果所取体积太小,被测离子将达不到检出限量,不可能观察到反应现象;如果被测离子的量足够了,但体积太大,达不到最低浓度,反应现象也不明显。因此一个较灵敏的鉴定反应,一定是具有较低的检出限量,同时也具有较小的最低浓度。

对同一种离子,不同的鉴定反应将具有不同的灵敏度。

三、鉴定反应的选择性

如果一种试剂只与几种离子发生化学反应,该试剂称为选择性试剂,其化学反应称为选择性反应;如果一种试剂仅与一种离子发生化学反应,该试剂称为专属试剂或特效试剂,其化学反应称为专属反应或特效反应。

例如,NH_4^+ 与 NaOH 作用生成氨气(NH_3),具有特殊气味,并使红色石蕊试纸变蓝,通常认为这是 NH_4^+ 的专属反应。而 K_2CrO_4 与 Pb^{2+} 能生成黄色沉淀,但它也能与 Ba^{2+}、Sr^{2+} 等作用生成黄色沉淀。当它们共存时,就不能断定黄色沉淀是或者不是 K_2CrO_4 了,所以该反应选择性较差。

目前为止,特效反应不多,而且所谓特效也并非绝对专一,而是相对于一定条件而言的。比如鉴定 NH_4^+ 的反应如果在热的 NaOH 介质中,CN^- 也可以与其反应放出氨气。当 Ba^{2+} 和 Sr^{2+} 同时存在时,以 CrO_4^{2-} 鉴定 Ba^{2+},如果反应在 HAc—NaAc 缓冲溶液中进行,由于溶液的酸度足以使 CrO_4^{2-} 的平衡浓度降低,进而使 $SrCrO_4$ 沉淀不能析出,而 $BaCrO_4$ 的溶解度比 $SrCrO_4$ 小,这时仍能析出沉淀,从而提高反应的选择性。

分析化学工作者一方面要努力寻求特效试剂,另一方面要创造条件使干扰物质的反应不能发生,这样就能使原来选择性比较差的反应的选择性有所提高,甚至变为特效反应。

提高鉴定反应选择性的途径主要有:控制溶液的酸度,加入掩蔽剂,分离干扰离子和附加补充试验等。后者是通过附加一些试验,将被鉴定离子与干扰离子加以区分。必须指出,在选择鉴定反应时,需要同时考虑鉴定方法的灵敏度和选择性,应该在灵敏度满足要求的条件下,尽量采用选择性高的反应。

四、系统分析法和分别分析法

系统分析法是根据离子的分析特性,在适当条件和组试剂的作用下,按一定分析步骤和顺序,将混合液中离子加以分组,达到分离鉴定的目的。具体做法是根据元素的特性,用不同的组试剂将溶液中性质相近的离子分成若干组,分组后又可根据组内离子的分析特性,进一步分离和鉴定。试剂一般采用沉淀剂,将分析特性相似的离子整组分开,为其后的鉴定反应创造条件。一般组试剂应满足下列要求:(1)分组完全,即分离反应要进行得完全;(2)分离反应要迅速;(3)沉淀与溶液易于分离和洗涤;(4)组内离子不宜过多,以便鉴定。

分别分析法是不需经过分组分离,直接鉴定出待测离子的方法。分别分析法需采用专属反应或创造专属反应的条件。

在阳离子分析中,一般采用系统分析法;而在阴离子分析中,则一般采用分别分析法。

五、空白试验和对照试验

空白试验的作用是检验试剂或蒸馏水中是否有待测离子。具体做法是在鉴定反应的同时,另取一份蒸馏水代替试液,以同样的试验方法进行鉴定。

例如,在 HNO_3 介质中用 $AgNO_3$ 溶液鉴定 Cl^- 时,得到白色浑浊物表示有微量 Cl^- 存在。为证实这微量 Cl^- 是否为原试样所有,可另取配制试液的蒸馏水和 HNO_3 溶液,以同样量的 $AgNO_3$ 进行试验,如得到同样的白色浑浊物,说明此微量 Cl^- 并非原试样所有;如果溶液不浑浊,说明试样中确有微量的 Cl^-。

对照试验的作用是检验试剂是否失效或反应条件是否控制正确。具体做法是用已知待鉴定离子的溶液代替试液,用同样的方法进行试验。例如在 HCl 溶液中用 NH_4SCN 溶液鉴定 Fe^{3+} 时,未出现红色,可认为无 Fe^{3+} 存在。但考虑到 HCl 的挥发可能酸度不合适而失效,故取少量已知 Fe^{3+} 溶液,在 HCl 溶液中加 NH_4SCN 溶液,如果未出现红色,说明 HCl 溶液失效,此时应重新配制溶液。

在定量分析中可用到空白试验和对照试验来检验和消除系统误差,其中空白试验用于检验由于器皿被沾污、试剂或蒸馏水不纯而引起的系统误差,对照试验用于检验分析方法是否存在系统误差。

六、常见阳离子的分组及硫代乙酰胺简介

本章要讨论的常见阳离子包括:Ag^+、Hg_2^{2+}、Hg^{2+}、Pb^{2+}、Bi^{3+}、Cu^{2+}、Cd^{2+}、As^{3+}、As^{5+}、Sb^{3+}、Sb^{5+}、Sn^{2+}、Sn^{5+}、Al^{3+}、Cr^{3+}、Fe^{3+}、Fe^{2+}、Mn^{2+}、Zn^{2+}、Co^{2+}、Ni^{2+}、Ca^{2+}、Ba^{2+}、Sr^{2+}、Mg^{2+}、K^+、Na^+、NH_4^+ 等。

按照硫化氢系统可将上述阳离子进行分组,分组情况如图 2.1 所示。

由于硫化氢(H_2S)气体毒性较大,而且制备也不太方便,故多以硫代乙酰胺(CH_3CSNH_2,简写为 TAA)的水溶液代替 H_2S 作沉淀剂。硫代乙酰胺在不同的介质中加热时可产生不同的水解作用,在酸性介质中水解生成 H_2S,因此可代替 H_2S 沉淀第 Ⅱ 组阳离子。水解反应如下:

$$CH_3CSNH_2 + H_2O \Longrightarrow CHCONH_2 + H_2S \uparrow$$

煮沸则发生如下反应:

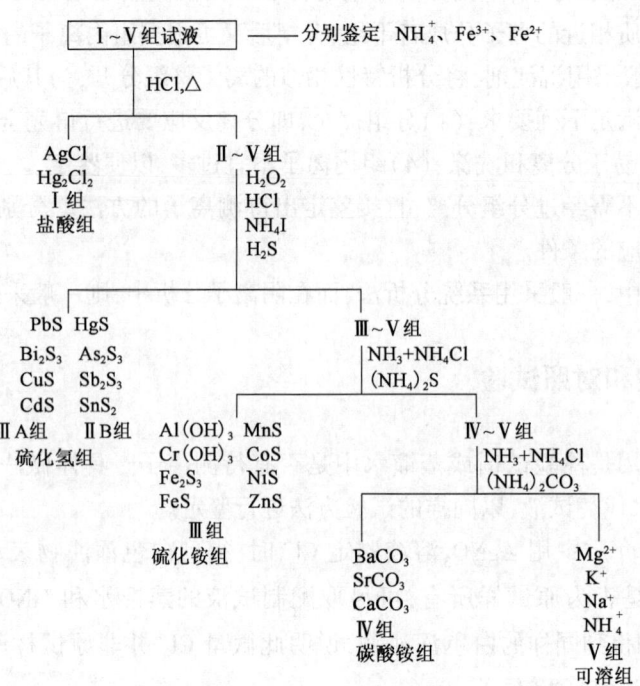

图 2.1 硫化氢系统分组步骤

$$CH_3CONH_2 + H_2O \rightleftharpoons CH_3COO^- + NH_4^+$$

在碱性溶液中水解生成 S^{2-}，可以代替 Na_2S 分离 ⅡA 组与 ⅡB 组阳离子，水解反应如下：

$$CH_3CSNH_2 + 3OH^- \rightleftharpoons CH_3COO^- + NH_3 + S^{2-} + H_2O$$

在氨性溶液中水解生成 HS^-，可以代替 $(NH_4)_2S$ 沉淀第Ⅲ组阳离子，水解反应如下：

$$CH_3CSNH + 2NH_3 \rightleftharpoons CH_3C(NH)NH_2 + HS^- + NH_4^+$$

水解速率随溶液酸度、温度而异，温度升高水解加快，一般在沸水浴中进行。在碱性溶液中水解比在酸性溶液中更快。

硫代乙酰胺作为组试剂的主要特点如下：
(1) 可以减少有毒的 H_2S 气体逸出；
(2) 金属硫化物是以均匀沉淀方式得到的，性质较好，共沉淀减少，便于分离和洗涤；
(3) 使用方便。

七、定性分析实验报告书写格式

写实验报告是一项基本训练，要正确清晰、简明扼要。实验过程中观察到的现象（包括异常现象）应及时记录，事后要进行分析讨论，归纳小结。

定性分析实验报告一般采用表格和图表形式。表格和图表的具体形式随实验内容不同而异。下面就离子的鉴定反应和混合物的分析报告的格式举例如下：

(一)离子的鉴定反应

表 2.1 离子鉴定实验报告书写格式

物质种类	试剂及条件	现象及生成物	反应式	结论及讨论
Ag^+	HCl,加热	白色 AgCl 沉淀	$Ag^+ + Cl^- = AgCl\downarrow$	Ag^+ 与 HCl 反应生成白色 AgCl 沉淀;该沉淀不溶于 HCl、HNO_3,可溶于 $NH_3\cdot H_2O$,加 HNO_3 后 AgCl 重新析出
AgCl	加热	不溶		
AgCl	HCl + HNO_3,加热 1 min	不溶		
AgCl	$NH_3\cdot H_2O$	溶解	$AgCl + 2NH_3 \longrightarrow [Ag(NH_3)_2]^+ + Cl^-$	
$[Ag(NH_3)_2]^+Cl^-$	HNO_3	白色 AgCl 沉淀	$[Ag(NH_3)_2]^+Cl^- + 2H^+ = AgCl\downarrow + 2NH_4^+$	

(二)混合物的分析报告

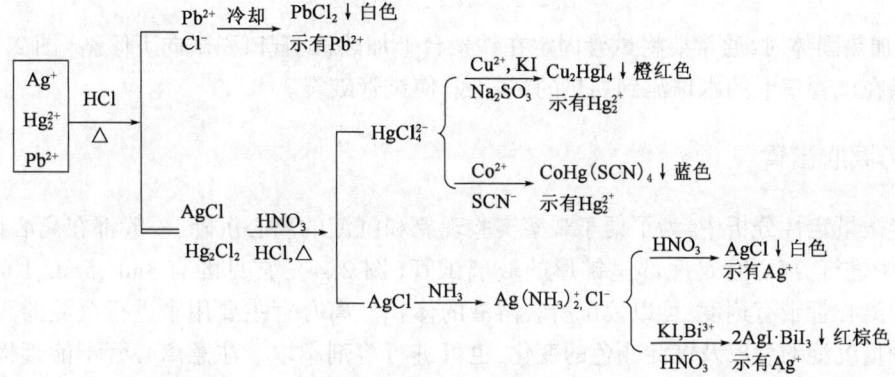

图 2.2 混合物的分析报告

第 2 节 定性分析常用仪器和基本操作

一、定性分析常用仪器

(一)试管

对于不须分离的少量反应,可在试管中进行,观察反应现象。试管的振荡和搅拌操作都是为了使试管中的反应物充分接触,混合均匀,以便充分反应。

试管振荡的操作方法是用拇指、食指和中指持住试管的中上部,试管略微倾斜,手腕用力左右振荡或用中指轻轻敲打试管。

试管的搅拌操作方法是左手持试管,右手持玻璃棒插入试管的试液中,并用微力旋转,不要碰试管的内壁而使反应试液搅动。注意不要上下来回搅动,更不要用力过猛,否则会将试管击破。

试管反应也可加热进行,但必须注意:

(1)用试管夹夹住试管的中上部。

(2)加热液体时,试管口稍微向上倾斜[图2.3(a)],管口不要对着自己或旁人,以防液体喷出将人灼伤。加热时,先加热液体的上中部,再慢慢往下移动,然后不时地摇动试管,以免由于局部过热、蒸气骤然发生将液体喷出管外,或因受热不均匀使试管炸裂。

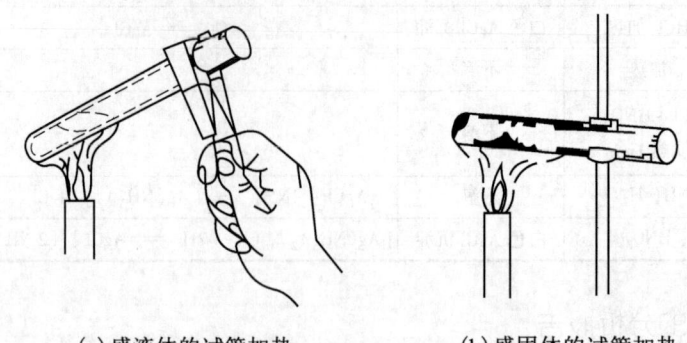

(a)盛液体的试管加热　　　　(b)盛固体的试管加热

图2.3　试管的加热方法

(3)加热固体时,通常要将试管固定在铁架台上加热,试管口稍微向下倾斜[图2.3(b)],以免凝结在试管口上的水珠流到灼热的试管底,使试管破裂。

(二)离心试管

在半微量定性分析中,为了便于观察实验现象和沉淀的离心沉降,一般都在离心试管(或离心管)中进行,离心管是底部呈锥形的玻璃试管(图2.4),常见的有3mL、5mL、10mL等规格。有的离心管带有刻度,可以读出所装溶液的体积。离心管主要用来进行沉淀的离心沉降和观察少量沉淀的生成及沉淀颜色的变化,也可进行溶剂萃取。注意离心管不能直接在火上加热,应放在水浴中加热。

(三)滴管、毛细吸管和搅拌棒

滴管顶端装有橡胶(或塑料)乳头,用于吸取溶液、转移沉淀、滴加试剂等,常用的滴管每滴为0.04~0.05mL(即20滴或25滴为1mL)。滴管在半微量分析中广泛使用,如分离溶液和沉淀,洗涤沉淀和滴加试剂。胶头滴管、毛细吸管和搅拌棒如图2.5所示。

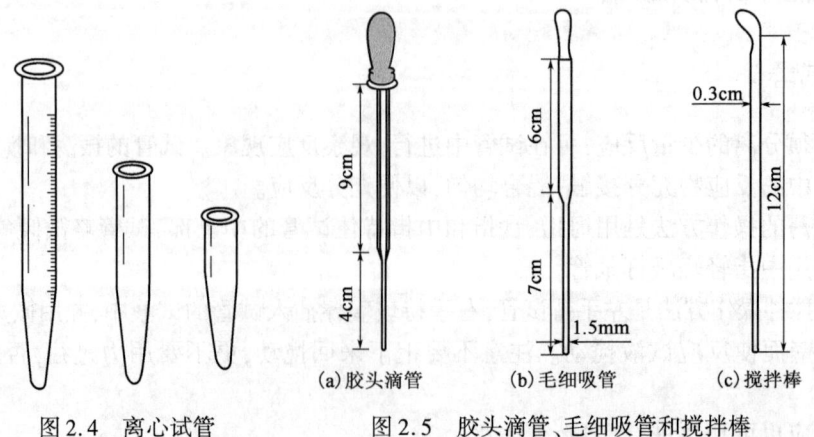

图2.4　离心试管　　　图2.5　胶头滴管、毛细吸管和搅拌棒

滴管的使用方法如下：(1)先赶出滴管中的空气,后吸取试剂;(2)滴入试剂时,滴管要保持垂直悬于容器口上方1~2cm处滴加;(3)使用过程中,始终保持橡胶乳头在上,以免被试剂腐蚀(图2.6);(4)滴管用毕,立即用水洗涤干净(滴瓶上配套的滴管除外);(5)胶头滴管使用时千万不能伸入容器中或与器壁接触,否则会造成试剂污染。即"滴管悬空正上方,不可伸入不可触,取液放平不倒置"。

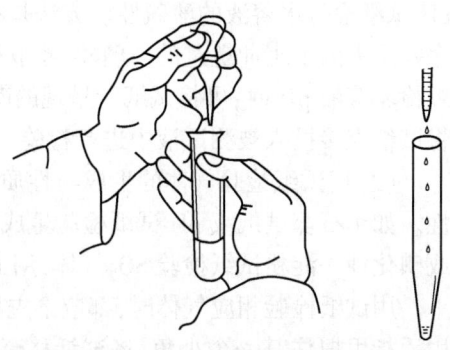

图2.6 向离心管或试管中滴加液体

毛细吸管与滴管相似,但尖端较滴管细而长,利用其表面张力吸取溶液,主要用于分离、滴加少量试液,如从离心管中吸出沉淀上部的离心液。定性分析实验中常使用不装橡胶乳头的毛细吸管,利用其细长管尖的毛细作用移取0.001~0.05mL的液滴进行纸上点滴反应(用于纸上点滴反应的毛细吸管的管口一定要平齐)。

搅拌棒是一端拉细、尖端烧圆略呈球形的玻璃棒,用于搅拌离心管中的液体或带有沉淀的溶液,另一端也可制成小勺状,用来取少量固体试剂,另外也可以用于溶液的蘸取及摩擦管壁。搅拌棒长度一般高于离心试管的1/3。

洗净的滴管、毛细吸管和搅拌棒可放于贮有蒸馏水的广口瓶中,用后可放入另一贮有自来水的广口瓶(或烧杯)中,待集中洗涤,不可混淆。

(四)离心机

离心机利用沉降原理将溶液和沉淀分开。少量溶液与沉淀的混合物可用电动离心机进行离心分离,此操作简单而迅速。常用离心机(图2.7)的使用方法如下:

(1)将盛有被分离混合物的离心管放入离心机的一个管套中,离心管口稍高出管套。在对称位置上放上重量相近的离心管,以保持离心机的平衡,否则在旋转时发生震动,易损坏离心机。

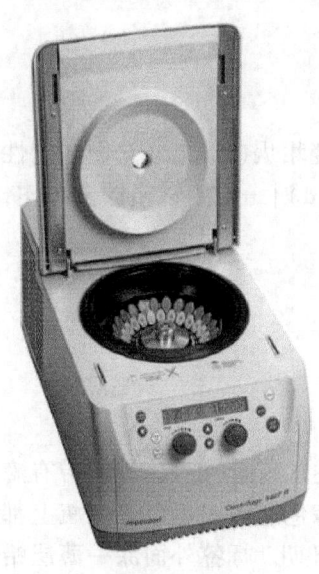

图2.7 离心机

(2)开动离心机应由慢速开始,运转平稳后再过渡到快速。

(3)离心机的转速和旋转时间视沉淀的性状而定。晶形沉淀转速1000r/min旋转1~2min即可;非晶形沉淀沉降较慢,转速可提高到2000r/min,需3~4min。若超过上述时间仍未能使固相与液相分开,需加热或加电解质使沉淀凝聚后再进行离心分离。

(4)关机后,待离心机自行停止转动,再小心地从两侧捏住离心管口边缘,将其从管套中取出(或用镊子夹取)。不得在离心机转动时用手使其停止,也不准用手指插入离心管中拔取离心管。

(5)如果在离心过程中发现离心管损坏,必须立刻停机,取出管套,清除碎玻璃片并仔细用水洗净,用抹布擦干以免腐蚀。

(五)试纸

(1)用试纸检验溶液的性质。普通实验中常用石蕊试纸或

pH试纸检验水溶液的酸碱性。方法是将一小片试纸放在干净的点滴板或表面皿上,然后用洗净并用去离子水冲洗过的玻璃棒,蘸取待检测溶液滴在试纸上,观察其颜色变化。若用pH试纸检验溶液pH时,可将试纸所呈现的颜色与标准色板对照,即可得到相应的pH。注意,不能将试纸直接投入被测试液中进行检验。

(2)用试纸检验气体的生成与性质。对化学反应中产生的气体,常用试纸进行验证和定性。如用石蕊试纸或pH试纸检验生成气体的酸碱性;用KI淀粉试纸检验Cl_2;用$KMnO_4$试纸或碘化钾—淀粉试纸检验SO_2气体;用$Pb(Ac)_2$或$Pb(NO_3)_2$试纸检验H_2S气体。

用试纸检验相应气体时,都应事先用纯水把试纸润湿,把它沾附在干净玻璃棒尖端,或者用手指甲捏住其一个小角,将试纸移至发生气体的容器(如试管)口上方(注意不能接触容器壁),观察试纸颜色的变化,判断气体的生成及其性质。

在实验中可以快速简便地制备某种试纸,即用碎滤纸片蘸上所需的试剂便可使用。

(六)表面皿

表面皿为凹形玻璃器皿,在半微量定性分析中用于分析检验,两块合起来可做气室用于检验气体的存在。

(七)点滴板

点滴板是带有凹穴的黑色或白色瓷板[图2.8(a)]。按凹穴的多少分为四穴、六穴、十二穴等。它可以用作同时进行多个不需分离的少量沉淀反应的容器,特别适用于白色或有色沉淀及溶液颜色发生改变的定性点滴反应,具有快捷、方便和节省材料的特点。使用时,要根据沉淀或溶液的颜色,选择黑、白或透明的点滴板。

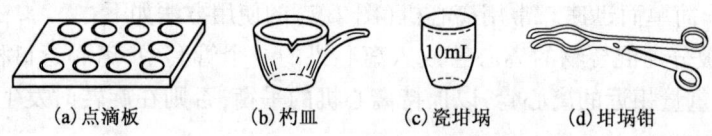

(a)点滴板　　(b)杓皿　　(c)瓷坩埚　　(d)坩埚钳

图2.8　点滴板、杓皿、瓷坩埚和坩埚钳

(八)杓皿、瓷坩埚和坩埚钳

图2.8(b)所示的有柄小蒸发皿称为杓皿,图2.8(c)所示为瓷坩埚(10mL),它们在定性分析中常用于蒸发、浓缩或结晶,灼烧固体样品。坩埚钳[图2.8(d)]一般为镀铬的金属钳,用来夹取坩埚或锥形瓶等。

二、定性分析基本操作

(一)试剂的取用

固体试剂一般装在广口瓶中,液体试剂或配成的溶液则盛放在试剂瓶(细口瓶)或带有滴管的滴瓶中。对于见光易分解的试剂(如硝酸银等)则应盛放在棕色瓶内。每个试剂瓶上都贴有标签,上面写明试剂的名称、规格和浓度,必要时要注明配制日期。标签外面涂一薄层蜡或用透明胶带保护。

1. 固体试剂的取用

(1)取用固体试剂一般用干净的药匙(牛角匙),其两端为大小两个勺,按取用药量多少而选择应用哪一端。药匙应专用。

如果要将固体加入到湿的或口径小的试管中时,可先用一窄纸条做成"小纸舟",用药匙将固体药品放在小纸舟上,然后平持试管,将载有药品的小纸舟插入试管,让固体慢慢滑入试管底部。向试管中加入粉末状或细小颗粒状固体试剂的方法如图2.9所示。向试管中加入大颗粒固体试剂的方法如图2.10所示。

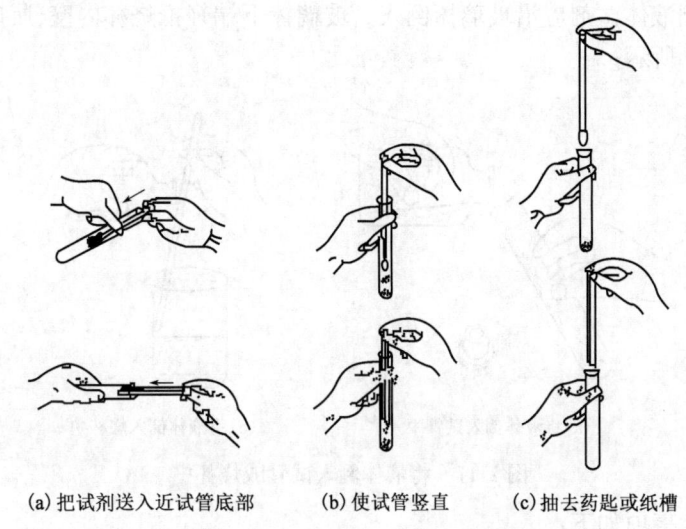

(a)把试剂送入近试管底部　(b)使试管竖直　(c)抽去药匙或纸槽

图2.9　向试管中加入粉末状或细小颗粒状固体试剂的方法

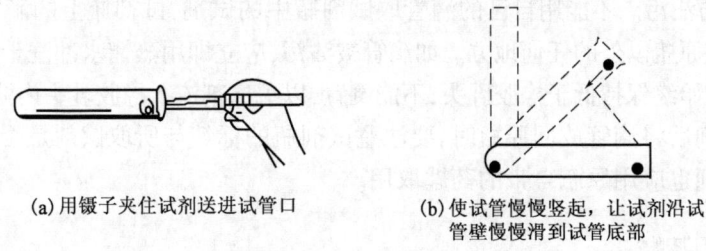

(a)用镊子夹住试剂送进试管口　(b)使试管慢慢竖起,让试剂沿试管壁慢慢滑到试管底部

图2.10　向试管中加入大颗粒状固体试剂的方法

(2)试剂取用后,立即盖好瓶塞且不要盖错。

(3)称量固体试剂时,注意不要多取。对多取的药品,不能倒回原瓶,可放在指定容器中供他用。

(4)有毒药品要在教师指导下按规程取用。

2. 液体试剂的取用

液体药品盛在细口瓶或滴瓶中。

(1)从滴瓶中取用少量试剂。从滴瓶中取用液体试剂时,提起滴管,使管口离开液面,用手指紧捏滴管上部的橡皮头,以赶出空气,然后将管口伸进液面吸取试剂。将试剂滴入试管中时,须用拇指、食指和中指夹住滴管,使其悬空于试管口上方1cm左右处滴加,禁止将滴管伸进试管中或触及管壁,以免沾污滴管口。滴加完溶液后,滴管应立即插回原来的滴瓶中,以免"张冠李戴"。严禁使用其他滴管到公用试剂瓶中取药。

(2)液体试剂的定量取用。当液体试剂的体积必须精确控制时,可以用量筒或移液管等定量移取。液体的定量取用(用量筒):视线与刻度线及量筒内液体凹液面的最低点保持水平("平放平视最低处")。

从试剂瓶中倾倒液体试剂时,瓶盖开启后应仰放在桌面上。左手拿住承接液体的容器,右手拿试剂瓶,标签向上对着手心,使瓶口紧靠容器口,缓缓倒入待取试剂。倒毕,稍待片刻,等瓶口液体流完时再离开。将试剂瓶轻放桌上,盖上瓶盖,放回原处,并注意使瓶上的标签向外。

往烧杯中倾倒液体试剂应沿玻璃棒倒入。玻璃棒下端轻抵烧杯内壁,瓶口紧贴玻璃棒,缓缓倒入,如图2.11所示。

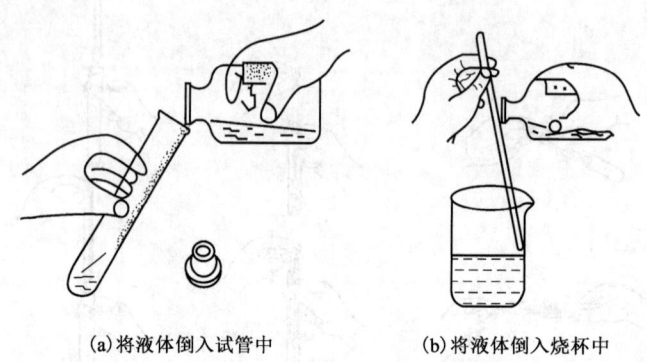

(a)将液体倒入试管中　　(b)将液体倒入烧杯中

图2.11　将液体倒入试管或烧杯中

取用试剂注意事项如下:

(1)试剂应按次序排列,取用试剂时不得将试剂瓶从试剂台上取下,以免打乱顺序,寻找困难。

(2)试剂严防沾污。不能用自己的滴管取试剂瓶中的试剂,试剂瓶上的滴管除取用时拿在手中外,不得放在原瓶以外的任何地方。如滴管被沾污,应立即用蒸馏水冲洗干净,再放回原瓶。拿滴管时,管口应始终保持低于橡胶乳头,不能倒置,以免试剂流入橡胶乳头内沾污试剂。

(3)取用试剂后将滴管放回原瓶时,要注意试剂瓶的标签与所取试剂是否一致。

(4)固体试剂也应用原瓶自带的药匙取用。

(二)加热和蒸发

用水浴(图2.12)加热离心管时,水浴中的水应微微沸腾。如溶液需煮沸或蒸发浓缩则应将溶液放入杓皿或瓷坩埚中,在石棉网上小火加热;在空气浴(图2.13)上加热蒸发更好。

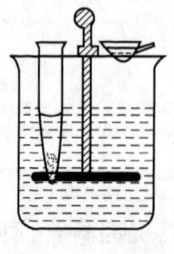 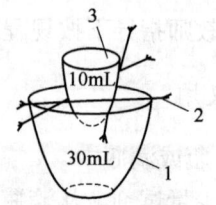

图2.12　水浴　　　　　图2.13　空气浴

1—镍坩埚;2—三脚架;3—瓷坩埚

(三)蒸干和灼烧

为了除去有机物和铵盐,需将溶液蒸干后进行灼烧。此时应将溶液放在瓷坩埚中,先在水浴或空气浴上加热蒸干,然后再在泥三角上从小火至大火逐步升温灼烧。

(四)沉淀的生成

(1)在离心管中进行沉淀。将试液加入离心管中,滴加试剂,每加一滴试剂要用搅拌棒充分搅拌,直到沉淀完全。检验沉淀完全的方法是将沉淀离心沉降,在上层清液中沿管壁再加一滴沉淀剂,如不发生浑浊,则表示沉淀已经完全,否则应继续滴加沉淀剂,直到沉淀完全。

(2)在点滴板上进行沉淀。一般用于少量试液和试剂在常温下产生沉淀的鉴定反应,若生成白色沉淀可使用黑色点滴板。

(3)在滤纸上进行沉淀。当某种离子与适当试剂作用生成沉淀时,由于纸的毛细管作用,除沉淀外的其他离子均匀扩散至沉淀区域之外,以达到分离和鉴定的目的。

(五)沉淀离心沉降和沉淀与溶液分离

离心沉降是半微量定性分析中分离沉淀与溶液的基本方法,用离心机完成。将带有沉淀的离心管放在离心机的管套中,开动离心机,沉淀微粒受离心力的作用而沉降在离心管的尖端。

离心沉降后可用毛细吸管(或胶头滴管)将离心液吸出。方法如下:先用手指捏挤毛细吸管上端的橡胶乳头,排出其中的空气;将离心管倾斜,把毛细吸管尖端伸入离心液液面下,但不可触及沉淀,然后慢慢放松橡胶乳头,则溶液被吸入毛细管[图2.14(a)]。将毛细吸管从溶液中取出,把溶液移入另一洁净离心管中备用。如有必要可重复上述操作。沉淀表面上少量的溶液用去掉橡胶乳头的毛细吸管吸取更为合适[图2.14(b)]。方法是:将离心管倾斜,把毛细吸管的尖端小心地浸入溶液(此时吸管上部应靠在离心管口),借毛细管作用使液体进入毛细吸管中。注意吸管尖端与沉淀表面的距离不应小于1mm,当液体沿毛细吸管停止上升时,将其从离心管中取出,溶液可并入同一离心管中。用这种方法可以将沉淀与溶液较好分离。

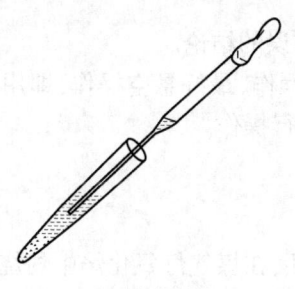 

(a)用毛细吸管　　　　　　(b)用去掉橡胶乳头的毛细吸管

图2.14　用毛细吸管吸取上层清液

(六)沉淀的洗涤

沉淀与溶液分离后必须仔细洗涤,否则可能被溶液中其他离子沾污,影响分析鉴定结果。

洗涤沉淀的方法是：用滴管加 2~3 倍于沉淀体积的洗涤液(注意应使其沿着离心管内壁周围流下)，用搅拌棒充分搅拌后，离心沉降，用滴管或毛细吸管吸出洗涤液，每次尽可能把洗涤液完全吸尽，一般情况下洗涤 2~3 次即可，第 1 次洗涤液并入离心液中，第 2 次及第 3 次洗涤液可弃去，必要时可检验是否洗净，即将 1 滴洗涤液滴在点滴板上，加入适当试剂，检验应分离出去的离子是否还存在。

(七)沉淀的转移和溶解

沉淀如需分成几份，可在洗净的沉淀上加几滴蒸馏水，将滴管伸入溶液，挤压橡胶乳头，借挤出的空气搅动沉淀，使之悬浮于溶液中。然后，放松橡胶乳头，浑浊液则进入滴管，便可将其转移到另外的容器中。

如要溶解沉淀，可在不断搅拌下慢慢滴加试剂。溶解沉淀一般都在分离和洗涤后立即进行，否则，放置时间过长沉淀会发生老化现象，有的沉淀可能变得不易溶解。

(八)纸上点滴分析

反应产物(沉淀或可溶物)必须具有颜色才可以选用纸上点滴分析。点滴反应需试液(试剂)较少，并可提高反应的灵敏度和选择性。纸上点滴分析具体操作如下：

(1)先将试剂或试液滴在点滴板上，然后用去掉橡胶乳头的毛细吸管在点滴板上取用。切不可将毛细吸管直接插入试剂瓶中吸取试剂。

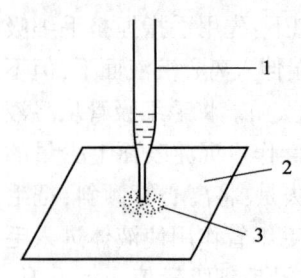

图 2.15 点滴反应
1—毛细吸管；2—反应纸；3—湿斑

(2)取用试液或试剂时，先将毛细吸管尖端浸入所需溶液液面下 1~2 mm 处，然后将毛细吸管取出，垂直持毛细吸管，使其尖端与滤纸接触，轻轻压在滤纸上(滤纸应先做空白试验进行检验)，待纸上的潮湿斑点直径扩展成数毫米(图 2.15)时将毛细吸管迅速拿开。在所形成的潮湿斑点中心，按照同样规则，用吸有适当试剂的毛细吸管与其接触。注意溶液绝对不得滴在纸上。

(3)斑点力求呈圆形，这样方可保证试液或试剂均匀分布，点滴图像准确、清晰。

(4)各种试剂必须按顺序加入，否则可能得出错误的结论。

(5)滤纸不要直接放在实验台上或书本上进行操作，最好悬空操作，即用拇指和食指水平拿着滤纸两侧或将试纸放在清洁干燥的坩埚口上进行操作。

(九)焰色反应

将镍铬丝或铂丝做成环状，用浓盐酸湿润金属环，在煤气灯氧化焰中灼烧，如此反复数次，直到火焰不染色，表示金属丝已清洁。然后再蘸取试液在氧化焰中灼烧，观察火焰的颜色。试验完毕后，应将金属丝洗净，方法同上。

注意不能将铂丝放在还原焰中灼烧，以免生成碳化铂，使铂丝脆断。

(十)气体分析

(1)气室反应。在半微量定性分析实验中，由于反应生成的气体很少，所以采用气室法进行鉴定。气室是由两块 7~9cm 直径的表面皿合在一起构成的(图 2.16)。

先将一片试纸(或浸过所需试剂的滤纸块)润湿后贴在上表面皿的凹面上,然后在下面的表面皿中加入反应试液,随即将贴好试纸的表面皿迅速盖合在上面。待反应发生后,观察试纸的变色情况以作判断。如果必要,可将气室放在水浴上加热。

(2)其他验气装置。为了检验由反应产生的气体,还可以利用如图 2.17 所示的装置。采用图 2.17(a)装置时,将几滴试液放在离心管中,手持带金属丝环的塞子,将金属丝(铜丝或镍铬丝)环蘸上 1 滴验气试剂使之成膜。然后在离心管中加入能与试液产生气体的试剂,迅速将塞子盖好,观察环中液膜的变化。

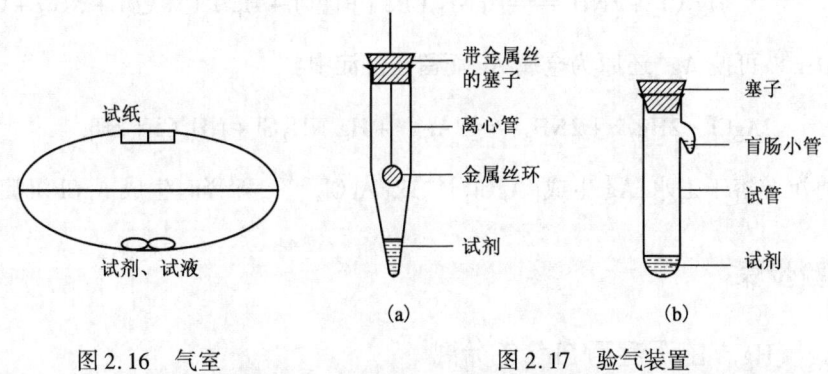

图 2.16 气室　　　　图 2.17 验气装置

如采用图 2.17(b)装置,操作与上述相同,只是验气试剂采用滴管直接加到盲肠小管内。当气体产生后,观察盲肠小管内试剂的变化。

实验 2.1　阳离子第 I 组的分析

一、实验目的

(1)学习定性分析实验的基本操作技术;
(2)掌握第 I 组阳离子的分离方法及反应条件;
(3)掌握银(Ag^+)、亚汞(Hg_2^{2+})、铅(Pb^{2+})等离子的分离及鉴定方法。

二、实验原理

Ag^+、Hg_2^{2+}、Pb^{2+} 为阳离子第 I 组,本组的组试剂为稀 HCl 溶液。本组离子的氯化物难溶于水,而 $PbCl_2$ 溶解度较大,可溶解于热水,因此可将 $PbCl_2$ 加热溶解,并将其分到阳离子第 II 组中鉴定。

$$Ag^+ + Cl^- \mathrm{=\!=\!=} AgCl\downarrow \quad (白色凝乳状)$$

$$Hg_2^{2+} + 2Cl^- \mathrm{=\!=\!=} Hg_2Cl_2\downarrow \quad (白色粉末状)$$

$$Pb^{2+} + 2Cl^- \mathrm{=\!=\!=} PbCl_2\downarrow \quad (白色针状或片状结晶)$$

Hg_2Cl_2 可溶于 HNO_3 和 HCl 的混合酸中,生成稳定的 $HgCl_4^{2-}$,AgCl 不溶解,借此将 Ag^+ 与 Hg_2^{2+} 分离:

$$3Hg_2Cl_2 + 18Cl^- + 2NO_3^- + 8H^+ = 6HgCl_4^{2-} + 2NO\uparrow + 4H_2O$$

AgCl 易溶于氨水,形成 $[Ag(NH_3)_2]^+$,Hg_2Cl_2 与氨水反应形成难溶于水的氨基化合物并析出 Hg,借此分离:

$$AgCl + 2NH_3 = [Ag(NH_3)_2]^+ + Cl^-$$

$$Hg_2Cl_2 + 2NH_3 = HgNH_2Cl\downarrow(白色) + Hg\downarrow(黑色) + NH_4^+ + Cl^-$$

大量的 Hg_2^{2+} 可使 Ag^+ 还原为金属 Ag 而留在沉淀中:

$$2AgCl + 2Hg_2^{2+} + 2NH_3 = 2Ag\downarrow + Hg_2NH_2Cl + NH_4Cl + 2Hg^{2+}$$

此时,将沉淀溶于王水,Ag 生成 $[AgCl_3]^{2-}$ 或 $[AgCl_4]^{3-}$,稀释时生成 AgCl 沉淀。

三、实验步骤

(一) Ag^+、Hg_2^{2+} 的沉淀与 Pb^{2+} 的分离

在一支离心试管中加 3 滴 $2mol \cdot L^{-1}$ HCl 溶液及 Ag^+、Hg_2^{2+} 与 Pb^{2+} 的试液各 2 滴,充分搅拌。待沉淀下降后,在上层清液中再加入 2 滴 $2mol \cdot L^{-1}$ HCl 溶液,如不再出现浑浊,则证明沉淀完全。

将离心试管在沸水浴上加热 30s 并搅拌,趁热分离 Pb^{2+},沉淀用热稀 HCl 水洗两次(1mL 水加 1 滴 $2mol \cdot L^{-1}$ HCl 溶液配成)。离心液冷却后,观察是否有白色沉淀析出,弃去离心液。

(二) Ag^+、Hg_2^{2+} 的分离及 Hg_2^{2+} 的鉴定

在 AgCl、Hg_2Cl_2 的沉淀上加 2 滴浓硝酸和 1 滴 $2mol \cdot L^{-1}$ HCl 溶液,搅拌并加热 1min。此时 Hg_2Cl_2 溶解变为 $[HgCl_4]^{2-}$,AgCl 不溶。冷却,离心分出 AgCl 沉淀,留作鉴定 Ag^+。离心液留作鉴定 Hg_2^{2+}。

取 2 滴离心液,加 2 滴 $20g \cdot L^{-1}$ $CuSO_4$ 及 2 滴 $40 g \cdot L^{-1}$ KI,少量固体 Na_2SO_3 颗粒,若生成橙红色 Cu_2HgI_4 沉淀,示有 Hg_2^{2+}。

(三) Ag^+ 的鉴定

于所得 AgCl 沉淀上,用稀硝酸(1mL 水加 1 滴 $1mol \cdot L^{-1}$ HNO_3 配成)洗 2 次,加 4 滴 $15mol \cdot L^{-1}$ 的浓氨水,搅拌,使 AgCl 沉淀溶解。按下面两种方法鉴定 Ag^+:

(1) 取 1 滴上述试液,加 2 滴 $3mol \cdot L^{-1}$ HNO_3,如有白色沉淀生成,示有 Ag^+。

(2) 取 1 滴上述试液,加 1 滴 Bi^{3+},2~3 滴 $40 g \cdot L^{-1}$ KI,再加 2~3 滴 $3mol \cdot L^{-1}$ HNO_3,生成橙色或褐色的 Ag_2BiI_5 沉淀,示有 Ag^+。

四、阳离子第 I 组分析简表

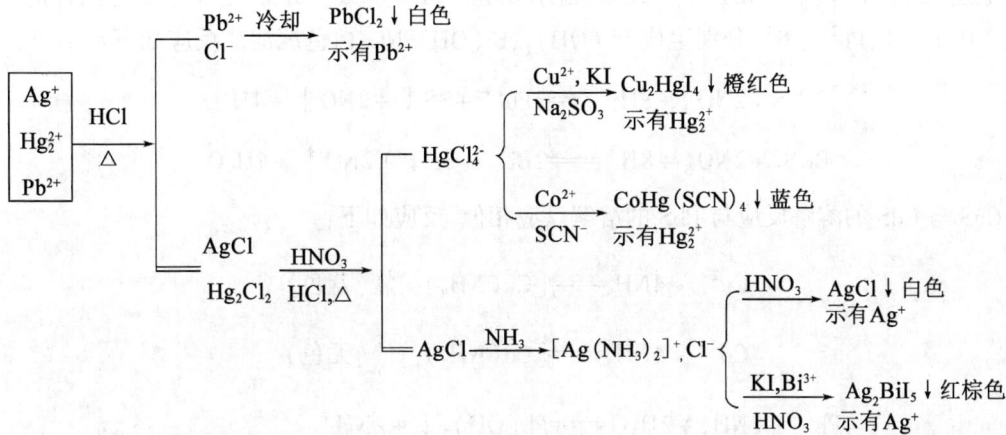

五、思考题

(1) 分离后的 Hg_2^{2+} 是以什么状态存在？鉴定反应的原理是什么？
(2) 如何分离并鉴定 Ag^+？

实验 2.2　阳离子第 ⅡA 组的分析

一、实验目的

(1) 掌握第 ⅡA 组阳离子与组试剂的反应；
(2) 掌握本组离子的分离依据及各离子的鉴定。

二、实验原理

(一) 本组离子的沉淀与分离

ⅡA 组阳离子包括 Pb^{2+}、Bi^{3+}、Cu^{2+}、Cd^{2+} 等，其氯化物溶于水，但在 $0.3\,mol\cdot L^{-1}$ HCl 溶液中与 H_2S 作用生成硫化物沉淀。故本组离子分离的组试剂为 $0.3\,mol\cdot L^{-1}$ HCl — H_2S，可用 TAA 代替 H_2S。

$$Pb^{2+} + H_2S =\!\!= PbS\downarrow(黑色) + 2H^+$$

$$2Bi^{3+} + 3H_2S =\!\!= Bi_2S_3\downarrow(黑色) + 6H^+$$

$$Cu^{2+} + H_2S \rightleftharpoons CuS\downarrow(黑色) + 2H^+$$

$$Cd^{2+} + H_2S \rightleftharpoons CdS\downarrow(黄色) + 2H^+$$

上述沉淀可溶于 HNO_3 后与过量氨水反应，Cu^{2+}、Cd^{2+} 分别生成 $[Cu(NH_3)_4]^{2+}$、$[Cd(NH_3)_4]^{2+}$，Pb^{2+}、Bi^{3+} 分别生成 $Pb(OH)_2$、$Bi(OH)_2NO_3$ 白色沉淀。反应如下：

$$3PbS + 2NO_3^- + 8H^+ \rightleftharpoons 3Pb^{2+} + 3S\downarrow + 2NO\uparrow + 4H_2O$$

$$Bi_2S_3 + 2NO_3^- + 8H^+ \rightleftharpoons 2Bi^{3+} + 3S\downarrow + 2NO\uparrow + 4H_2O$$

CuS 与 CdS 的溶解反应与 PbS 的溶解反应相似，反应如下：

$$Cu^{2+} + 4NH_3 \rightleftharpoons [Cu(NH_3)_4]^{2+}(蓝色)$$

$$Cd^{2+} + 4NH_3 \rightleftharpoons [Cd(NH_3)_4]^{2+}(无色)$$

$$Pb^{2+} + 2NH_3 + 2H_2O \rightleftharpoons Pb(OH)_2\downarrow + 2NH_4^+$$

$$Bi^{3+} + NO_3^- + 2NH_3 + H_2O \rightleftharpoons Bi(OH)_2NO_3\downarrow + 2NH_4^+$$

$$Bi^{3+} + 3NH_3 + 3H_2O \rightleftharpoons Bi(OH)_3\downarrow + 3NH_4^+$$

将 $Pb(OH)_2$ 和 $Bi(OH)_2NO_3$ 沉淀用 CH_3COONH_4 处理，$Bi(OH)_2NO_3$ 沉淀不溶解，Pb^{2+} 进入溶液而分离。在热的 $2mol\cdot L^{-1}$ HCl 溶液中含有 $[Cu(NH_3)_4]^{2+}$ 和 $[Cd(NH_3)_4]^{2+}$ 的溶液中加入 TAA，$[Cu(NH_3)_4]^{2+}$ 反应生成 CuS 沉淀，Cd^{2+} 不沉淀，进而分离。

(二)本组离子的鉴定反应

1. Pb^{2+} 的鉴定反应

Pb^{2+} 与 K_2CrO_4 反应生成黄色 $PbCrO_4$ 沉淀，沉淀溶于 $2mol\cdot L^{-1}$ NaOH 溶液中：

$$Pb^{2+} + CrO_4^{2-} \rightleftharpoons PbCrO_4\downarrow$$

$$PbCrO_4 + 4OH^- \rightleftharpoons PbO_2^{2-} + CrO_4^{2-} + 2H_2O$$

沉淀溶于浓硝酸，但难溶于稀硝酸，不溶于氨水(与 Ag^+、Cu^{2+} 不同)，难溶于稀醋酸(与 Cu^{2+}、Hg^{2+} 不同)。

反应的检出限量为 $0.25\mu g$，最低浓度为 $5\mu g\cdot mL^{-1}$。

2. Bi^{3+} 的鉴定反应

(1) 与硫脲(tu)反应。硫脲与 Bi^{3+} 在 $0.4\sim1.2mol\cdot L^{-1}$ HNO_3 溶液中反应生成黄色络合物：

$$Bi^{3+} + 3H_2N\text{—}\underset{\underset{S}{\|}}{C}\text{—}NH_2 \rightleftharpoons Bi[CS(NH_2)_2]^{3+}$$

常见离子含量不特别大时,一般不干扰。锑的干扰加 NH_4F 生成 SbF_5^{2-} 而消除。

反应的检出限量为 $0.5\mu g$,最低浓度为 $10\mu g \cdot mL^{-1}$。

(2)与硫脲、$CuSO_4$ 和 KI 的反应。在酸性介质中硫脲、$CuSO_4$ 和 KI 与 Bi^{3+} 反应生成红橙色或橙色 $[Bi(tu)_3I_3 \cdot Cu(tu)_3I]$ 络合物。本组其他离子不干扰。

反应的检出限量为 $2\mu g$,最低浓度为 $40\mu g \cdot mL^{-1}$。

3. Cu^{2+} 的鉴定反应

(1) Cu^{2+} 的催化反应。

$$Na_2S_2O_3 + Fe^{3+} = [Fe(S_2O_3)_2]^- (紫色) = S_4O_6^{2-} + 2Fe^{2+}$$

无 Cu^{2+} 紫色消失缓慢,有 Cu^{2+} 的催化作用紫色很快消失。

反应的检出限量为 $0.02\mu g$,最低浓度为 $0.4\mu g \cdot mL^{-1}$。

(2)与 $K_4[Fe(CN)_6]$ 反应。在中性或酸性介质中:

$$2Cu^{2+} + [Fe(CN)_6]^{4-} = Cu_2[Fe(CN)_6]\downarrow(红棕色)$$

沉淀不溶于稀酸,但溶于氨水。与碱作用而被分解:

$$Cu_2[Fe(CN)_6] + 8NH_3 = 2[Cu(NH_3)_4]^{2+} + [Fe(CN)_6]^{4-}$$

$$Cu_2[Fe(CN)_6] + 4OH^- = 2Cu(OH)_2 + [Fe(CN)_6]^{4-}$$

Fe^{3+} 和大量的 Co^{2+}、Ni^{2+} 干扰反应。

反应的检出限量为 $0.02\mu g$,最低浓度为 $0.4\mu g \cdot mL^{-1}$。

4. Cd^{2+} 的鉴定反应

镉试剂(Cadion):$O_2N-\underset{}{\bigcirc}-N=N-\underset{H}{N}-\underset{}{\bigcirc}-N=N-\underset{}{\bigcirc}$

滤纸上,在碱性介质中,Cd^{2+} 先沉淀为 $Cd(OH)_2$,后吸附在镉试剂染料上而呈红色。

三、实验步骤

(一)硫化物的沉淀和溶解

取 Pb^{2+}、Bi^{3+}、Cu^{2+}、Cd^{2+} 溶液各 3 滴于一支离心试管中,加 1 滴 $1g \cdot L^{-1}$ 甲基紫指示剂,如溶液为黄绿色,表示 $[H^+]\approx 0.3 mol \cdot L^{-1}$;如为紫色(中性或弱碱性),可用 $2mol \cdot L^{-1}$ HCl 调到黄绿色。加入 25 滴 $50 g \cdot L^{-1}$ 的 TAA,搅匀,在沸水浴上加热 10min,离心,在上清液中加 1 滴甲基紫,滴加 $6mol \cdot L^{-1}$ 氨水使溶液呈蓝色($[H^+]\approx 0.1 mol \cdot L^{-1}$);再加 6 滴 TAA,加热 5min,使 Pb^{2+}、Cd^{2+} 沉淀完全。冷却,离心,弃去离心液。

沉淀用 $10g \cdot L^{-1} NH_4NO_3$ 溶液洗涤两次,离心,弃去离心液。

沉淀加 6 滴 $6mol \cdot L^{-1} HNO_3$,加热,搅拌使沉淀溶解,弃去单质硫,溶液供(二)用。

(二)本组离子的分别鉴定

1. Pb^{2+}、Bi^{3+} 与 Cu^{2+}、Cd^{2+} 分离

于(一)所得溶液中,加 2 滴 $3mol \cdot L^{-1} NH_4Cl$,并滴加浓氨水至溶液有氨味,充分搅拌,如有 Cu^{2+} 存在,溶液应出现 $[Cu(NH_3)_4]^{2+}$ 的深蓝色,Cd^{2+} 也生成络合物而溶解。Pb^{2+}、Bi^{3+} 则生成白色沉淀。离心分离,沉淀用 $0.1mol \cdot L^{-1} NH_4Cl$ 洗涤两次,沉淀按 2 进行试验,溶液按 4 进行试验。

2. Pb^{2+} 与 Bi^{3+} 的分离及 Pb^{2+} 的鉴定

于 1 所得沉淀中加入 2~3 滴 $3mol \cdot L^{-1} NH_4Ac$,则 $Pb(OH)_2$ 溶解。离心分离,再用 NH_4Ac 重复处理沉淀一次,合并离心液,用于鉴定 Pb^{2+}。沉淀为 $Bi(OH)_3$,按 3 进行试验。

3. Bi^{3+} 的鉴定

取 2 所得沉淀 $Bi(OH)_3$,用 $3mol \cdot L^{-1} HNO_3$ 溶解后鉴定 Bi^{3+}。

(1) 取溶液 1 滴于点滴板上,加 1 滴 $25g \cdot L^{-1}$ 的硫脲(tu),生成鲜黄色络合物 $[Bi(tu)_3]^{3+}$,示有 Bi^{3+} 存在。

(2) 另取试液 1 滴于点滴板上,加 1~2 滴 $25g \cdot L^{-1}$ 的硫脲和 1 滴 $20g \cdot L^{-1}$ 的 $CuSO_4$,搅拌(若加 $CuSO_4$ 后有沉淀生成,应再加 2 滴硫脲),再加入 1~2 滴 $40g \cdot L^{-1}$ 的 KI 溶液,生成红橙色或橙色 $[Bi(tu)_3I_3 \cdot Cu(tu)_3I]$ 沉淀,示有 Bi^{3+} 存在。

4. Cu^{2+} 的鉴定

(1) 于点滴板的两个凹槽中各加 1 滴 Fe^{3+} 和 3 滴 $0.1mol \cdot L^{-1}$ 的 $Na_2S_2O_3$,此时溶液显紫色。于其中一个凹槽中加入 1 滴已用 2 滴 $2mol \cdot L^{-1}$ HCl 溶液酸化的 1 所得的离心液,紫色立即褪去,示有 Cu^{2+} 存在。另一个紫色褪色较慢,作为对照。

(2) 取 1 滴 1 所得的离心液,用 1 滴 $6mol \cdot L^{-1}$ HAc 酸化,加 1 滴 $K_4[Fe(CN)_6]$,生成红棕色 $Cu_2[Fe(CN)_6]$ 沉淀,示有 Cu^{2+} 存在。

5. Cu^{2+} 与 Cd^{2+} 的分离及 Cd^{2+} 的鉴定

取鉴定 Cu^{2+} 后的其余离心液,加 4 滴 TAA,加热,有黑色沉淀生成,离心分离。于沉淀上加 2~3 滴 $2mol \cdot L^{-1}$ HCl 溶液,充分搅拌,CdS 溶解,离心。再用 HCl 溶液重复处理一次,合并离心液,弃去沉淀。将离心液加热除去 H_2S,进行 Cd^{2+} 的鉴定。于定量滤纸上,加 1 滴 $0.2g \cdot L^{-1}$ 镉试剂,烘干,再加 1 滴 5 所得离心液,烘干,加 1 滴 $2mol \cdot L^{-1}$ KOH 溶液,斑点呈红色,示有 Cd^{2+} 存在。取少量 $CdCO_3$ 固体于点滴板上,加 2 滴 5 所得离心液,出现黄色沉淀,示有 Cd^{2+} 存在。

四、阳离子第ⅡA组分析简表

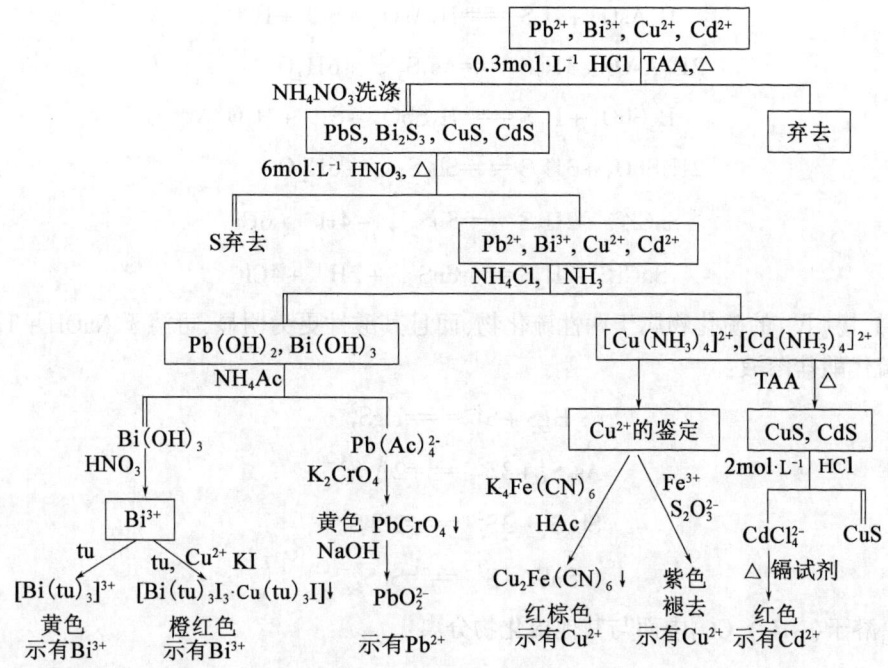

五、思考题

(1) Pb^{2+}、Bi^{3+} 与 Cu^{2+}、Cd^{2+} 如何分离？
(2) 若 Cu^{2+}、Cd^{2+} 同时存在，如何鉴定 Cd^{2+}？
(3) 现有固体 $CuSO_4$ 和 $Pb(NO_3)_2$ 混合物，设计方案，鉴定 Pb^{2+} 与 Cu^{2+}。

实验2.3　阳离子第ⅡB组的分析

一、实验目的

(1) 掌握第ⅡB组阳离子与组试剂的反应；
(2) 掌握锡组的分离依据及各离子的鉴定条件与原理。

二、实验原理

（一）本组离子的沉淀与分离

阳离子ⅡB组包括 Hg^{2+}、As(Ⅲ,Ⅴ)、Sb(Ⅲ,Ⅴ)、Sn(Ⅱ,Ⅳ) 等离子，称为铜锡组。本组

离子不被 HCl 沉淀,但在 0.3mol·L^{-1} HCl 溶液中,本组离子与 TAA 反应均生成硫化物沉淀。TAA(实质是 H$_2$S)有还原性,可使 As(V)、Sb(V)还原而生成黄色 As$_2$S$_3$ 沉淀、橘黄色 Sb$_2$S$_3$ 沉淀,SnS 为棕色沉淀,HgS 为黑色沉淀。反应如下:

$$H_3AsO_4 + H_2S = H_3AsO_3 + S\downarrow + H_2O$$

$$2H_3AsO_3 + 3H_2S = As_2S_3\downarrow + 6H_2O$$

$$H_3SbO_4 + H_2S = H_3SbO_3 + S\downarrow + H_2O$$

$$2H_3SbO_3 + 3H_2S = Sb_2S_3\downarrow + 6H_2O$$

$$SnCl_6^{2-} + 2H_2S = SnS_2\downarrow + 4H^+ + 6Cl^-$$

$$SnCl_4^{2-} + H_2S = SnS\downarrow + 2H^+ + 4Cl^-$$

砷、锑、锡(Ⅳ)的硫化物属于两性硫化物,而且其酸性更为明显,可溶于 NaOH + TAA 溶液中,生成硫代酸盐溶液:

$$HgS + S^{2-} = HgS_2^{2-}$$

$$As_2S_3 + 3S^{2-} = 2AsS_3^{3-}$$

$$Sb_2S_3 + 3S^{2-} = 2SbS_3^{3-}$$

$$SnS_2 + S^{2-} = SnS_3^{2-}$$

As$_2$S$_3$ 溶于(NH$_4$)$_2$CO$_3$ 中而与其他硫化物分离:

$$As_2S_3 + 3CO_3^{2-} + 3H_2O = H_3AsO_3 + AsS_3^{3-} + 3HCO_3^-$$

Sb$_2$S$_3$、SnS$_2$、SnS 能溶于 9mol·L^{-1} HCl 溶液而 HgS 不溶,借此分离。

$$Sb_2S_3 + 6H^+ + 12Cl^- = 2SbCl_6^{3-} + 3H_2S\uparrow$$

$$SnS_2 + 4H^+ + 6Cl^- = SnCl_6^{2-} + 2H_2S\uparrow$$

$$SnS + 2H^+ + 6Cl^- = SnCl_4^{2-} + H_2S\uparrow$$

(二)本组离子的鉴定反应

1. 砷的鉴定反应

(1)与 Zn 及 NaOH 反应。在 NaOH 存在下用 Zn 还原 As(Ⅴ),As(Ⅲ)的化合物为 AsH$_3$,在 AgNO$_3$ 试纸反应,生成产物由黄色逐渐变为黑色,示有砷存在。反应如下:

$$AsO_3^{3-} + 3Zn + 3OH^- = AsH_3\uparrow + 3ZnO_2^{2-}$$

$$AsH_3 + 6AgNO_3 = AsAg_3 \cdot 3AgNO_3(黄色) + 3HNO_3$$

$$AsAg_3 \cdot 3AgNO_3(黄色) + 3H_2O = 6Ag(黑色) + H_3AsO_3 + 3HNO_3$$

反应的检出限量为 1μg,最低浓度为 20μg·mL^{-1}。

(2)与 I$_2$ 反应。在弱碱性溶液中 AsO$_3^{3-}$ 还原 I$_2$ 为 I$^-$,故 I$_2$—淀粉的蓝色遇到含有 AsO$_3^{3-}$ 溶液时褪去:

$$AsO_3^{3-} + I_2 + H_2O = AsO_4^{3-} + 2I^- + 2H^+$$

Sb(Ⅲ)、Sn(Ⅱ)干扰。反应的检出限量为 $5\mu g$,最低浓度为 $100\mu g\cdot mL^{-1}$。
Hg^{2+} 的鉴定见 Hg_2^{2+}。

2. 锑(Ⅲ)的鉴定反应

(1)还原为金属锑。在酸性溶液中,三价锑被金属锡还原为黑色金属锑:

$$3SbCl_6^{3-}+3Sn=\!=\!=3Sb\downarrow+3SnCl_4^{2-}+3Cl^-$$

当砷混入时,也能在锡箔上生成黑色斑点(As),但 As 斑与锑不同,用水洗净后加 NaBrO 则溶解。洗时一定要洗净,否则在酸性条件下,NaBrO 也能使 Sb 的斑点消失。

反应的检出限量为 $20\mu g$,最低浓度为 $400\mu g\cdot mL^{-1}$。

(2)与罗丹明 B 反应。罗丹明 B 为三苯甲烷类碱性染料,其与 $SbCl_6^-$ 反应生成紫色或蓝色不溶于水的离子缔合物,该产物可被苯萃取,苯层显紫色。可在大量 Sn(Ⅳ)存在下鉴定 Sb(Ⅴ),Sb(Ⅲ)不与罗丹明 B 反应,可先在浓盐酸溶液中加 KNO_3 将其氧化为 Sb(Ⅴ)。

反应的检出限量为 $0.5\mu g$,最低浓度为 $10\mu g\cdot mL^{-1}$。

3. 锡的鉴定反应

(1)还原反应。在 $SnCl_6^{2-}$ 溶液(浓盐酸介质)中加 Pb 粒将 Sn(Ⅳ)还原为 Sn(Ⅱ):

$$SnCl_6^{2-}+Pb=\!=\!=PbCl_2+3SnCl_4^{2-}$$

在所得溶液中加入 $HgCl_2$ 溶液,锡存在时生成白色 Hg_2Cl_2 和黑色 Hg 沉淀:

$$2HgCl_2+SnCl_4^{2-}=\!=\!=Hg_2Cl_2\downarrow(白色)+SnCl_6^{2-}$$

$$Hg_2Cl_2+SnCl_4^{2-}=\!=\!=2Hg\downarrow(黑色)+SnCl_6^{2-}$$

反应的检出限量为 $1\mu g$,最低浓度为 $20\mu g\cdot mL^{-1}$。

(2)与甲基橙反应。在浓盐酸介质中,甲基橙被 $SnCl_4^{2-}$ 还原为氢化甲基橙而褪色。$SnCl_4^{2-}$ 还能将氢化甲基橙还原为 N,N—二甲基对苯二胺和对氨基苯磺酸钠:

$$(CH_3)_2NC_6H_4N=\!=\!=NC_6H_4SO_3Na \xrightarrow{2H^+} (CH_3)_2NC_6H_4NHNHC_6H_4SO_3Na$$

$$\xrightarrow{2H^+} (CH_3)_2NC_6H_4NH^+ + NH_2C_6H_4SO_3Na$$

As(Ⅲ)、Sb(Ⅲ)、Hg^{2+}、Pb^{2+} 均不干扰。

反应的检出限量为 $0.03\mu g$,最低浓度为 $0.6\mu g\cdot mL^{-1}$。

(三)ⅡA 组合ⅡB 组混合物分析

1. 硫化物沉淀

取 Pb^{2+}、Hg^{2+}、As(Ⅲ)、Sb(Ⅲ)、Sn(Ⅳ)溶液各 3 滴于一支离心试管中,加 1 滴甲基紫指示剂,用 $6mol\cdot L^{-1}$ 和 $2mol\cdot L^{-1}$ 氨水调到溶液显黄绿色。再加 30 滴 TAA 并于沸水浴中加热 10min,充分搅拌,离心。

于上清液中再加 1 滴甲基紫,滴加 $6mol\cdot L^{-1}$ 氨水至溶液显蓝色,加热 5min,沉淀完全后,冷却,离心,弃去离心液。沉淀用 1% NH_4NO_3 溶液洗涤两次,按 2 进行试验。

2. ⅡA组与ⅡB组的分离

将所得硫化物沉淀加8~10滴2mol·L^{-1}NaOH和6滴TAA,充分搅拌,加热10min,离心,分出离心液。

沉淀按上述步骤重复处理一次,两次离心液合并,此系ⅡB组硫代酸盐溶液,按3进行试验。沉淀为PbS,不必再试验。

3. ⅡB组硫代酸盐的分解

将2所得溶液逐滴加入浓HAc酸化,并搅拌,加热2 min,有硫化物沉淀析出,离心沉降,再加1滴浓HAc于清液中,检查沉淀是否完全。若沉淀完全后,吸出清液弃去。沉淀以10g·L^{-1} NH$_4$NO$_3$溶液洗两次后按4处理。如沉淀仅呈乳白色,是反应中析出的硫,表示锡组不存在。

4. As(Ⅲ)与Sb(Ⅲ)、Sn(Ⅳ)、Hg^{2+}的分离及As(Ⅲ)的鉴定

将3所得硫化物沉淀加固体(NH$_4$)$_2$CO$_3$少许和数滴水,充分搅拌,As$_2$S$_3$可溶解,离心,分出离心液。沉淀按上述步骤重复处理2~3次,合并离心液并用于As(Ⅲ)的鉴定。沉淀进行下面试验。

(1)取3滴离心液于离心试管中,加3滴6mol·L^{-1} NaOH及少许Zn粉,在离心试管上部小心塞上一小团脱脂棉,用AgNO$_3$试纸盖住管口,放在水浴上加热,试纸变黑,示有As(Ⅲ)存在。(注意:AsH$_3$剧毒!此试验在通风橱中进行。)

(2)取离心液2滴于点滴板上,加1粒固体NaHCO$_3$使溶液为pH≈8,加1滴I$_2$—淀粉溶液,蓝色褪去,示有AsO$_3^{3-}$存在。

5. Sb(Ⅲ)、Sn(Ⅳ)与Hg^{2+}的分离

于4所得的沉淀上加4滴9mol·L^{-1} HCl 溶液,在约70℃水浴上加热3min。若时间过长,HgS会有少许溶解。冷却,离心分离。沉淀再用HCl处理一次,合并离心液按7进行试验。沉淀用0.1mol·L^{-1} HCl溶液洗涤两次后按6进行鉴定Hg^{2+}。

6. Hg^{2+}的鉴定

于5所得沉淀上加3滴6mol·L^{-1} HCl 溶液和4滴1mol·L^{-1} KI,加热溶解HgS,除去H$_2$S,用Pb(Ac)$_2$试纸检验H$_2$S是否除尽。取2滴溶液,加2滴20g·L^{-1} CuSO$_4$溶液及少许固体Na$_2$SO$_3$,生成橘红色的Cu$_2$HgI$_4$沉淀,示有Hg^{2+}存在。

7. Sb(Ⅲ)的鉴定

(1)取5所得离心液于锡箔上,片刻,斑点变黑,用水洗去酸,然后用1滴新配制的NaBrO溶液处理,黑斑不消失,示有Sb(Ⅲ)。

(2)取5所得离心液1滴于离心试管中,加3滴浓HCl溶液及数粒NaNO$_2$,此时立即有标色气体生成,搅拌,使气体充分逸出,将Sb(Ⅲ)氧化为Sb(Ⅴ),当有气体停止放出时,加数滴苯及2滴罗丹明B溶液,震荡,若苯层显紫色,示有Sb(Ⅲ)。

8. Sn(Ⅳ)的还原及鉴定

取鉴定 Sb(Ⅲ)后的其余离心液,加 1 粒铅,加热,将$[SnCl_6]^{2-}$还原为$[SnCl_4]^{2-}$。

(1)取 2 滴上述$[SnCl_4]^{2-}$溶液于离心试管中,趁热加入 1 滴 $HgCl_2$溶液,如有白色沉淀生成,加热不溶,并继续变成灰黑色,示有 Sn(Ⅳ)存在。

(2)取 2 滴热的$[SnCl_4]^{2-}$溶液于离心试管中,加 2 滴浓 HCl 溶液和 1 滴 $0.1g·L^{-1}$甲基橙,加热,由于甲基橙被$[SnCl_4]^{2-}$还原为氢化甲基橙而褪色,示有 Sn(Ⅳ)存在。

三、阳离子第ⅡA、ⅡB混合组分分析简表

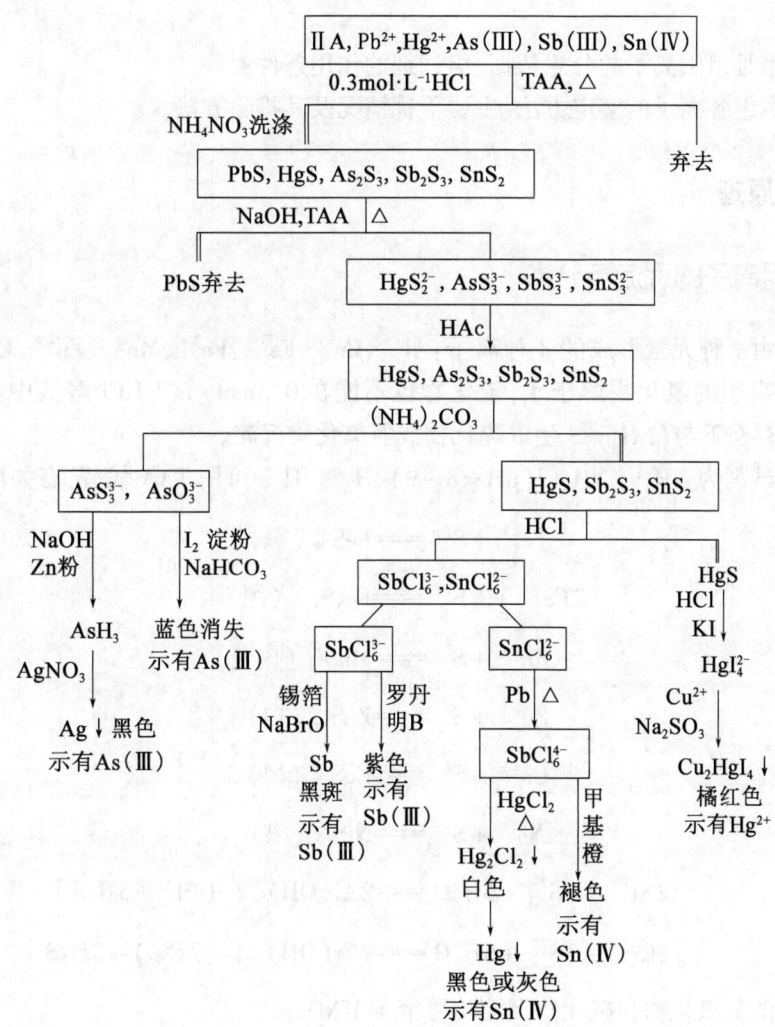

四、思考题

(1)从本组硫代酸盐中析出硫化物为何不用 HCl 而用 HAc?

(2)对以下阳离子Ⅰ~Ⅱ组离子的分离鉴定设计方案实验。
①Ag^+、Pb^{2+}、Cd^{2+}、Hg^{2+}。
②Hg_2^{2+}、Cu^{2+}、Cd^{2+}、$As(Ⅲ)$。
③Bi^{3+}、Pb^{2+}、$Sn(Ⅳ)$、Hg^{2+}。
④Ag^+、Bi^{3+}、Cu^{2+}、$Sb(Ⅲ)$。

实验2.4　阳离子第Ⅲ组的分析

一、实验目的

(1)掌握第Ⅲ组阳离子的分组依据、组试剂的作用条件;
(2)掌握本组各离子的鉴定方法、主要干扰情况及其排除方法。

二、实验原理

(一)本组离子的沉淀与分离

本组包括由7种元素形成的8种离子:Al^{3+}、Cr^{3+}、Fe^{3+}、Fe^{2+}、Mn^{2+}、Zn^{2+}、Co^{2+}、Ni^{2+},称为铁组。本组离子的氯化物溶于水,硫化物也不能在$0.3mol·L^{-1}$ HCl 溶液中生成,只能在NH_3—NH_4Cl存在下与$(NH_4)_2S$生成硫化物或氢氧化物沉淀。

本组的组试剂为NH_3—NH_4Cl(pH=8~9)、H_2S。H_2S可用TAA代替,有关反应如下:

$$Fe^{2+} + S^{2-} = FeS\downarrow(黑)$$

$$2Fe^{3+} + 3S^{2-} = Fe_2S_3\downarrow(黑)$$

$$Mn^{2+} + S^{2-} = MnS\downarrow(肉色)$$

$$Zn^{2+} + S^{2-} = ZnS\downarrow(白)$$

$$Co^{2+} + S^{2-} = CoS\downarrow(黑)$$

$$Ni^{2+} + S^{2-} = NiS\downarrow(黑)$$

$$2Al^{3+} + 3S^{2-} + 6H_2O = 2Al(OH)_3\downarrow(白) + 3H_2S\uparrow$$

$$2Cr^{3+} + 3S^{2-} + 6H_2O = 2Cr(OH)_3\downarrow(灰绿) + 3H_2S\uparrow$$

本组离子的氢氧化物和硫化物沉淀均可溶于HNO_3:

$$FeS + HNO_3 + 3H^+ = Fe^{3+} + S\downarrow + NO + 2H_2O$$

$$Fe_2S_3 + 2HNO_3 + 6H^+ = Fe^{3+} + 3S\downarrow + 2NO + 4H_2O$$

其他硫化物沉淀的反应类似,反应如下:

$$Al(OH)_3 + 3HNO_3 = Al^{3+} + 3NO_3^- + 3H_2O$$

$$Cr(OH)_3 + 3HNO_3 = Cr^{3+} + 3NO_3^- + 3H_2O$$

利用尿素均匀沉淀 $Al(OH)_3$、$Cr(OH)_3$ 和 $Fe(OH)_3$，可以与二价离子分离，反应如下：

$$CO(NH_2)_2 + H_2O = 2NH_3 + CO_2$$

$$Fe^{3+} + 3NH_3 + 3H_2O = Fe(OH)_3 \downarrow + 3NH_4^+$$

$$Cr^{3+} + 3NH_3 + 3H_2O = Cr(OH)_3 \downarrow + 3NH_4^+$$

$$Al^{3+} + 3NH_3 + 3H_2O = Al(OH)_3 \downarrow + 3NH_4^+$$

用 NH_3 和氨基乙酸(gl)掩蔽 Zn^{2+}、Co^{2+}、Ni^{2+} 和 Mn^{2+}，生成 $Zn(gl)_2$、$Ni(gl)_2$、$Co(gl)_3^-$、$Mn(gl)_2$ 络合物，可防止其与铝、铬、铁的氢氧化物发生共沉淀。

尿素沉淀后，再加 $NaOH-H_2O_2$ 处理沉淀 1~2 次，则 AlO_2^-、CrO_4^{2-} 与 $Fe(OH)_3$ 分离。$Ni(gl)_2(pK=10.64)$、$Co(gl)_3^-(pK=10.76)$ 较 $Zn(gl)_2(pK=9.96)$ 稳定，且 ZnS 溶度积较 CoS、NiS 小，故在 pH=6 介质中用氨基乙酸掩蔽 Co^{2+}、Ni^{2+}、Mn^{2+}，用 TAA 沉淀 ZnS：

$$Zn(NH_2CH_2COOH)_2 + H_2S = ZnS \downarrow + 2NH_2CH_2COOH + 2H^+$$

(二)本组离子的鉴定反应

1. Fe^{3+} 的鉴定反应

(1)与 NH_4SCN 或 KSCN 反应。在稀酸介质中，Fe^{3+} 与 SCN^- 生成血红色的络合物 $Fe(SCN)^{3-n}(n=1~6)$。碱能破坏红色络合物，生成 $Fe(OH)_3$ 沉淀。HNO_3 具有氧化性，可氧化 SCN^-，浓酸破坏试剂，故在稀酸中进行。Cu^{2+}、Cr^{3+}、Co^{2+}、Ni^{2+} 降低灵敏度。

反应的检出限量为 $0.25\mu g$，最低浓度为 $5\ \mu g \cdot mL^{-1}$。

(2)与 $K_4Fe(CN)_6$ 反应。在中性或微酸性条件下，Fe^{3+} 与 $K_4Fe(CN)_6$ 生成蓝色沉淀：

$$Fe^{3+} + K^+ + Fe(CN)_6^{4-} = KFe[Fe(CN)_6] \downarrow$$

强碱使产物分解，生成 $Fe(OH)_3$ 沉淀，浓的强酸使沉淀溶解。故鉴定要在中性或微酸性溶液中进行。大量 Cu^{2+} 应先分出，Co^{2+}、Ni^{2+} 等与试剂生成淡绿色至绿色沉淀。

反应的检出限量为 $0.05\mu g$，最低浓度为 $1\mu g \cdot mL^{-1}$。

2. Fe^{2+} 的鉴定反应

(1)与邻二氮菲反应。在中性或弱酸性溶液中，Fe^{2+} 与邻二氮菲生成稳定的橘红色螯合物。

大量 NaOH 会破坏产物，生成 $Fe(OH)_2$ 沉淀。10 倍量的 Cu^{2+}、40 倍量的 Co^{2+}、140 倍量

的 $C_2O_4^{2-}$、6 倍量的 CN^- 干扰反应。

反应的检出限量为 $0.025\mu g$,最低浓度为 $0.5\mu g \cdot mL^{-1}$。

(2) 与 $K_3Fe(CN)_6$ 反应。Fe^{2+} 与 $K_3Fe(CN)_6$ 生成不溶于稀酸的蓝色沉淀：

$$Fe^{2+} + K^+ + Fe(CN)_6^{3-} = KFe[Fe(CN)_6]\downarrow$$

强碱使产物分解,生成 $Fe(OH)_3$ 沉淀。

反应的检出限量为 $0.1\mu g$,最低浓度为 $2\mu g \cdot mL^{-1}$。

3. Al^{3+} 的鉴定反应

(1) 与茜素磺酸钠反应。茜素磺酸钠在氨性或碱性溶液中为紫色,在醋酸溶液中为黄色,在 pH 为 5~5.5 的溶液中与 Al^{3+} 反应生成红色螯合物沉淀。茜素磺酸钠结构式如下：

Fe^{3+}、Cr^{3+}、Mn^{2+} 以及大量 Cu^{2+} 对反应有干扰。可采用纸上点滴反应,先用 $K_4Fe(CN)_6$ 在纸上沉淀 Fe^{3+} 和 Co^{2+},Al^{3+} 不被沉淀,扩散到水渍区,再在水渍区用茜素磺酸钠鉴定 Al^{3+}。

(2) 与铝试剂反应。与铝试剂在醋酸及醋酸盐的弱酸性介质中生成红色絮状螯合物沉淀。Pb^{2+}、Hg_2^{2+}、Cu^{2+}、Bi^{3+}、Cr^{3+}、Ca^{2+} 等与试剂生成深浅不同的红色沉淀;Fe^{3+} 与试剂生成深紫色螯合物。它们存在时,试剂应以 Na_2CO_3—Na_2O_2 处理,此时,只有 Cr^{3+} 以 CrO_4^{2-} 形式与 AlO_2^- 一起存在于溶液中,但已不干扰 Al^{3+} 的鉴定。

反应的检出限量为 $0.1\mu g$,最低浓度为 $2\mu g \cdot mL^{-1}$。

4. Cr^{3+} 的鉴定反应

(1) 生成过铬酸的反应。Cr^{3+} 在碱性介质中可被 H_2O_2 或 Na_2O_2 氧化为 CrO_4^{2-}：

$$2CrO_2^- + 3H_2O_2 + 2OH^- = 2CrO_4^{2-}(黄) + 4H_2O$$

用 H_2SO_4 酸化至 pH 为 2~3 时,生成 $Cr_2O_7^{2-}$,然后 $Cr_2O_7^{2-}$ 与 H_2O_2 作用生成过铬酸 H_2CrO_6：

$$2CrO_4^{2-} + 2H^+ = Cr_2O_7^{2-} + H_2O$$

$$Cr_2O_7^{2-} + 4H_2O_2 + 2H^+ = 2CrO_5 + 5H_2O$$

CrO_5 溶于水,生成蓝色的过铬酸 H_2CrO_6,后者在水溶液中很不稳定,生成后很快分解,但用戊醇萃取后很稳定,所以在黄色 CrO_4^{2-} 生成后要依次加入戊醇、酸和 H_2O_2,不能颠倒顺序,否则鉴定反应易失败。

(2) 与 EDTA 反应。Cr^{3+} 在碱性介质中可被 H_2O_2 氧化为 CrO_4^{2-} 后,再用 H_2SO_4 酸化至 pH 为 2~3,生成 $Cr_2O_7^{2-}$,加入 EDTA,然后用抗坏血酸还原为紫色的 CrY^- 络合物。

Cu^{2+}、Cr^{3+}、Co^{2+}、Ni^{2+} 等有色离子干扰。

反应的检出限量为 3μg,最低浓度为 60μg·mL^{-1}。

5. Co^{2+} 的鉴定反应

(1) 与 PAN 的反应。Co^{2+} 与 PAN 在 pH 为 3.5~5 介质中反应,生成酒红色的螯合物。当加入酸使溶液 pH<1 时,Co^{2+} 被空气氧化成 Co^{3+},溶液变为绿色或生成绿色沉淀。

反应的检出限量为 0.4μg,最低浓度为 8μg·mL^{-1}。

(2) 与 NH$_4$SCN 反应。在中性或酸性溶液中 Co^{2+} 与固体 NH$_4$SCN 生成蓝色络合物 [Co(SCN)$_4$]$^{2-}$。此络合物能溶于许多有机溶剂,如戊醇、丙酮等。Fe^{3+} 单独存在时,加 NaF 掩蔽。Fe^{3+}、Cu^{2+} 都存在可加 SnCl$_2$ 将它们还原为低价离子。大量 Ni^{2+} 存在时溶液为浅蓝色。

反应的检出限量为 0.5μg,最低浓度为 10μg·mL^{-1}。

6. Mn^{2+} 的鉴定反应

(1) 与 NaBiO$_3$ 反应。Mn^{2+} 在稀 HNO$_3$ 或 H$_2$SO$_4$ 溶液中可被 NaBiO$_3$ 氧化为紫色的 MnO$_4^-$:

$$2Mn^{2+} + 5NaBiO_3 + 14H^+ = 2MnO_4^- + 5Bi^{3+} + 5Na^+ + 7H_2O$$

H$_2$O$_2$、Cl$^-$ 不应存在,反应在低温下进行。

反应的检出限量为 0.8μg,最低浓度为 16μg·mL^{-1}。

(2) 与 (NH$_4$)$_2$C$_2$O$_4$ 及 NaNO$_2$ 反应。Mn^{2+} 与 (NH$_4$)$_2$C$_2$O$_4$ 及 NaNO$_2$ 在 pH 为 2~4 介质中反应生成稳定的粉红色络合物:

$$Mn^{2+} + NO_2^- + 2H^+ = Mn^{3+} + NO + H_2O$$

$$Mn^{3+} + 3C_2O_4^{2-} = [Mn(C_2O_4)_3]^{3-}$$

大量 Co^{2+}、Ni^{2+} 存在时影响反应。

反应的检出限量为 2.5μg,最低浓度为 50μg·mL^{-1}。

7. Ni^{2+} 的鉴定反应

(1) 与丁二酮肟反应。Ni^{2+} 在中性、HAc 酸性或氨性溶液(pH 为 5~10)中与丁二酮肟产生鲜红色螯合物沉淀。此沉淀溶于强酸、强碱和很浓的氨水。该沉淀结构式如下:

Fe^{2+} 在氨性溶液中与试剂生成红色可溶性螯合物,同 Ni^{2+} 产生的红色沉淀有时不易区别。为消除其干扰,可加 H_2O_2 将其氧化为 Fe^{3+}。

Fe^{3+}、Mn^{2+} 等能与氨水生成深色沉淀的离子,可加柠檬酸或酒石酸掩蔽。

也可用纸上分离法,即在滤纸上先滴加 1 滴 $(NH_4)_2HPO_4$,使 Fe^{3+}、Mn^{2+} 等与之形成磷酸盐沉淀,留在斑点中心。Ni^{2+} 的磷酸盐溶解度大,扩散到滤纸边缘。在边缘处滴加试剂,然后在氨水瓶上熏,有 Ni^{2+} 时,边缘呈现鲜红色。

当大量 Fe^{3+}、Co^{2+} 存在时,可加 CN^- 和 HCHO 掩蔽。NO_3^- 使 Ni^{2+} 与试剂生成红色溶液而不沉淀。

反应的检出限量为 $0.1\mu g$,最低浓度为 $2\mu g \cdot mL^{-1}$。

$$Ni^{2+} + \begin{matrix} H_2N-C=S \\ | \\ H_2N-C=S \end{matrix} \rightleftharpoons \left(\begin{matrix} H_2N-C-S \\ | \\ H_2N-C=S \end{matrix}\right) Ni\downarrow + 2H^+$$

(2) 与二硫代乙二酰胺(红胺酸)反应。Ni^{2+} 与在氨性介质中反应,生成蓝色或紫色螯合物沉淀。该沉淀不溶于稀酸,可溶于 KCN 溶液。Cu^{2+}、Co^{2+} 和 Fe^{3+} 干扰反应,可在滤纸上进行点滴反应来消除。为此在氨性溶液中进行,在斑点最外圈鉴定 Ni^{2+}。

反应的检出限量为 $0.12\mu g$,最低浓度为 $4\mu g \cdot mL^{-1}$。

8. Zn^{2+} 的鉴定反应

在中性或微酸性溶液中:

$$Cu^{2+} + Hg(SCN)_4^{2-} \rightleftharpoons Cu[Hg(SCN)_4]\downarrow (黄绿色) 缓慢$$

$$Zn^{2+} + Hg(SCN)_4^{2-} \rightleftharpoons Zn[Hg(SCN)_4]\downarrow (白)快$$

但当 Zn^{2+} 和 Cu^{2+} 两种离子共存时,它们与试剂生成紫色混晶型沉淀,可以较快地沉出。因此,向试剂及很稀(0.02%)的 Cu^{2+} 溶液中加入 Zn^{2+} 的试液,在不断摩擦器壁的条件下如迅速得到紫色沉淀,则表示 Zn^{2+} 存在。加入几滴戊醇,紫色沉淀会聚集在水层和有机相之间,可提高灵敏度。

反应的检出限量为 $0.25\mu g$,最低浓度为 $100\mu g \cdot mL^{-1}$。

三、实验步骤

(一)初步鉴定

1. Fe^{3+} 的初步鉴定

首先,取 Fe^{3+}、Fe^{2+}、Al^{3+}、Cr^{3+}、Mn^{2+}、Co^{2+}、Ni^{2+}、Zn^{2+} 试液各 3 滴于一支离心管中,搅匀,备用。取原混合试液 1 滴于点滴板上,加 $3mol \cdot L^{-1}$ HCl 使其呈酸性,再加 NH_4SCN 1 滴,如溶液呈血红色,加 NaF 后红色又褪去,示有 Fe^{3+}。

取原混合试液 1 滴于点滴板上,加 1 滴 $2mol \cdot L^{-1}$ HCl,再加 $K_4Fe(CN)_6$ 溶液 1 滴,如立即生成蓝色沉淀,示有 Fe^{3+}。

2. Fe^{2+} 的鉴定

(1)取原混合试液 1 滴于点滴板上,加 2 滴 $3mol·L^{-1}$ HCl、2 滴 0.5% 邻二氮菲,显红色,示有 Fe^{2+}。

(2)取原混合试液 1 滴于点滴板上,加 1 滴 $3mol·L^{-1}$ HCl 溶液、1 滴 $K_3Fe(CN)_6$ 溶液,若立即生成蓝色沉淀,示有 Fe^{2+}。

(二)本组离子的沉淀及沉淀的溶解

在鉴定 Fe^{3+}、Fe^{2+} 剩余的混合液中,加 6 滴 $3mol·L^{-1}$ NH_4Cl、1 滴百里酚蓝指示剂,滴加 $6mol·L^{-1}$ $NH_3·H_2O$ 调至溶液呈黄绿色(pH 为 8~9)(观察有无沉淀生成)。加 16 滴 10% TAA,在沸水浴中加热 5~10min,离心沉降。在上层清液中再加氨水和 TAA 各 1 滴,观察沉淀是否完全,如已沉淀完全,离心沉降。(若要做第四组离子的鉴定,离心液应立即做第四组试液的制备。)

沉淀用 $10g·L^{-1}$ NH_4NO_3 的溶液洗两次,充分搅拌并加热弃去离心液。

于沉淀上加 4~5 滴 $6mol·L^{-1}$ HNO_3,充分搅拌,并加热使其溶解。漂浮在液面上的黑渣为夹有黑色硫化物的硫,可弃去。

(三)Al^{3+}、Cr^{3+}、Fe^{3+} 与 Zn^{2+}、Co^{2+}、Ni^{2+}、Mn^{2+} 的分离

在上面所得溶液中,滴加 $6mol·L^{-1}$ 氨水使溶液稍呈浑浊后,再滴加 $0.5mol·L^{-1}$ HCl 使溶液刚好澄清,然后加 10 滴氨基乙酸、1.5g 尿素,搅匀,加热 20min,离心分离。用 $10g·L^{-1}$ NH_4NO_3 的溶液洗两次,洗涤液与离心液合并,供鉴定 Co^{2+}、Ni^{2+}、Mn^{2+} 和分离 Zn^{2+} 用。沉淀用于(四)。

(四)Fe^{3+} 与 Al^{3+}、Cr^{3+} 的分离

取(三)所得沉淀,加 10 滴 $6mol·L^{-1}$ NaOH 使呈碱性(pH = 12)再多加 2 滴,然后加 6 滴 3% H_2O_2,不断搅拌并加热至 H_2O_2 完全分解,离心,分出离心液,在沉淀上再用 NaOH 和 H_2O_2 处理一次。合并离心液,用以鉴定 Al^{3+}、Cr^{3+}。沉淀为 $Fe(OH)_3$,弃去。

(五)Al^{3+} 的鉴定

(1)取 1 滴(四)所得离心液,用 $3mol·L^{-1}$ H_2SO_4 酸化后,取 1 滴于滤纸上,加 1 滴茜素磺酸钠,用浓氨水熏至出现桃红色斑,立即移开氨瓶,示有 Al^{3+}。

(2)取 2 滴离心液于离心试管中,逐滴加入 $6mol·L^{-1}$ HAc(浓 HAc)至 pH = 6~7,加 3 滴 0.1% 铝试剂和 5~6 滴乙醇,70℃ 水浴加热数分钟,若出现鲜红色絮状沉淀,示有 Al^{3+} 存在。若生成橙红色沉淀,示有 CrO_4^{2-} 存在,可离心分离,用水洗涤沉淀两次,即可得到玫瑰色沉淀,示有 Al^{3+}。

(六)Cr^{3+} 的鉴定

(1)取 2 滴(四)所得离心液于离心试管中,加 5~6 滴戊醇及 1 滴 3% H_2O_2,滴加 $1mol·L^{-1}$

H_2SO_4,每加1滴,充分振荡离心试管,以免 H_2SO_4 过量。若戊醇层显蓝色,示有 Cr^{3+}。

(2)取2~4滴(四)所得离心液于离心试管中,用浓 HAc 调节 pH=5,加4滴 $0.01mol \cdot L^{-1}$ EDTA、数粒固体抗坏血酸,溶液很快变成 CrY^- 络离子的紫色,示有 Cr^{3+}。

(七)Co^{2+} 的鉴定

(1)取1滴(三)所得离心液于点滴板上,加1滴 PAN 试剂,溶液呈红色。再加1滴浓 HCl 溶液,由于 Co^{2+} 被空气氧化为 Co^{3+},它与 PAN 的络合物为绿色,如 Co^{2+} 浓度大时生成绿色沉淀,示有 Co^{2+}。

(2)取1滴(三)所得离心液于离心试管中,加2滴 $2mol \cdot L^{-1}$ HCl 溶液,戊醇数滴,再加固体 NH_4SCN 数粒,充分摇动,生成的 $[Co(SCN)_4]^{2-}$ 在戊醇中呈蓝色,示有 Co^{2+}。

(八)Mn^{2+} 的鉴定

(1)取1滴(三)所得离心液于离心试管中,加2滴 $2mol \cdot L^{-1}$ HNO_3 溶液及少许固体 $NaBiO_3$,搅拌后静置,若呈 MnO_4^- 的紫红色,示有 Mn^{2+}。

(2)取1滴(三)所得离心液于离心试管中,用 $0.5mol \cdot L^{-1}$ HAc—NaAc 溶液调到 pH 为2~4,加2~3滴 $0.25mol \cdot L^{-1}$ $(NH_4)_2C_2O_4$ 及数粒固体 $NaNO_2$,生成粉红色 $[Mn(C_2O_4)_3]^{3-}$,示有 Mn^{2+}。

(九)Ni^{2+} 的鉴定

(1)取1滴(三)所得离心液于点滴板上,加2滴丁二酮肟试剂,生成鲜红色沉淀,示有 Ni^{2+}。

(2)取1滴(三)所得离心液于滤纸上,用 $10 g \cdot L^{-1}$ 二硫代乙二酰胺在斑点周围画圈,如显蓝色或蓝紫色环,示有 Ni^{2+}。

(十)Zn^{2+} 与 Co^{2+}、Ni^{2+}、Mn^{2+} 的分离及 Zn^{2+} 的鉴定

将(三)剩余离心液加6滴 $50g \cdot L^{-1}$ 氨基乙酸、1滴百里酚蓝指示剂,用 $0.5mol \cdot L^{-1}$ HAc 和 $0.5mol \cdot L^{-1}$ 氨水调节溶液至黄色,加3滴 TAA,加热5min,如生成白色沉淀,离心,弃去离心液。用 $10 g \cdot L^{-1}$ NH_4Cl 溶液洗涤沉淀两次,加2滴 $6mol \cdot L^{-1}$ HAc 和2滴 H_2O_2。加热使沉淀溶解,赶去 H_2O_2 后,作为鉴定 Zn^{2+} 试液。

在离心试管中,加1滴 $0.2 g \cdot L^{-1}$ $CuSO_4$ 溶液、1滴 $(NH_4)_2Hg(SCN)_4$ 溶液,搅拌,无沉淀生成,加入1滴 Zn^{2+} 试液,用搅棒摩擦器壁,如生成紫色沉淀,示有 Zn^{2+}。

或取2滴 Zn^{2+} 试液于离心试管中,滴加浓氨水,有白色沉淀生成,氨水过量则沉淀消失,示有 Zn^{2+}。

四、阳离子第Ⅲ组分分析简表

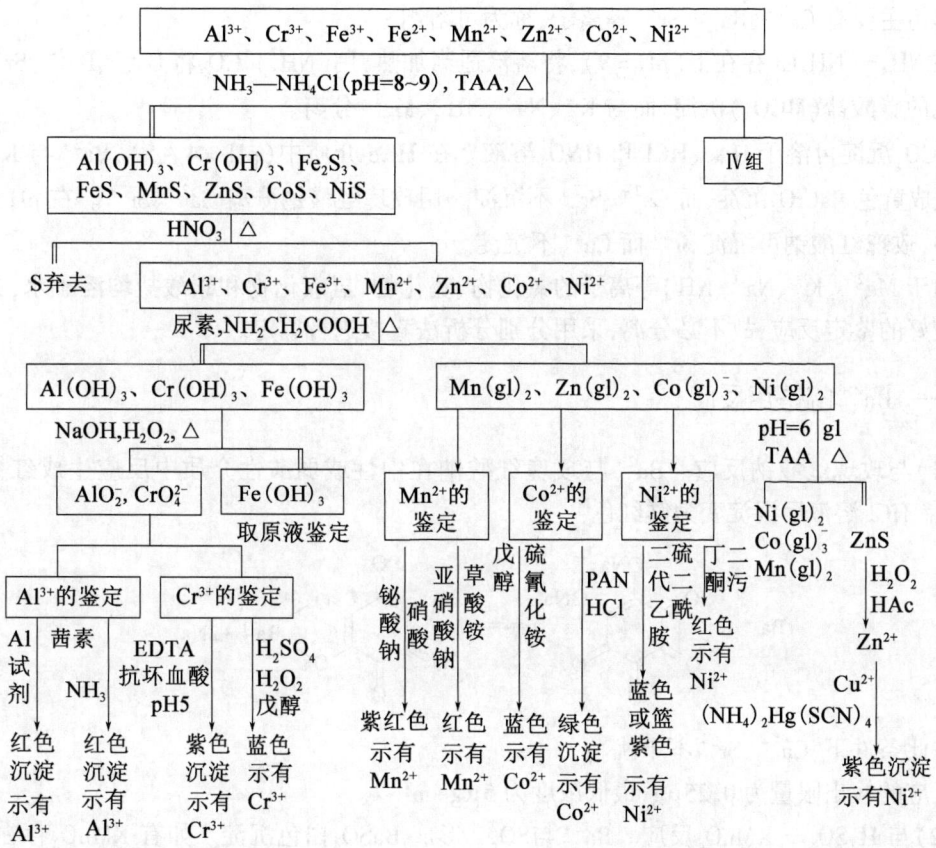

五、思考题

(1) 分析 Al^{3+}、Cr^{3+}、Fe^{3+} 与 Zn^{2+}、Co^{2+}、Ni^{2+}、Mn^{2+} 用氨法分离有何缺点？比较用氨法与用尿素—氨基乙酸分离的优点。

(2) 如何将 Zn^{2+} 与 Co^{2+}、Ni^{2+}、Mn^{2+} 分离？

(3) 如何将 Fe^{3+} 与 Al^{3+}、Cr^{3+} 分离？

实验2.5　阳离子第Ⅳ组的分析

一、实验目的

(1) 掌握第Ⅳ组阳离子的分组依据、组试剂的作用和条件；

(2) 掌握本组各离子的鉴定方法、主要干扰情况及其排除方法。

二、实验原理

本组主要有 Ca^{2+}、Ba^{2+}、Sr^{2+} 等离子,称为可溶组。

在 NH_3—NH_4Cl 存在下(pH=9),将溶液适当加热,用 $(NH_4)_2CO_3$ 将 Ca^{2+}、Ba^{2+}、Sr^{2+} 沉淀为白色的碳酸盐(MCO_3)沉淀,而与 K^+、Na^+、NH_4^+、Mg^{2+} 分离。

MCO_3 沉淀可溶于 HAc、HCl 和 HNO_3 溶液。在 HAc 介质中(pH=4~5),Ba^{2+} 与 $K_2Cr_2O_7$ 反应生成黄色 $BaCrO_4$ 沉淀,而 Ca^{2+}、Sr^{2+} 不沉淀。用玫瑰红酸钠分离 Ca^{2+}、Sr^{2+}。在 pH=6~7 介质中,玫瑰红酸钠可沉淀 Sr^{2+} 而 Ca^{2+} 不沉淀。

由于 Mg^{2+}、K^+、Na^+、NH_4^+ 等离子的氯化物、硫化物、氢氧化物和碳酸盐均溶于水,并有选择性较好的鉴定反应,故不必分离,采用分别分析法直接进行鉴定。

(一) Ba^{2+} 的鉴定反应

(1) 与玫瑰红酸钠反应。Ba^{2+} 与玫瑰红酸钠在中性或弱酸性介质中反应生成红棕色沉淀,加稀 HCl 溶液后沉淀变为鲜红色:

在此条件下,Ca^{2+}、Sr^{2+} 不干扰。

反应的检出限量为 $0.25\mu g$,最低浓度为 $5\mu g \cdot mL^{-1}$。

(2) 与 H_2SO_4—$KMnO_4$ 反应。Ba^{2+} 与 SO_4^{2-} 形成 $BaSO_4$ 白色沉淀。如有 $KMnO_4$ 存在,由于 K^+ 与 Ba^{2+} 的离子半径相近(分别为 0.133nm 和 0.135nm),K^+ 诱导 MnO_4^- 进入 $BaSO_4$ 晶格,使沉淀显红色,且 H_2O_2 不能还原 $BaSO_4$ 晶格中的 MnO_4^-,因此加 H_2O_2 后,溶液里过量的 MnO_4^- 褪色,但 $BaSO_4 \cdot KMnO_4$ 混晶仍然是红色。

不能用 Na^+ 代替 K^+,因为 Na^+ 半径小,不能形成混晶。Sr^{2+} 不干扰,Pb^{2+} 干扰。

反应的检出限量为 $5\mu g$,最低浓度为 $10\mu g \cdot mL^{-1}$。

(二) Ca^{2+} 的鉴定反应

Ca^{2+} 与 GBHA[乙二醛-双(邻-羟基缩苯胺)]在 pH 为 12~12.6 时生成红色螯合物沉淀:

沉淀溶于 $CHCl_3$。Ba^{2+}、Sr^{2+} 在相同条件下与 GBHA 反应,分别生成橙色和红色沉淀。但加入 Na_2CO_3 后,Ba^{2+}、Sr^{2+} 形成碳酸盐沉淀,它们的螯合物颜色变浅,而钙的螯合物不变,其他阳离子经分离后不再干扰。

反应的检出限量为 $0.05\mu g$,最低浓度为 $1\mu g \cdot mL^{-1}$。

(三)Sr^{2+} 的鉴定反应

(1)Sr^{2+} 与玫瑰红酸钠在 pH = 6 的介质中反应生成红棕色沉淀:

$$Sr^{2+} + \text{玫瑰红酸钠} \rightleftharpoons \text{络合物} + 2Na^+$$

沉淀溶于稀 HCl 溶液。若试液为酸性,需用 KOH 中和,Na^+、NH_4^+、Ba^{2+} 干扰鉴定,可以用 K_2CrO_4 分离 Ba^{2+}。

(2)用铂丝(或镍铬丝)蘸取 $SrCl_2$ 溶液,在煤气灯的无色氧化焰中灼烧,火焰呈洋红色。大量 Ca^{2+}(砖红色)干扰。

三、实验步骤

(一)本组离子碳酸盐的沉淀与溶解

取 Ca^{2+}、Ba^{2+}、Sr^{2+} 溶液各 3 滴于离心试管中,加 2 滴 $2mol \cdot L^{-1}$ NH_4Cl 及 1 滴百里酚蓝指示剂,用 $2mol \cdot L^{-1}$ 氨水调节溶液为绿色,加热至 50~60℃,加少许固体 $(NH_4)_2CO_3$ 至沉淀完全,再加热数分钟,离心分离,弃去离心液。

沉淀用热蒸馏水洗涤,离心,弃去洗涤液。在沉淀上加 5~6 滴 $2mol \cdot L^{-1}$ HAc,加热溶解。

(二)Ba^{2+} 与 Ca^{2+}、Sr^{2+} 的分离及 Ba^{2+} 的鉴定

取(一)所得溶液,加 2~3 滴 pH 为 4~5 的 HAc—NaAc 溶液,再滴加 3 滴 $0.5mol \cdot L^{-1}$ $K_2Cr_2O_7$ 溶液,生成黄色 $BaCrO_4$ 沉淀,离心分离。离心液按(三)实验。沉淀用热水洗涤两次,第一次洗涤液合并于离心试管中。用 $1mol \cdot L^{-1}$ HCl 溶液溶解沉淀后鉴定 Ba^{2+}。

(1)取 1 滴溶液于点滴板上,加饱和 NaAc 溶液使呈弱酸性或中性,取此试液 1 滴于滤纸上,加 1 滴 $5g \cdot L^{-1}$ 玫瑰红酸钠,生成红棕色斑点,再加 1 滴 $0.5mol \cdot L^{-1}$ HCl 溶液,斑点变为红色,示有 Ba^{2+}。

(2)取 1 滴溶液于离心试管中,加 1 滴 $0.05mol \cdot L^{-1}$ $KMnO_4$ 和 1 滴 $1mol \cdot L^{-1}$ H_2SO_4,生成紫红色沉淀。加热 2~3min,加几滴 3% H_2O_2,紫红色褪去,沉淀为 $BaSO_4 \cdot KMnO_4$ 粉红色混晶,示有 Ba^{2+}。

(三)过量 $K_2Cr_2O_7$ 的除去及 Ca^{2+} 的鉴定

于(二)所得离心液中,加 $2mol \cdot L^{-1}$ 氨水中和至近中性,加少许固体 Na_2CO_3 沉淀 Ca^{2+} 和 Sr^{2+},然后在水浴上加热 2~3min,离心,弃去离心液。用热蒸馏水洗涤沉淀两次,然后用 4 滴 $2mol \cdot L^{-1}$ HAc 溶解,煮沸除去 CO_2。

取(二)所得溶液于离心试管中,加 $CHCl_3$ 数滴,再加 4 滴 $2g \cdot L^{-1}$ GBHA[乙二醛-双(邻-羟基缩苯胺)]试液、2 滴 $6mol \cdot L^{-1}$ NaOH、2 滴 $1.5mol \cdot L^{-1}$ Na_2CO_3,摇匀,$CHCl_3$ 层显红色(同时进行空白试验),示有 Ca^{2+}。

(四) Sr^{2+} 与 Ca^{2+} 的分离及 Sr^{2+} 的鉴定

取 3 滴剩余的溶液,加 1 滴溴百里酚蓝指示剂,用 $0.5\,mol\cdot L^{-1}$ KOH 调溶液为黄绿色(pH 为 6.4),加 5 滴玫瑰红酸钠试剂,搅拌,放置 5 min,生成红棕色的玫瑰红酸锶沉淀,离心分离。在上清液中加 1 滴玫瑰红酸钠检查沉淀是否完全。沉淀用蒸馏水洗涤两次,取少许沉淀于点滴板上,加 1 滴 $0.5\,mol\cdot L^{-1}$ HCl 溶液,如沉淀溶解,示有 Sr^{2+}。

再用铂丝(或镍铬丝)蘸取玫瑰红酸锶沉淀少许在煤气灯焰旁烘干,加 1 滴浓 HCl 溶液在铂丝上,置灯的氧化焰上灼烧,火焰呈洋红色,示有 Sr^{2+}。

四、阳离子第Ⅳ组分析简表

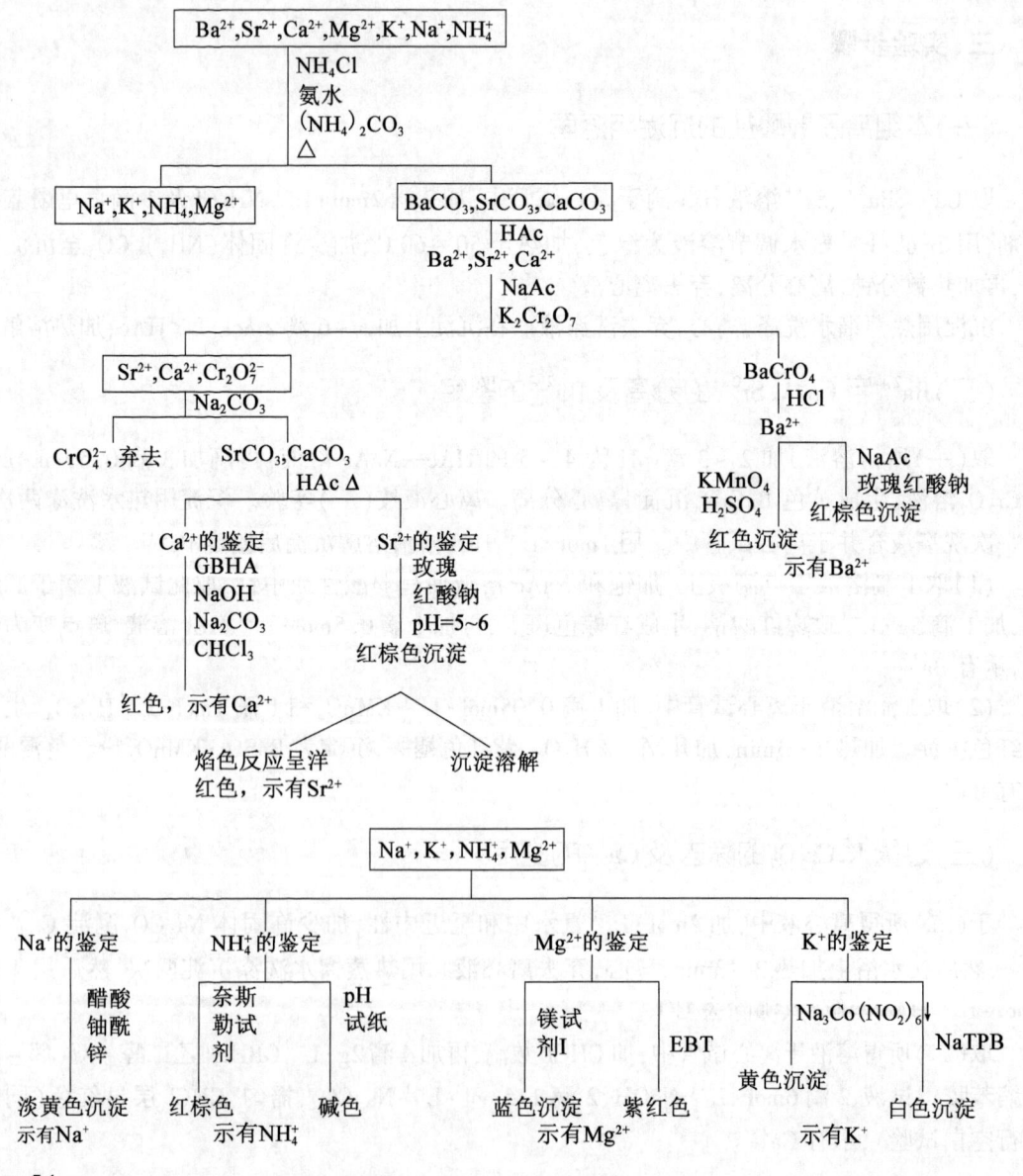

五、思考题

(1) 本组碳酸盐沉淀的条件是什么？
(2) Ba^{2+}、Sr^{2+}、Ca^{2+} 如何分离？
(3) 用 GBHA、玫瑰红酸钠是否可以鉴定 Ca^{2+}、Sr^{2+}、Ba^{2+} 而不用进行分离？

实验 2.6　阳离子第 V 组的分析

一、实验目的

(1) 了解第 V 组阳离子的性质及特点；
(2) 掌握本组离子的鉴定方法。

二、实验原理

本组离子包括 K^+、Na^+、NH_4^+、Mg^{2+}，称为钠组。按照本组分出的顺序称为第 V 组。由于没有组试剂，故又称为可溶组。

由于 Mg^{2+}、K^+、Na^+、NH_4^+ 等离子的氯化物、硫化物、氢氧化物和碳酸盐均溶于水，并有选择性较好的鉴定反应，故不必分离，采用分别分析法直接进行鉴定。

（一）NH_4^+ 的鉴定反应

NH_4^+ 与碱作用生成 NH_3，加热可促使其挥发：

$$NH_4^+ + OH^- = NH_3\uparrow + H_2O$$

生成的 NH_3 可在气室中用润湿的红色石蕊试纸、pH 试纸或浸过奈斯勒试剂（K_2HgI_4 的 KOH 溶液）的试纸检验。NH_3 可使石蕊试纸或 pH 试纸显碱性颜色。使试纸出现红棕色斑点。

$$NH_4^+ + 2[HgI_4]^{2-} + 4OH^- = HgO\cdot Hg(NH_2)I\downarrow + 7I^- + 3H_2O$$

与奈斯勒试剂在碱性介质中反应，浓度大时产生红棕色沉淀，浓度小时仅溶液变成棕色或黄色。

（二）Mg^{2+} 的鉴定反应

(1) 与镁试剂反应。Mg^{2+} 与镁试剂 I（对硝基苯偶氮间苯二酚）在碱性介质中反应生成蓝色螯合物沉淀：

$$1/2 Mg^{2+} + HO-\underset{OH}{\underset{|}{C_6H_3}}-N=N-C_6H_4-NO_2 = HO-\underset{O-\frac{1}{2}Mg}{\underset{|}{C_6H_3}}-N=N-C_6H_4-NO_2\downarrow$$

除碱金属外其余阳离子都不应存在。铵盐降低反应灵敏度,可多加碱降低影响。

反应的检出限量为 $0.5\mu g$,最低浓度为 $10\mu g \cdot mL^{-1}$。

(2) 与铬黑 T(EBT)反应。Mg^{2+} 与铬黑 T 在 pH 为 9~10 介质中生成红色络合物。Al^{3+}、Fe^{3+}、Co^{2+}、Ni^{2+}、Cu^{2+}、Zn^{2+}、Cd^{2+}、Pb^{2+} 和 Hg^{2+} 等干扰反应。

反应的检出限量为 $0.02\mu g$,最低浓度为 $0.4\mu g \cdot mL^{-1}$。

(三)K^+ 的鉴定反应

(1) 与 $Na_3Co(NO_2)_6$ 反应。K^+ 在中性或 HAc 酸性溶液中与亚硝酸钴钠 $Na_3Co(NO_2)_6$ 生成黄色结晶形沉淀,沉淀的组成因反应条件而异,但主要产物是含两个 K^+ 的盐:

$$2K^+ + Na^+ + Co(NO_2)_6^{3-} =\!=\!= K_2Na[Co(NO_2)_6]\downarrow$$

强酸强碱都能使试剂遭到破坏:

$$Co(NO_2)_6^{3-} + 3OH^- =\!=\!= Co(OH)_3\downarrow + 6NO_2^-$$

$$Co(NO_2)_6^{3-} + 6H^+ =\!=\!= Co^{2+} + 3NO\uparrow + 3NO_2\uparrow + 3H_2O$$

I^- 及其他强还原剂能使 Co^{3+} 还原为 Co^{2+},使 NO_2^- 还原为 NO。NH_4^+ 也能与试剂生成黄色沉淀 $(NH_4)_2Na[Co(NO_2)_6]$,但在沸水浴中加热 1~2min 后,沉淀完全分解。但 $K_2Na[Co(NO_2)_6]$ 黄色沉淀无变化。

反应的检出限量为 $4\mu g$,最低浓度为 $80\mu g \cdot mL^{-1}$。

(2) 与四苯硼化钠(NaTPB)反应。在中性或 HAc 酸性溶液,K^+ 与四苯硼化钠生成白色沉淀:

$$K^+ + [B(C_6H_5)_4]^- =\!=\!= K[B(C_6H_5)_4]\downarrow$$

沉淀溶于强酸、强碱和丙酮中。

NH_4^+ 与试剂生成类似的沉淀,事先以灼烧方法除去。也可在溶液中加入甲醛(HCHO),再用 Na_2CO_3 调到酚酞指示剂变红色(pH≈9),与甲醛反应生成六亚甲基四胺 $(CH_2)_6N_4H^+$ 而消除干扰。其他重金属离子的干扰可在 pH=5 时加 EDTA 掩蔽。Ag^+ 的干扰可预先以 HCl 沉出,或加 KCN 掩蔽。

反应的检出限量为 $0.5\mu g$,最低浓度为 $10\mu g \cdot mL^{-1}$。

(四)Na^+ 的鉴定反应

Na^+ 在中性或 HAc 酸性溶液中与醋酸铀锌 $Zn(Ac)_2 \cdot UO_2(Ac)_2$ 生成柠檬黄色结晶形沉淀:

$$Na^+ + Zn^{2+} + 3UO_2^{2+} + 9Ac^- + 9H_2O =\!=\!= NaAc \cdot Zn(Ac)_2 \cdot 3UO_2(Ac)_2 \cdot 9H_2O\downarrow$$

反应产物的溶度积不够小,且容易形成过饱和溶液,故应加入过量试剂和乙醇数滴搅拌,以促进沉淀的生成。

强酸和强碱能使试剂分解。PO_4^{3-}、AsO_4^{3-} 等能与试剂生成锌盐沉淀,它们存在时应加以分离。

反应的检出限量为 $12.5\mu g$,最低浓度为 $250\mu g \cdot mL^{-1}$。

三、实验步骤

取 K^+、Na^+、NH_4^+、Mg^{2+} 溶液各 2 滴于离心试管中,混匀,分别实验。

(一) NH_4^+ 鉴定

取 1 滴混合溶液放在表面皿上,加 $6mol·L^{-1}$ NaOH 使其呈碱性,迅速用另一粘有一小块润湿的 pH 试纸(或浸过奈斯勒试剂的试纸)的表面皿盖上作气室,放在水浴上加热,pH 试纸变蓝色(或浸过奈斯勒试剂的试纸有红棕色斑),示有 NH_4^+ 存在。

(二) Mg^{2+} 的鉴定

(1) 取 1 滴混合液于点滴板上,加 1~2 滴镁试剂 I,再加 $6mol·L^{-1}$ NaOH 使呈碱性,生成蓝色沉淀或溶液变蓝,示有 Mg^{2+} 存在。

(2) 取 1 滴混合液于点滴板上,加 2 滴 pH = 10 的氨性缓冲溶液、1 滴铬黑 T 试剂,搅拌,溶液显红紫色,示有 Mg^{2+} 存在。

(三) K^+ 的鉴定

(1) 取 1 滴混合液于离心试管中,加 2 滴 $Na_3Co(NO_2)_6$,K^+ 与其生成黄色 $K_2NaCo(NO_2)_6$ 沉淀。将离心试管放在沸水浴中加热 1~2min,黄色沉淀部分分解,示有 K^+ 存在。

(2) 取 1 滴混合液于离心试管中,加 10 滴 35%~40% 甲醛、1 滴酚酞,滴加 Na_2CO_3 溶液直至溶液为红色不褪色,如有沉淀生成,加热 2~3min,离心,弃去沉淀。在离心液中检验 NH_4^+,如仍有 NH_4^+ 存在,重复上述操作,直至完全除尽为止。用 $2mol·L^{-1}$ HCl 溶液调到中性或弱酸性,加入 3~4 滴 $0.1mol·L^{-1}$ 四苯硼化钠,有白色沉淀,示有 K^+ 存在。

(四) Na^+ 的鉴定

取 1 滴混合液于离心试管中,加 8 滴醋酸铀锌试剂,用玻璃棒充分搅拌,生成淡黄色醋酸铀锌钠沉淀,示有 Na^+ 存在。

四、思考题

(1) 在 NH_4^+ 的鉴定中,如气室没有做成之前,便放在水浴上加热,会产生什么结果?

(2) 鉴定 K^+ 的反应,如何消除 NH_4^+ 的干扰?

实验 2.7 阳离子 I~V 组未知液的分析

一、实验目的

(1) 了解硫化氢系统分析方法;

(2)掌握阳离子混合液的分离与鉴定方法;
(3)熟悉阳离子分离与鉴定的基本操作技术。

二、实验原理

硫化氢系统分析法,依据的主要是各阳离子硫化物以及它们的氯化物、碳酸盐和氢氧化物的溶解度不同,按照一定顺序加入组试剂,把阳离子分成五个组。然后在各组内根据各个阳离子的特性进一步分离和鉴定。

硫化氢系统的优点是系统严谨,分离比较完全,能较好地与离子特性及溶液中离子平衡等理论相结合,但其缺点是 H_2S 气体有毒,会污染空气,污染环境。为了减轻污染,改用 TAA 代替饱和 H_2S 水溶液。TAA 的水溶液比较稳定,常温下释放出的 H_2S 很少,但加热以后又能达到 H_2S 饱和水溶液的反应效果。

TAA 系统分析法把阳离子分离为五个组后,再分别进行鉴定。

三、实验步骤

(一)初步实验

(1) NH_4^+ 的鉴定:按实验 2.6 有关步骤进行。
(2) Fe^{3+} 的鉴定:按实验 2.4 有关步骤进行。
(3) Fe^{2+} 的鉴定:按实验 2.4 有关步骤进行。

(二)阳离子第Ⅰ组的分离

取 2 滴 $6mol \cdot L^{-1}$ HCl 溶液于离心试管中,加 1mL 试液,充分搅拌,离心沉降,在上层清液中加 1 滴 $2mol \cdot L^{-1}$ HCl 溶液,如不发生浑浊,即可认为本组氯化物已沉淀完全。充分搅拌,在沸水浴上加热 30s,边加热边搅拌,立即趁热离心分离,沉淀用热 HCl 水洗涤两次,第一次洗涤液并入离心液中,按(五)分析阳离子Ⅱ~Ⅴ组,沉淀按(三)所示步骤分析。

(三) Hg_2^{2+} 与 Ag^+ 的分离及 Hg_2^{2+} 的鉴定

取(二)所得沉淀按实验 2.1 有关步骤进行。

(四) Ag^+ 的鉴定

按实验 2.1 有关步骤进行。

(五)阳离子Ⅱ组与Ⅲ~Ⅴ组分离

取(二)所得离心液,加 1 滴甲基紫指示剂,用 $6mol \cdot L^{-1}$ 氨水及 $0.5mol \cdot L^{-1}$ 氨水调节溶液为黄绿色,加 35 滴 $50g \cdot L^{-1}$ TAA,搅匀,沸水浴中加热 10min,离心沉降,在上层清液中再加 1 滴甲基紫,并滴加 $6mol \cdot L^{-1}$ 氨水调到溶液为蓝色,再加 6 滴 TAA,加热 5min,沉淀完全后冷却,离心分离,离心液为Ⅲ~Ⅴ组离子混合液,按(十)分析。沉淀为Ⅱ组硫化物,按(六)所示步骤进行分析。

（六）阳离子ⅡA组与ⅡB组的分离

取（五）所得沉淀，加10滴2mol·L^{-1} NaOH及6滴TAA，充分搅拌，加热10min，离心分离。取出离心液，再重复处理1~2次。两次离心液合并，此系ⅡB组硫代酸盐，按（九）所示步骤进行分析，沉淀为ⅡA组硫化物，按（七）所示步骤进行分析。

（七）ⅡA组沉淀的溶解

按实验2.2中有关步骤进行。

（八）ⅡA组离子的分离及鉴定

按实验2.2中有关步骤进行。

（九）ⅡB组离子的分离及鉴定

取（六）所得离心液按实验2.3中有关步骤分解硫代酸盐，并按实验2.3中所示步骤分离和鉴定ⅡB组离子。

（十）阳离子Ⅲ组与Ⅳ~Ⅴ组的分离

取（五）所得离心液于坩埚中，煮沸除去H_2S（用$PbAc_2$试纸检验S^{2-}是否除尽）。将除尽S^{2-}及浓缩后的试液放入离心试管中，加1滴百里酚蓝指示剂，用浓氨水及0.5mol·L^{-1}氨水溶解溶液为黄绿色，加15滴50g·L^{-1} TAA，在沸水浴中加热10min，离心，于上层清液中加TAA及氨水各1滴，检查沉淀是否完全，如不再产生浑浊，即沉淀完全，离子分离。离心液为Ⅳ~Ⅴ组离子，加浓HAc酸化，在坩埚中加热除去S^{2-}后按（十二）所示步骤进行分析。沉淀为Ⅲ组氢氧化物及硫化物，按（十一）所示步骤进行分析。

（十一）阳离子Ⅲ组氢氧化物及硫化物的溶解及本组离子的分离与鉴定

按实验2.4相关步骤进行。

（十二）阳离子Ⅳ与Ⅴ组的分离

取10滴所示离心液加1滴百里酚蓝指示剂，加2mol·L^{-1}氨水调到溶液为绿色，加热至50~60℃，加少许固体$(NH_4)_2CO_3$，使沉淀完全。离心分离。离心液为Ⅴ组离子，按（十四）所示步骤进行分析。沉淀为Ⅳ组碳酸盐，按（十三）所示步骤进行分析。

（十三）阳离子Ⅳ组碳酸盐的溶解及本组离子的分离和鉴定

取（十二）所得碳酸盐沉淀，加2mol·L^{-1} HAc，加热溶解沉淀并除去CO_2，然后按实验2.5有关步骤进行分析。

(十四)阳离子Ⅴ组的鉴定

取(十二)所得离心液于坩埚中加热浓缩,使其体积约为 10 滴。再按实验 2.6 中有关步骤鉴定 Mg^{2+}、K^+、Na^+。

四、阳离子Ⅰ~Ⅴ组分析简表

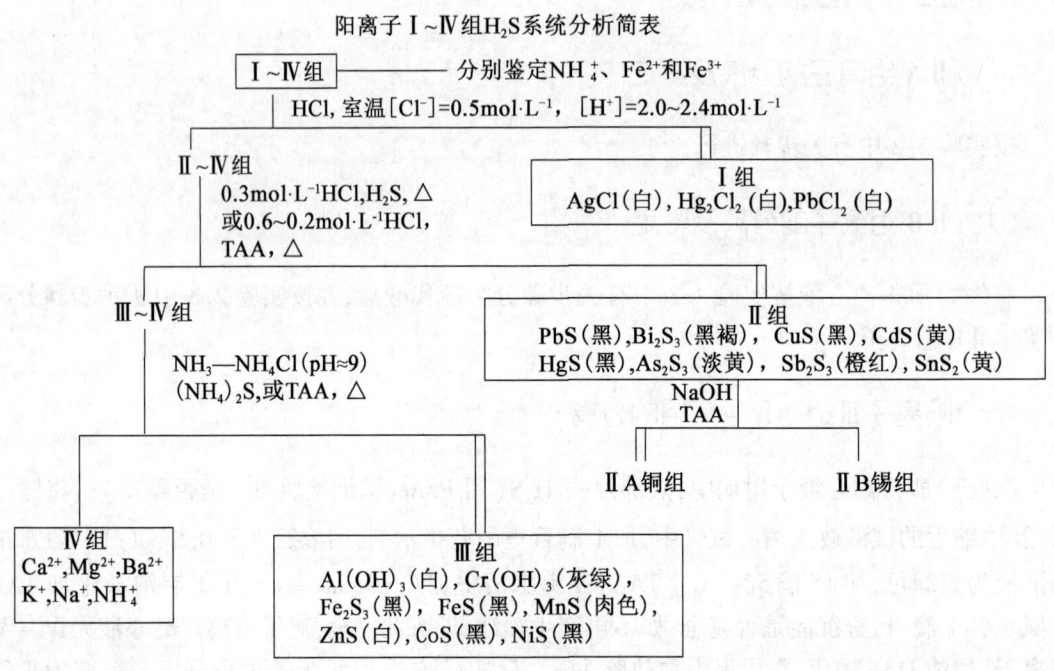

五、思考题

(1)拟定下列各组阳离子(Ⅰ~Ⅴ组)的分离和鉴定的方案。

①Hg_2^{2+}、Pb^{2+}、Bi^{3+}、As(Ⅲ)、Sn(Ⅳ)、Ni^{2+}、Zn^{2+}、Sr^{2+}、Ca^{2+}、K^+。

②Ag^+、Hg_2^{2+}、Cu^{2+}、Cd^{2+}、Co^{2+}、Mn^{2+}、Ba^{2+}、Sr^{2+}、Na^+。

③Ag^+、Pb^{2+}、Cd^{2+}、Co^{2+}、Zn^{2+}、Ba^{2+}、Ca^{2+}、Mg^{2+}、Sb(Ⅲ)、Sn(Ⅱ)。

④Hg_2^{2+}、Bi^{3+}、Hg^{2+}、As(Ⅲ)、Al^{3+}、Fe^{3+}、Co^{2+}、Sr^{2+}、Mg^{2+}。

⑤Ag^+、Pb^{2+}、Cu^{2+}、Sn(Ⅱ)、Fe^{3+}、Mn^{2+}、Co^{2+}、Ba^{2+}、Sr^{2+}、NH_4^+。

⑥Ag^+、Ca^{2+}、Al^{3+}、Fe^{3+}、Ba^{2+}、Na^+。

⑦Sn(Ⅳ)、Ca^{2+}、Cr^{3+}、Ni^{2+}、Cu^{2+}、NH_4^+。

⑧Pb^{2+}、Ni^{2+}、Mn^{2+}、Zn^{2+}、Mg^{2+}、Cr^{3+}、NH_4^+。

(2)如何消除个别离子鉴定中的干扰影响?

(3)如果未知液呈碱性,哪些离子可能不存在?

实验 2.8　阴离子的分组和初步试验、常见阴离子的分析

一、阴离子的分组

根据阴离子与稀 HCl、$BaCl_2$、$CaCl_2$ 溶液和稀 HNO_3 酸化的 $AgNO_3$ 溶液的作用,将常见的阴离子分为四组。但分析阴离子时,并不用上述组试剂把各组分离,只是用来初步检查某组离子是否存在。

第一组阴离子有 CO_3^{2-}、SO_3^{2-}、$S_2O_3^{2-}$、S^{2-}、NO_2^-、CN^-,这些离子可以被组试剂稀 HCl 溶液分解产生气体。

第二组阴离子有 PO_4^{3-}、SO_4^{2-}、BO_2^-($B_4O_7^{2-}$)、SiO_3^{2-}、F^-、$C_2O_4^{2-}$ 和 AsO_3^{3-},它们的钡盐和钙盐不溶于水,易溶于稀酸($BaSO_4$ 和 CaF_2 除外)。它们的银盐也不溶于水(Ag_2SO_4 和 AgF 除外),而易溶于稀 HNO_3。

第三组阴离子有 Cl^-、Br^-、I^- 及 SCN^-。它们的银盐既不溶于水,也不溶于稀 HNO_3。

第四组阴离子有 NO_3^-、$CHCOO^-$(即 Ac^-)。

二、阴离子分析溶液的制备

在分析阴离子时,除碱金属外,其他阳离子由于本身的颜色,或与阴离子及其检出试剂生成沉淀,或发生氧化还原反应,从而干扰阴离子的检出,这些阳离子必须从试液中除去。通常情况下,由原试样单独制备阴离子试液,不仅要除去碱金属以外的全部阳离子,而且要将阴离子全部转入溶液并保持其存在形态不变。

具体做法如下:取 5mL 左右试液或 0.1~0.2 g 研细的固体试样于小烧杯中,加入 4~5mL $1mol·L^{-1}$ Na_2CO_3 溶液,煮沸 5~8min(蒸发掉的水分应补充),然后全部转移到离心管中,离心。离心液用于鉴定阴离子。沉淀用水洗涤三次,加 $6mol·L^{-1}$ HCl 溶液处理,如沉淀完全溶解,表示其中不存在 PO_4^{3-}、F^-、SO_4^{2-}、S^{2-}、SiO_3^{2-} 和卤素化合物。若沉淀没有完全溶解,则保留此残渣供分析上述阴离子用。这样制得的除去阳离子(K^+、Na^+ 外)的阴离子分析溶液称为制备溶液,也称试液。

三、实验目的

(1)通过实验了解阴离子在各项初步试验中的反应,并能据此确定待检离子和范围,进一步选择鉴定方法;

(2)学习阴离子混合液的分析和鉴定方法;

(3)培养综合应用基础知识的能力。

四、实验原理

(一)阴离子的初步检验

常见的阴离子有CO_3^{2-}、SO_3^{2-}、SO_4^{2-}、PO_4^{3-}、$S_2O_3^{2-}$、Cl^-、Br^-、I^-、S^{2-}、NO_2^-、NO_3^-等11种,这些阴离子的初步检验主要分以下几个方面:

(1)测定试液的pH。用pH试纸检验试液的酸碱性,如果pH小于2,则不稳定的$S_2O_3^{2-}$不可能存在,如果此时试液无臭味,则S^{2-}、SO_3^{2-}和NO_2^-也不存在。

(2)与稀硫酸作用。在试液中加入稀硫酸并加热,若有气泡产生,表示可能含有CO_3^{2-}、SO_3^{2-}、$S_2O_3^{2-}$、S^{2-}和NO_2^-。

(3)还原性阴离子的检验。SO_3^{2-}、$S_2O_3^{2-}$、S^{2-}等强还原性阴离子能被碘氧化,因此根据加入I_2—淀粉溶液后溶液是否褪色,可判断这几种阴离子是否存在。若使用强氧化剂$KMnO_4$溶液,则I^-、Br^-、NO_2^-等弱的还原性阴离子也会被氧化,因此,在酸化的试液中加1滴$KMnO_4$稀溶液,如红色褪去,表明SO_3^{2-}、$S_2O_3^{2-}$、S^{2-}、I^-、Br^-、NO_2^-可能存在。若红色不褪,则说明上述阴离子都不存在。

(4)氧化性阴离子的检验。在酸化的试液中加入KI溶液和CCl_4,振荡试管,若CCl_4层显紫色,表示NO_2^-可能存在。

(5)与$BaCl_2$溶液的作用。在中性或弱碱性试液中滴加$BaCl_2$溶液,若生成白色沉淀,表示可能存在SO_4^{2-}、CO_3^{2-}、SO_3^{2-}、PO_4^{3-}、$S_2O_3^{2-}$(当浓度大于$4.5\ g\cdot L^{-1}$时);若没有沉淀生成,则SO_4^{2-}、CO_3^{2-}、SO_3^{2-}、PO_4^{3-}不存在,而$S_2O_3^{2-}$不能确定。

(6)与$AgNO_3$、HNO_3的作用。试液中加$AgNO_3$溶液,有沉淀生成,然后用稀硝酸酸化,若仍有沉淀,表示可能有Cl^-、Br^-、I^-、S^{2-}、$S_2O_3^{2-}$;如无沉淀生成,表明以上离子都不存在。

由沉淀颜色还可以初步判断:沉淀若呈白色,表示有Cl^-;淡黄色表示有Br^-、I^-;黑色为S^{2-}(应注意的是黑色可能掩盖其他沉淀的颜色);若沉淀由白变黄、橙、褐,最后呈现黑色,则可能有$S_2O_3^{2-}$。

经过以上初步检验后,就可以判断哪些阴离子可能存在。然后对可能存在的阴离子进行个别鉴定。

(二)阴离子的个别鉴定

(1)S^{2-}的检出。S^{2-}含量多时,在离心试管中加2滴试液,用$6mol\cdot L^{-1}$ HCl酸化,然后用$Pb(Ac)_2$试纸检查H_2S气体,试纸变黑,示有S^{2-}。

S^{2-}含量少时,可在点滴板上加1滴试液,加1滴$Na_2[Fe(CN)_5NO]$(亚硝酰铁氰化钠)。S^{2-}存在时,形成$Na_4[Fe(CN)_5NOS]$,溶液变紫色。反应需在碱性或氨性溶液中进行。

SO_3^{2-}有类似反应,但生成物为玫瑰红色。

(2)$S_2O_3^{2-}$的检出。S^{2-}的存在会妨碍SO_3^{2-}和$S_2O_3^{2-}$的检出,因此必须先把S^{2-}除去。可在溶液中加入$CdCO_3$固体,利用沉淀的转化除去S^{2-}:

$$S^{2-} + CdCO_3 =\!=\!= CdS\downarrow + CO_3^{2-}$$

然后,在除去S^{2-}的溶液里加入硝酸银,生成沉淀,颜色迅速变黄色、棕色,最后变为黑色,

示有 $S_2O_3^{2-}$。

取 1 滴 $FeCl_3$ 溶液于点滴板上,加 2 滴试液,如溶液变深紫色,且在 1~2min 内褪色,示有 $S_2O_3^{2-}$。

$$Fe^{3+} + 2S_2O_3^{2-} =\!=\!= [Fe(S_2O_3)_2]^- (紫色)$$
$$[Fe(S_2O_3)_2]^- + Fe^{3+} =\!=\!= 2Fe^{2+} + S_4O_6^{2-}$$

CN^-、F^-、PO_4^{3-} 会产生干扰反应。

取 2 滴试液于离心试管中,加 2 滴 $2mol \cdot L^{-1}$ HCl 溶液,微热,同时管口盖上用 $K_2Cr_2O_7$ 润湿过的滤纸,滤纸上的斑点变绿且离心管中有硫磺析出,示有 $S_2O_3^{2-}$。

$$S_2O_3^{2-} + 2H^+ =\!=\!= S\uparrow + SO_2\downarrow + H_2O (紫色)$$
$$3SO_2 + Cr_2O_7^{2-} + 2H^+ =\!=\!= 2Cr^{3+} + 3SO_4^{2-} + H_2O$$

(3) SO_3^{2-} 的检出。在点滴板上取 2 滴已除去 S^{2-} 的中性试液,加 1 滴 $Na_2[Fe(CN)_5NO]$,溶液为玫瑰红色,再加 1 滴饱和 $ZnSO_4$ 溶液使红色加深,然后加入 1 滴 $K_4[Fe(CN)_6]$ 溶液,若出现红色沉淀,示有 SO_3^{2-}。

取 2 滴已除去 S^{2-} 的试液,用 $3mol \cdot L^{-1}$ HCl 溶液中和,加 1 滴品红试剂,如很快褪色,示有 SO_3^{2-}。

(4) SO_4^{2-} 的检出。溶液用 HCl 酸化,若有沉淀,离心分离,在所得清液里加 $BaCl_2$ 溶液,生成白色沉淀,示有 SO_4^{2-}。

取 1 滴 Ba^{2+} 溶液于滤纸上,加 1 滴玫瑰红酸钠溶液,生成红棕色玫瑰红酸钡斑点,在斑点上加 1 滴试液,则斑点变白,示有 SO_4^{2-}。

(5) CO_3^{2-} 的检出。一般用 $Ba(OH)_2$ 气瓶法检出 CO_3^{2-}。SO_3^{2-}、$S_2O_3^{2-}$ 干扰,需预先加入数滴 H_2O_2 将它们氧化为 SO_4^{2-},再检验 CO_3^{2-}。

(6) PO_4^{3-} 的检出。一般用生成磷钼酸铵的反应来检出,但 SO_3^{2-}、$S_2O_3^{2-}$、S^{2-} 等还原性阴离子以及大量 Cl^- 都干扰检出。还原性阴离子能将钼还原成低"钼蓝"而破坏了试剂,大量的 Cl^- 能降低反应的灵敏度。所以要先滴加浓 HNO_3,煮沸,以除去干扰。此外,磷钼酸铵能溶于磷酸盐,所以要加入过量的试剂。

在滤纸上加 2 滴酸性试液,加 1 滴 $(NH_4)_2MoO_4$ 试剂,生成黄色 $(NH_4)_2H[PMo_3O_{10}]$ 沉淀。烤干,在斑点中央加 1 滴酒石酸及 1 滴联苯胺,再用 NH_3 熏一下,若斑点显蓝色,示有 PO_4^{3-}。

SiO_3^{2-}、AsO_4^{3-} 有干扰,可以加酒石酸消除。

(7) Cl^-、Br^-、I^- 的检出。由于强还原性阴离子妨碍 Br^-、I^- 的检出,所以一般将 Cl^-、Br^-、I^- 沉淀为银盐,离心分离,再以 $2mol \cdot L^{-1}$ 氨水处理沉淀,在所得银氨溶液中先检出 Cl^-。氨水处理后,残渣(Br^-、I^- 的银盐沉淀)再用锌粉处理,在所得清液中加 CCl_4 和氯水,若开始时 CCl_4 层呈紫色,表示有 I^-,继续加氯水并震荡,CCl_4 层紫色褪去变为橙黄色,则说明含有 Br^-。若 I^- 浓度很大,加入很多氯水也难以使紫色褪去。这时可在溶液中加入 H_2SO_4 和 KNO_2 并加热,使 I^- 氧化成 I_2,蒸发除去 I_2 后,再检出 Br^-。

(8) NO_2^- 的检出。在上述 11 种阴离子范围内,只有 NO_2^- 能把 I^- 氧化成 I_2。可在酸性介质下加 KI 和 CCl_4,若 CCl_4 层呈紫色,表示有 NO_2^-,或取 1 滴稀 H_2SO_4 酸化的试液于 KI—淀粉试纸上,斑点变黑,示有 NO_2^-。

取 2 滴试液于离心管中,加 2 滴 $2mol \cdot L^{-1}$ HAc 酸化。在点滴板上加 1 滴酸化的试液,加

对氨基苯磺酸和 α-萘胺各1滴,立即出现红色,示有 NO_2^-。若 NO_2^- 浓度过大,红色很快褪去,试液必须稀释。

(9) NO_3^- 的检出。取1小粒 $FeSO_4 \cdot 7H_2O$ 晶体放在点滴板上(不要搅拌),加1滴试液、2滴浓硫酸,反应生成 $[Fe(NO)]SO_4$,在 $FeSO_4$ 周围形成棕色环,示有 NO_3^-。

$$6FeSO_4 + 2HNO_3 + 3H_2SO_4 \Longrightarrow 2NO + 3Fe_2(SO_4)_3 + 4H_2O$$
$$FeSO_4 + NO \Longrightarrow [Fe(NO)]SO_4$$

Br^-、I^-、$S_2O_3^{2-}$、SO_3^{2-} 干扰反应,NO_2^- 的干扰可用氨基磺酸消除。

$$HO \cdot SO_2 \cdot NH_2 + HNO_2 \Longrightarrow N_2 \uparrow + 2H^+ + SO_4^{2-} + H_2O$$

NO_2^- 不存在时,可直接用二苯胺检出。当试液含有 NO_2^- 时,因 NO_2^- 与二苯胺也能发生相似的反应,所以必须先除去 NO_2^-。可加入尿素并加热,使 NO_2^- 分解而除去。

$$2NO_2^- + CO(NH_2)_2 \Longrightarrow CO_2 + 2N_2 + 3H_2O$$

通过检查确无 NO_2^- 时,再作 NO_3^- 的检出。

五、实验步骤

(一)阴离子的初步试验

1. 待检离子与钡盐、银盐的反应(取各练习液3滴)

表 2.2 各离子与钡盐、银盐的反应

试剂 \ 待检离子	SO_4^{2-}	SO_3^{2-}	$S_2O_3^{2-}$	PO_4^{3-}	SiO_3^{2-}	CO_3^{2-}	Cl^-	Br^-	I^-	S^{2-}	NO_2^-
$6mol \cdot L^{-1} HNO_3$ 调中性											
$0.25mol \cdot L^{-1} Ba(NO_3)_2$ 2滴											
在沉淀上加 $3mol \cdot L^{-1} HNO_3$ 2滴											
$0.25mol \cdot L^{-1} AgNO_3$ 1滴											
在沉淀上加 $3mol \cdot L^{-1} HNO_3$ 2滴											

2. 氧化还原实验(每次取试液各3滴)

表 2.3 各离子氧化还原实验

试剂 \ 待检离子	SO_4^{2-}	SO_3^{2-}	$S_2O_3^{2-}$	PO_4^{3-}	SiO_3^{2-}	CO_3^{2-}	Cl^-	Br^-	I^-	S^{2-}	NO_2^-
$1mol \cdot L^{-1} H_2SO_4$ 2滴											
$1mol \cdot L^{-1} H_2SO_4$、$0.01mol \cdot L^{-1} KMnO_4$ 各1滴											
$1mol \cdot L^{-1} H_2SO_4$、$I_2$—淀粉 各2滴											
$1mol \cdot L^{-1} H_2SO_4$、KI—淀粉 各2滴											

(二)阴离子分别鉴定

(注:括号内需填写实验现象)

1. S^{2-}、$S_2O_3^{2-}$、SO_3^{2-} 混合液的分析

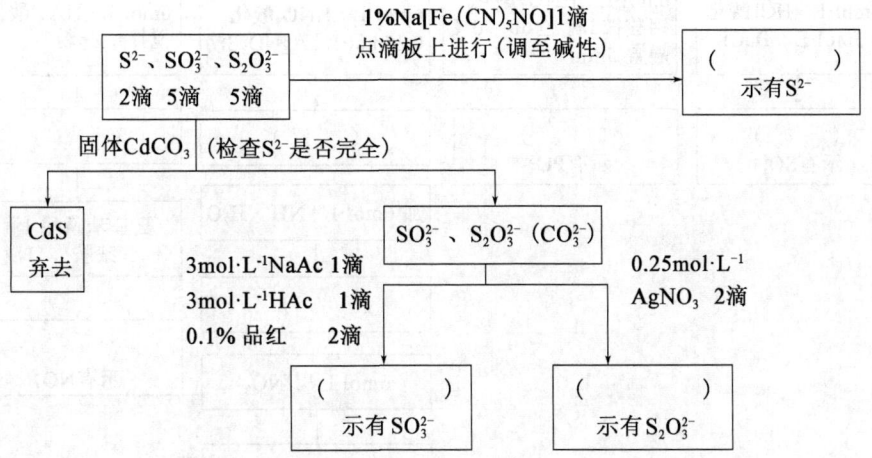

2. Cl^-、Br^-、I^- 混合液的分析

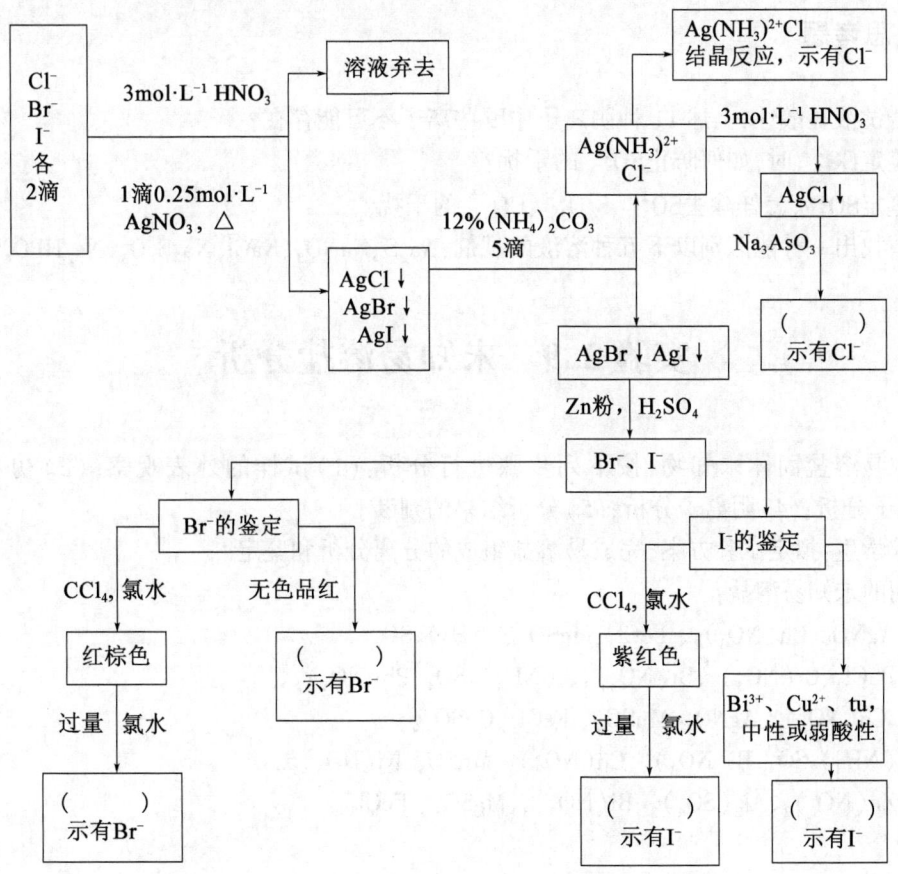

3. SO_4^{2-}、PO_4^{3-}、Cl^-、NO_3^- 同时存在时的鉴定

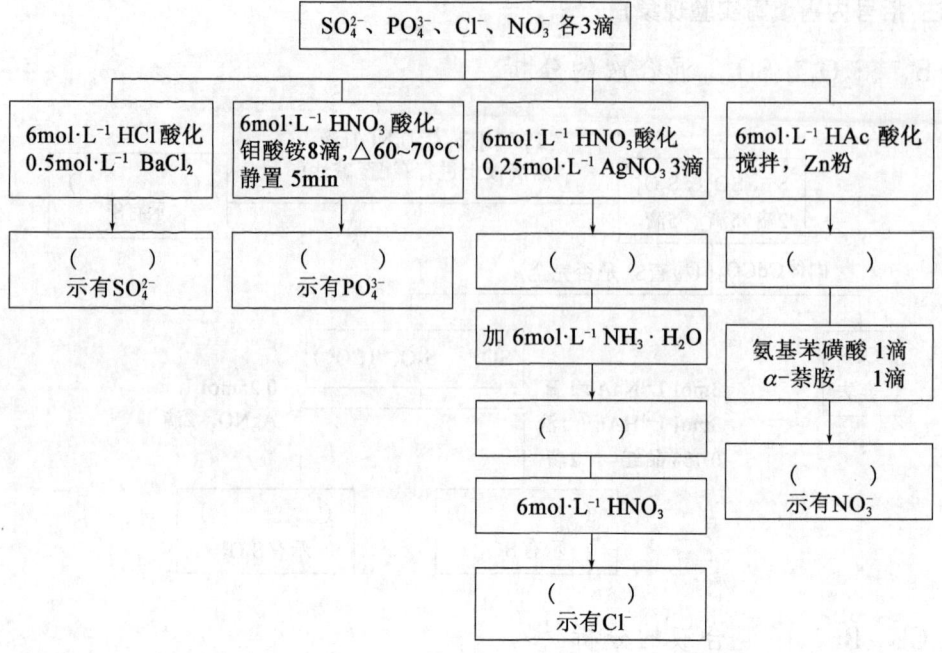

六、思考题

1. 若试液显酸性,上述11种阴离子中哪些离子不可能存在?
2. 鉴定CO_3^{2-}时,如何防止SO_3^{2-}的干扰?
3. 鉴定SO_4^{2-},怎样除去SO_3^{2-}、$S_2O_3^{2-}$、CO_3^{2-}的干扰?
4. 请找出一种能区别以下五种溶液的试剂:Na_2S、$NaNO_3$、$NaCl$、$Na_2S_2O_3$、Na_2HPO_4。

实验2.9 未知易溶盐分析

领取易溶盐固体未知物,按下列步骤进行分析:(1)试样的外表观察;(2)初步试验;(3)阳离子分析;(4)阴离子分析;(5)分析结果的判断。

要求学生:拟定试验方案,完成易溶盐组成的分离分析和鉴定。

常用的未知易溶盐:

(1) $AgNO_3$、$Cu(NO_3)_2$、$FeCl_3$、$MgSO_4$、$(NH_4)_2SO_4$。

(2) $BaCl_2$、$Cr(NO_3)_3$、$Bi(NO_3)_3$、$(NH_4)_2SO_4$、$Pb(NO_3)_2$。

(3) $Co(NO_3)_2$、$AgNO_3$、$MnSO_4$、$FeCl_3$、$CuSO_4$。

(4) $(NH_4)_2SO_4$、$Bi(NO_3)_3$、$Cd(NO_3)_2$、$MnSO_4$、$Ni(NO_3)_2$。

(5) $Zn(NO_3)_2$、$Al_2(SO_4)_3$、$Bi(NO_3)_3$、$MgSO_4$、$FeCl_3$。

实验 2.10 铜合金的定性分析

在离心管中放 0.02~0.3g 铜合金,加入 10 滴 6mol·L^{-1} 盐酸溶液,并慢慢滴加 5 滴 30% 双氧水,待合金完全溶解后,离心管放于沸水浴中加热,分解过量的双氧水,冷却后溶液按表 2.4 进行分析。

表 2.4 铜合金的定性分析简表

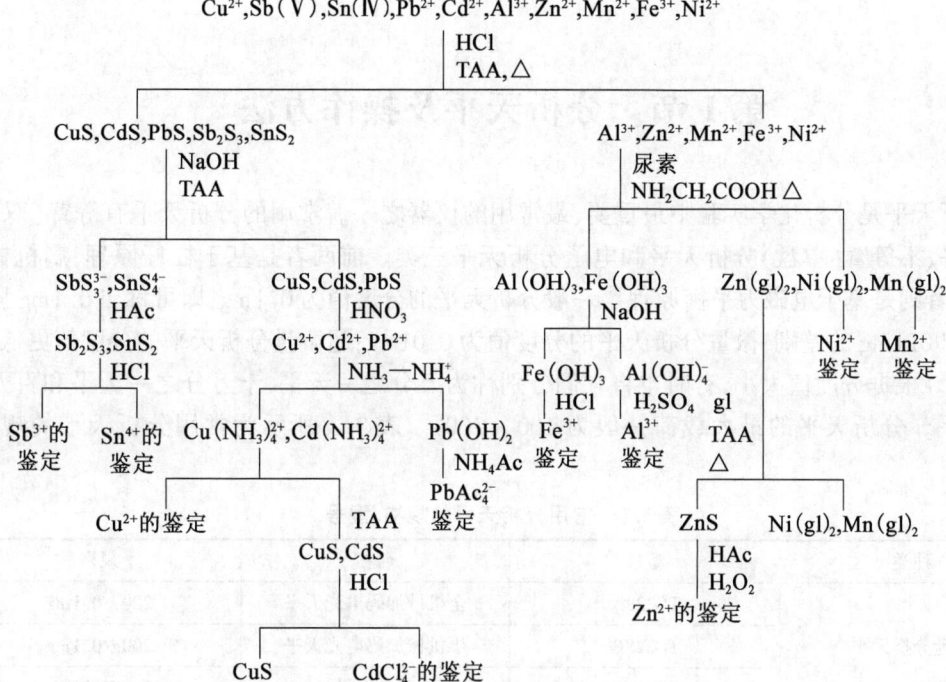

第3章 定量分析实验

第1节 分析天平及操作方法

分析天平是分析化学实验中最重要、最常用的仪器之一。常用的分析天平有等臂(双盘)分析天平、不等臂(单盘)分析天平和电子分析天平三类。前两者是基于杠杆原理,属机械式天平,后者则是基于电磁力平衡原理。一般分析天平的分度值为 0.1mg,即可称出 0.1mg 质量或分辨出 0.1mg 的差别;微量分析天平的分度值为 0.01mg;超微量分析天平的分度值更低,为 0.001mg。根据分度值大小,有时也将它们分别称为万分之一天平、十万分之一天平和百万分之一天平。分析天平的最大载荷一般为 100~200g。表 3.1 所示为常用分析天平的规格、型号。

表 3.1 常用分析天平的规格、型号

种类	型号	名称	规格
双盘分析天平	TG328A	全机械加码电光天平	200g/0.1mg
	TG328B	半机械加码电光天平	200g/0.1mg
	TG332A	微量天平	20g/0.01mg
单盘分析天平	DT-100	单盘精密天平	100g/0.1mg
	DTG-160	单盘电光天平	160g/0.1mg
电子分析天平	EL104	上皿式电子天平	120g/0.1mg
	EL204	上皿式电子天平	220g/0.1mg

近些年来,基于杠杆原理的分析天平已逐渐被淘汰,取而代之的是电子分析天平。鉴于此,这里仅介绍电子分析天平。

一、电子分析天平

电子分析天平是基于电磁力平衡原理来进行称量的天平(图 3.1)。其原理可简述为:在磁场中放置通电线圈,若磁场强度保持不变,线圈产生的磁力大小与线圈中的电流大小成正比。称量物品时,物体产生向下的重力,线圈产生向上的电磁力,为维持两者的平衡,反馈电路系统会很快调整好线圈中的电流大小。达到平衡时,线圈中的电流大小与物体的质量成正比。通过校正及 A/D 转换等,既可显示物体的质量。

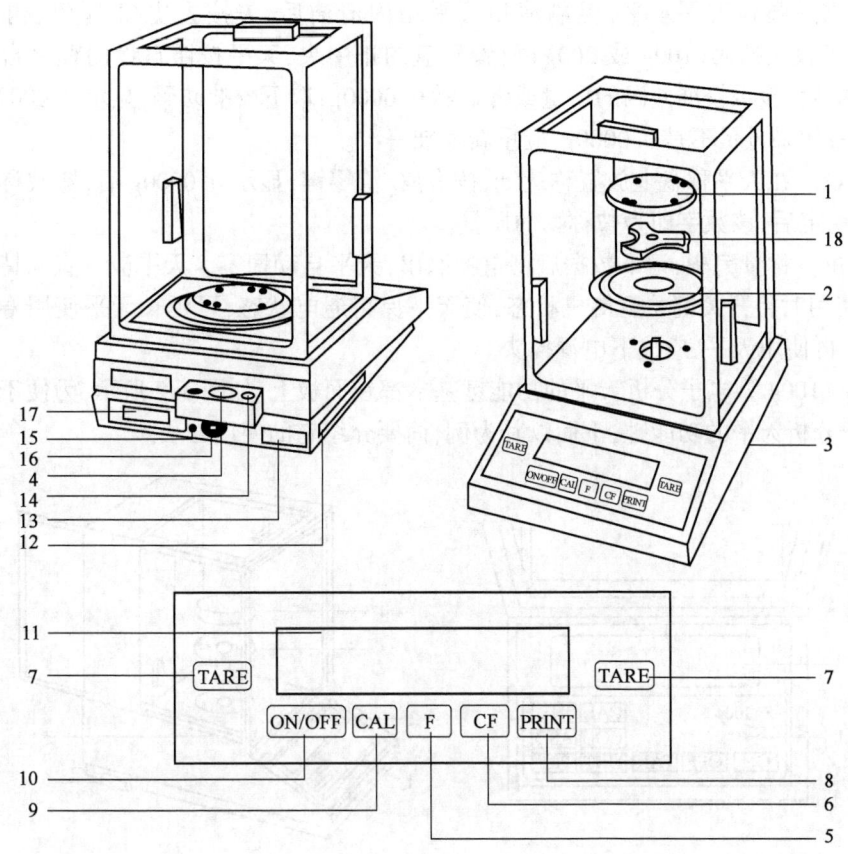

图 3.1 电子分析天平

1—秤盘;2—屏蔽环;3—地脚螺旋;4—水平仪;5—功能键;6—CF 清除键;7—去皮键;8—打印键;9—调校键;
10—开/关键;11—显示器;12—CMC 标签;13—型号牌;14—防盗装置;15—菜单—去联锁开关;16—电源接口;
17—数据接口;18—秤盘支架

电子分析天平具有即时称量、不需砝码、平衡快、直显读数、性能稳定、操作简便等特点。此外,电子分析天平还具有自动校正、自动去皮、超载显示、故障报警、信号输出及数据处理等功能。因此,电子分析天平具有机械天平无法比拟的优点。

电子分析天平可分为上皿式和下皿式两种。秤盘在支架上面的为上皿式,秤盘吊挂在支架下面的为下皿式,目前使用较广泛的是上皿式电子天平。市面上电子分析天平型号繁多,其主要区别在外观和面板上,功能和使用方法则大同小异。现在大多数电子分析天平的面板上仅设有几个键供称量时使用。最简单的电子分析天平的使用方法:

(1)接通电源、预热。天平在初次接通电源或长时间断电后开机时,至少需要 30min 的预热时间。因此,实验室电子天平在正常使用情况下,不要经常切断电源。

(2)自检。按开关键(ON/OFF 键),显示器启动,同时天平进行自检,约 2s 后显示天平的型号,全屏自检完成。然后是称量模式,如显示器上显示 0.0000 g。

(3)调水平。天平在使用前,应观察天平上水平仪内的水泡是否位于圆环的中央,如果水泡没在圆环中央,通过天平的地脚螺栓调节,顺时针升高,逆时针下降。无论哪一种天平,在开始称量前,都必须使天平处于水平状态才可以进行称量,调整水平的方法基本相同。

(4)校准。调好天平水平,毛刷清扫天平箱内清洁后,先按去皮/清零键,再按校正键(CAL键),把校正砝码(100g或200g)放置秤盘的正中央,天平按照自设的程序自动进行校准,校准完毕后,显示校准砝码的质量或者显示0.0000g;取下校准砝码,显示0.0000g,表示天平已校准好;如果显示不是0.0000g,应重新校准一次。

(5)称量。在天平秤盘上放置称量纸,按去皮/清零键,显示0.0000g后,置被称物于秤盘上,待数字稳定后,该数字即为被称物的质量。

(6)关机。称量完毕,记下数据后将重物取出,天平自动回零。天平应一直保持通电状态(24h),不使用时将开关键关至待机状态,使天平保持通电状态,可延长天平使用寿命。若有较长时间不再使用天平,应拔下电源插头。

另外,FA1004型电子分析天平的功能键基本都在面板上,如图3.2所示,为便于进一步全面阐述电子分析天平的功能键,下面以其为例,简要介绍它的使用方法。

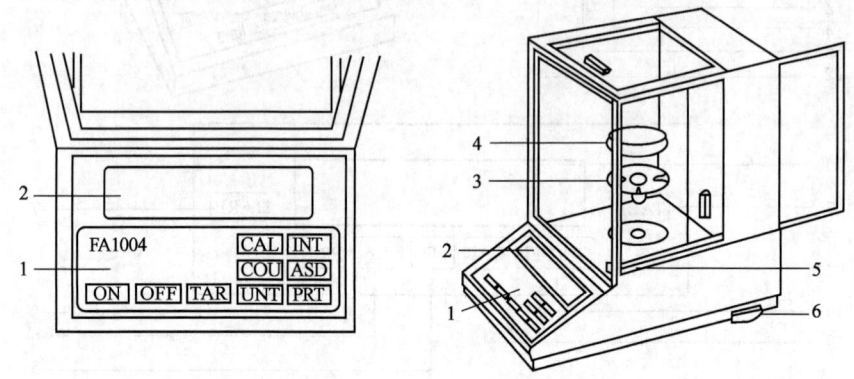

图 3.2　FA1004型电子分析天平
1—键盘;2—显示屏;3—盘托;4—秤盘;5—水平仪;6—水平调节脚
ON—开启显示器键;OFF—关闭显示器键;TAR—清零、去皮键;CAL—校准功能键;INT—积分时间调整键;
COU—点数功能键;ASD—灵敏度调整键;UNT—量制转换键;PRT—输出模式设定键

使用方法:

(1)调水平,预热,自检,校正方法同上。

(2)量制设置。按住UNT键不松手,显示屏会循环显示不同质量单位的符号,如"g"等,当显示某符号时松手,即为设置某量制单位。

(3)积分时间。选择积分时间有四种模式可供选择,即INT-0,快速;INT-1,短;INT-2,较短;INT-3,较长。它由INT键控制,设置方法同"量制设置"。

(4)灵敏度选择。灵敏度分为四挡:ASD-0,最高;ASD-1,高;ASD-2,较高;ASD-3,低(其中ASD-0是生产调试时用,用户不宜选择此模式)。可通过ASD键调整,调整方法与量制设置相同。ASD和INT两者配合使用情况如下:最快称量速度,INT-1,ASD-3;通常情况:INT-3,ASD-2;环境不理想时,INT-3,ASD-3。

天平的默认状态一般为:通常情况(即INT-3,ASD-2),称量模式,量制单位为g。

(5)天平校准。新安装好的天平或存放较长时间未使用的天平,在使用前应进行校准。此外,若天平位置移动,环境发生变化,或为了能准确称量,在使用前也应对天平进行校准。电子分析天平一般采用外校准(有的电子分析天平具有内校准功能),由TAR键清零及CAL键、100g校准砝码完成。

(6)称量按 TAR 键,显示为"0.0000g"后,将被称物置于秤盘上,待显示屏左下角的"0"标志熄灭后,显示屏所示数字即为被称物的质量。

(7)去皮称量按 TAR 键清零,将容器置于秤盘上,天平显示容器质量;再按 TAR 键,显示"0.0000g",即去皮重。再把待称物加入容器中,待显示屏左下角"0"熄灭,这时显示的是待称物的质量。按 TAR 键清零后,若从秤盘上取下物品,天平应显示负值。

若称量过程中秤盘上的总质量超过最大载荷,天平仅显示上部线段,此时应立即减小载荷。

二、称量方法

根据不同的称量对象和实验要求,需采用相应的称量方法和操作步骤。最常用的称量方法包括以下几种:

(1)直接称量法。直接称量法常用于称量某物体的质量,如称量小烧杯的质量,容量器皿校正中称量某容量瓶的质量,重量分析实验中称量坩埚的质量等。这种称量方法适于称量洁净干燥、不易潮解或升华的固体试样。

(2)固定质量称量法。固定质量称量法也称增量法,用于称量固定质量的某试剂(如基准物质)或试样。这种方法的称量速度较慢,只适于称量不易吸潮、在空气中能稳定存在的试样,且试样应为粉末状或小颗粒状(最小颗粒应小于 0.1mg),以便调节其质量。

固定质量称量方法如图 3.3 所示,将一洁净的表面皿(或小烧杯)置于天平的秤盘上称出其质量,然后慢慢加试样至所加量与所需量相同。称量时,若加入的试剂量超过了指定质量,用牛角匙取出多余试剂,直至试剂质量符合指定要求为止。严格要求时,取出的多余剂应弃去,不应放回原试剂瓶中,以免沾污原试剂。操作时不能将试剂散落于表面皿(或小烧杯)以外的地方,称好的试剂必须定量地直接转入接收容器内。

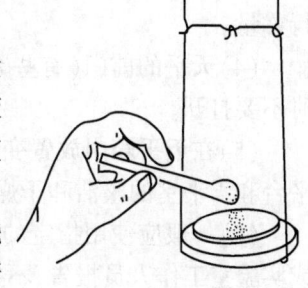

图 3.3 固定质量称量法

(3)递减称量法。递减称量法用于称量质量在一定范围内的试样或试剂。易吸水、易氧化或易与 CO_2 反应的试样,可用此法称量。需平行多次称取某试剂时,也常用此方法称量。由于称取试样的质量是由两次称量之差求得,故也称差减法。

用此法称量时,先借助纸片从干燥器中取出称量瓶(注意:不要让手指接触称量瓶和瓶盖,称量瓶应为室温状态),用小纸片套住称量瓶,直接将称量瓶置于调整好的天平的秤盘上,关好天平门,称出称量瓶及试样的准确质量。再将称量瓶取出,在接受容器的上方,倾斜瓶身,用称量瓶盖轻敲瓶口上部使试样慢慢落入容器中,如图 3.4 所示。当敲落的试样接近所需量

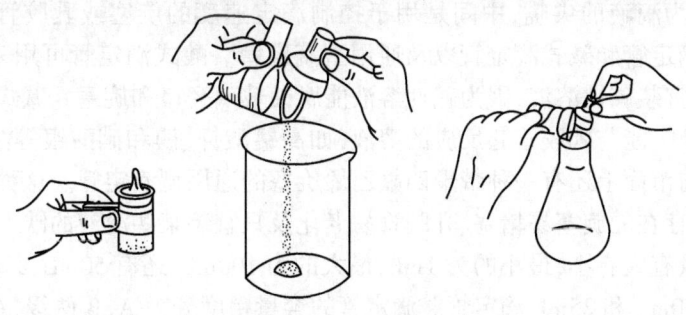

图 3.4 递减称量法

时(一般称第2份时可根据第1份的体积估计),一边继续用瓶盖轻敲瓶口,一边逐渐将瓶身竖直,使黏附在瓶口上的试样落下,然后盖好瓶盖,把称量瓶放回天平秤盘,准确称出其质量。两次质量之差,即为试样的质量。若一次差减出的试样量未达到要求的质量范围,可重复相同的操作,直至合乎要求。若称量的质量超出了所要求的质量范围,则应该重新进行称量。按此方法连续递减,可称取多份试样。

三、使用天平的注意事项

(1)开、关天平,放、取被称物,开、关天平门等,动作都要轻、缓,切不可用力过猛、过快以及按压冲击天平秤盘等,以免损坏天平。

(2)清零和读取称量读数时,要留意天平门是否已关好。称量读数要立即记录在实验报告本中。

(3)对于热的或过冷的被称物,应置于干燥器中直至其温度同天平室温度一致后才能进行称量。

(4)天平的前门(有些天平无单独的前门)、顶门仅供安装、检修和清洁时使用,通常使用时不要打开。

(5)在天平箱内放置变色硅胶干燥剂,当变色硅胶失效后要及时更换。注意保持天平、天平台和天平室的整洁和干燥。

(6)一般应使用指定的天平及该天平所附的砝码。如果发现天平不正常,应及时向教师或实验室工作人员报告,不要自行处理,称量完后,应及时使天平还原,并在天平使用登记本上登记。

第2节 滴定分析仪器及操作方法

滴定分析用的玻璃仪器主要有滴定管、容量瓶、移液管和吸量管等可测量溶液体积的仪器,以及锥形瓶、量筒、称量瓶和烧杯等非定容仪器。各仪器的用途不同,操作方法也不同。

一、滴定管

滴定管是用于滴加溶液并确定溶液准确体积的玻璃仪器(图3.5)。它的上部为带刻度的细长玻璃管,下端为滴液的尖嘴,中间是用于控制滴定速度的旋塞或乳胶管(配以玻璃珠)。滴定管分为酸式滴定管和碱式滴定管以及通用型滴定管。酸式滴定管可用来装酸性、中性及氧化性溶液,但不宜装碱性溶液,因为碱性溶液能腐蚀玻璃磨口和旋塞。碱式滴定管用来装碱性及无氧化性溶液。能与乳胶管起反应的溶液,如高锰酸钾、碘和硝酸银等溶液,不能加入碱式滴定管中。目前市面上还有一种带聚四氟乙烯旋塞的通用型滴定管。这种滴定管可克服上述酸、碱式滴定管存在的旋塞易堵塞、乳胶管易老化及只宜装某些溶液的缺点,使用较方便。

滴定管的容量有大有小,最小的为1mL,最大的为100mL,还有50mL、25mL和10mL的滴定管。常用的是50mL和25mL滴定管。滴定管的容量精度分为A、B两级,A级的精度较高。表3.2所示为国家规定的不同容量大小的滴定管的容量允差(摘自GB 12805—2011)。

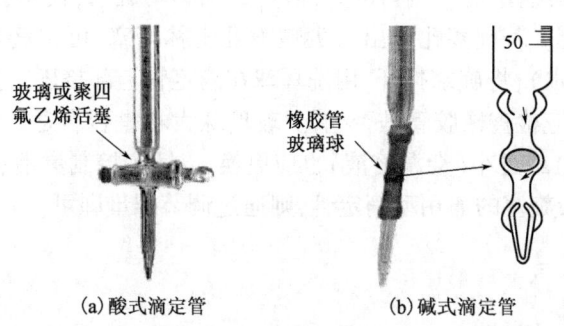

图 3.5　滴定管

表 3.2　常用滴定管的容量允差(20℃)

标称容量,mL		1	2	5	10	25	50	100
最小分度值,mL		0.01	0.01	0.02	0.05	0.1	0.1	0.2
允差,mL	A	±0.010	±0.010	±0.010	±0.025	±0.04	±0.05	±0.10
	B	±0.020	±0.020	±0.020	±0.050	±0.08	±0.10	±0.20

(一)滴定管的准备

滴定管一般用自来水冲洗,零刻度线以上部位可用毛刷刷洗,零刻度线以下部位如不干净,则应采用铬酸洗液洗(碱式滴定管应除去乳胶管,用橡胶乳头将滴定管下口堵住)。污垢少时可加入约 10mL 的洗液,双手平托滴定管的两端,不断转动滴定管,使洗液润洗滴定管壁各部分,操作时管口对准洗液瓶口,以防洗液外流。清洗后,将洗液分别由两端放出。如果滴定管太脏,可将洗液装满整根滴定管泡一段时间。为防止洗液流出,在滴定管下方可放一烧杯。最后用自来水、蒸馏水洗净。洗净后的滴定管内壁应被水均匀润湿而不挂水珠。如挂珠,应重新洗涤。

滴定管洗涤好后,可在其中装入蒸馏水至零刻度以上,把滴定管外部黏附的水擦干,并垂直地夹在滴定管架上,静置几分钟,观察是否漏水。然后试着滴定一下,看是否能灵活控制滴定速度。若滴定管漏水或操作不灵活,应进行下述处理:

对于酸式滴定管,应在旋塞与塞套内壁涂少许凡士林(图 3.6)。涂凡士林时,不要涂得太多,以免堵住旋塞孔;也不要涂得太少,达不到转动灵活和防止漏水之目的。涂凡士林后,将旋塞直接插入旋塞套中。插时旋塞孔应与滴定管平行,此时旋塞不要转动,这样可以避免将凡士林挤到旋塞孔中去。然后,向同一方向不断旋转旋塞,直至旋塞周围呈均匀透明状为止。旋转

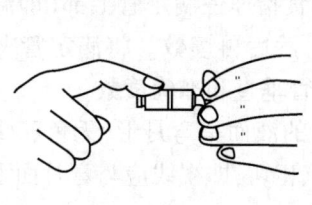
(a)旋塞涂凡士林

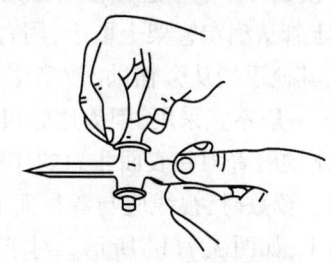
(b)插入旋塞向同一方面旋转

图 3.6　酸式滴定管旋塞涂油

时,注意应有一定的向旋塞小的一端挤的力,避免来回移动旋塞,使塞孔被堵。最后将橡胶圈套在旋塞小端的沟槽上。若旋塞孔或出口尖嘴被凡士林堵塞,可将滴定管充满蒸馏水后(若室温较低,应加温蒸馏水),将旋塞打开,用洗耳球在滴定管上部挤压,将凡士林排出。

若为碱式滴定管,应检查橡胶管是否老化、玻璃珠大小是否合适。橡胶管老化则要更新,玻璃珠过大(不便操作)或过小(会漏溶液)也应更换,以达到控制灵活、不漏溶液的目的。

若为带聚四氟乙烯旋塞的通用型滴定管,则通过调节螺母即可。

(二)装溶液与排气

将待装的溶液摇匀,并注意使凝结在容器(一般为试剂瓶或容量瓶)内壁上的水珠混入溶液,再用该溶液润洗已清洗的滴定管三次,每次用 10~15mL 溶液,润洗时双手平托滴定管的两端,不断转动滴定管,使润洗液润洗滴定管壁各部分。然后将瓶中的溶液直接倒入滴定管中(注意不要借用其他容器,如烧杯、漏斗等来转移,以免带来误差),直至充满至零刻度以上为止。

倒好溶液后,应检查尖嘴部分和橡胶管(碱式滴定管)内是否有气泡。若碱式滴定管中有气泡,可用右手拿滴定管,左手拇指和食指捏住玻璃珠部位,使橡胶管向上弯曲翘起,并捏挤橡胶管,使溶液从管口喷出,排除气泡,如图3.7(a)所示。排除酸式滴定管及通用型管中的气泡,可用右手拿滴定管,左手迅速打开旋塞,使溶液将气泡冲出管口,流入水槽,同时右手可上下抖动酸式滴定管。排除酸式滴定管滴嘴部分的气泡,也可采用碱式滴定管排气的方法,但在排气前需在尖嘴上先接上一根长约10cm的橡胶管。排完气后,补加溶液至零刻度以上,再在水槽内调节液面至零刻度或稍下处,读取刻度值。

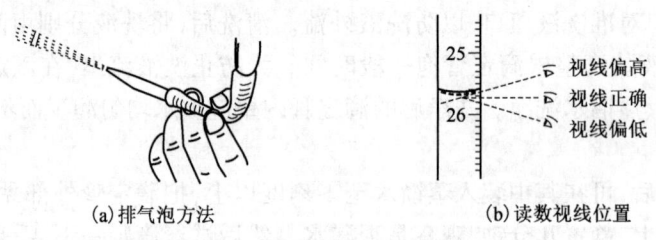

(a)排气泡方法　　　　　　(b)读数视线位置

图3.7　碱式滴定管排气泡方法及读数视线位置

(三)滴定管的读数

滴定管读数前,应看看滴嘴上是否挂着液珠。滴定后,若滴嘴上挂有液珠,则无法准确确定滴定体积。读数时一般应遵循下列原则:

(1)将滴定管从滴定管架上取下,用右手大拇指和食指捏住滴定管上部(即滴定管及溶液的重心以上),其他手指从旁辅助,使滴定管自然垂直,然后再读数。将滴定管夹在滴定管架上读数的方法,一般不宜采用,因为这样很难保证滴定管垂直和准确读数。

(2)由于水的附着力和表面张力的作用,滴定管内的液面呈弯月形,无色和浅色溶液的弯月面比较清晰。读数时,视线应与弯月面下缘的最低点相切,即视线应与弯月面下缘的最低点在同一水平面上,如图3.7(b)所示。对于有色溶液(如 $KMnO_4$、I_2 等),其弯月面不够清晰,读数时,视线应与液面两侧的最高点相切,这样才较易读准。

(3)在滴定管装满或放出溶液后,必须等 1~2min,使附着在内壁的溶液流下来后,再读数。如果放出溶液的速度较慢(如接近化学计量点时就是如此),那么可只等 0.5~1min,即可读数。注意在每次读数前,都看一下管壁内有没有挂水珠,管的尖嘴处有无悬液滴,管嘴内有无气泡。

(4)读取的值必须读至毫升小数点后第二位,即要求估计到 0.01mL。滴定管上两个小刻度之间为 0.1mL,要正确估读其十分之一的值,需经严格训练方能做到。一般可以这样来估计:当液面在此两小刻度线中间时,最后一位即为 0.05mL;若液面在两小刻度的三分之一处,为 0.03mL 或 0.07mL,当液面在两小刻度的五分之一时,即为 0.02mL 或 0.08mL 等。

(5)对于有蓝带的滴定管,读数方法与上述相似。当蓝带滴定管内盛有溶液时将出现似两个弯月面的上下两个尖端相交,此上下两尖端相交点的位置,即为蓝带管的读数的正确位置。

(6)为便于读数,可采用读数卡,它有利于初学者练习读数。读数卡是用贴有黑纸或涂有黑色长方形(约 3cm×1.5cm)的白纸板制成。读数时,将读数卡放在滴定管背后,使黑色部分在弯月面下约 0.5cm 处,此时即可看到弯月面的反射层全部成为黑色。然后,读此黑色弯月面下缘的最低点。对有色溶液须读其两侧最高点时,须用白色卡片作为背景。

(四)滴定操作

使用酸式滴定管时,左手握滴定管,其无名指和小指向手心弯曲,轻轻地贴着出口部分,用其余三指控制旋塞的转动,如图 3.8(a)所示。注意不要向外用力,以免推出旋塞造成漏液,而应使旋塞稍有向手心的回力。通用型滴定管的操作与此类似。

如图 3.8(b)所示,若用碱式滴定管滴定,仍以左手握管,其拇指在前,食指在后,其他三个手指辅助夹住出口管。用拇指和食指捏住玻璃珠所在位置,向右边挤橡胶管,使玻璃珠移至手心一侧,这样,溶液即可从玻璃珠旁边的空隙流出。注意不要用力捏玻璃球,不要使玻璃珠上下移动,也不要捏玻璃球下部橡皮管,以免空气进入而产生气泡。

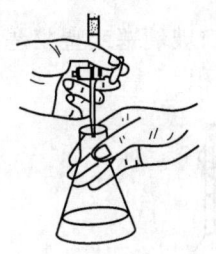  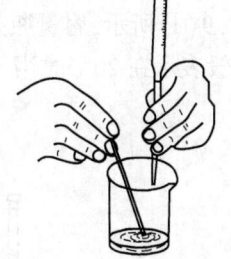

(a)酸式滴定管操作方法　　(b)碱式滴定管操作方法　　(c)在烧杯中的滴定方法

图 3.8　滴定操作方法

滴定时要边滴定边摇锥形瓶,使滴定剂与被滴物迅速反应。若在锥形瓶中进行滴定,用右手的拇指、食指和中指抓住锥形瓶颈部,其余两指辅助在下侧,使瓶底离滴定台高 2~3cm,滴定管的滴嘴伸入瓶内约 1cm,左手控制滴定管的溶液,右手按顺时针或反时针方向摇动锥形瓶。

如图 3.8(c)所示,在烧杯中滴定时,将烧杯放在滴定台上,调节滴定管的高度,使其下端伸入烧杯内约 1cm。滴定管下端应在烧杯中心的左后方处(放在中央影响搅拌,离杯壁过近不利搅拌摇匀)。左手滴加溶液,右手用玻璃棒搅拌溶液。玻璃棒应作圆周搅动,不要碰到烧杯壁和底部。当滴至接近终点时需半滴半滴加入溶液时,可用玻璃棒下端承接悬挂的半滴溶液于烧杯中。但要注意,玻璃棒只能接触液滴,不能接触管尖。

此外,在滴定时还应注意如下几点:

(1)最好每次滴定都从0.00mL开始,或接近0.00mL的某一刻度开始,这样可以减少滴定误差。

(2)滴定时要站立好或坐端正(有时为操作方便也可坐着滴定),眼睛注视溶液滴落点周围溶液颜色的变化。不能去看滴定管内液面刻度变化,而不顾滴定反应的进行。

(3)滴定过程中,左手不能离开旋塞,而任溶液自流。右手摇瓶时,应微动腕关节,使溶液向同一方向旋转,不能前后振动,以免溶液溅出。摇瓶速度以使溶液旋转出现一旋涡为宜。摇得太慢,会影响化学反应的进行;摇得太快,易致溶液溅出或碰坏滴嘴。

(4)开始滴定时,滴定速度可稍快,呈"见滴成线"状,即每秒3～4滴。但不要滴得太快,以致滴成"水线"状。在接近终点时,应一滴一滴加入,即加一滴摇几下,再滴,再摇。最后是每加半滴,摇几下锥形瓶,直至溶液出现明显的颜色变化为止。

(5)掌握半滴溶液的加入方法。若为用酸式滴定管滴定,可轻轻转动旋塞,使溶液悬挂在滴嘴上,形成半滴,用锥形瓶内壁将其沾落,再用洗瓶吹洗。对于碱式滴定管,加半滴溶液时,应先松开拇指与食指,将悬挂的半滴溶液沾在锥形瓶内壁上,再放开无名指和小指,这样可以避免管尖出现气泡。

加入半滴溶液时,也可以使锥形瓶倾斜后再沾溶液滴,这样溶液滴落在锥形瓶的较下处,便于用锥形瓶内的溶液将其涮至瓶中。如此可避免吹洗次数太多,造成被滴物过度稀释。

(6)滴定结束后,应用自来水将滴定管清洗干净,倒挂在滴定管架上,同时打开酸式滴定管的旋塞。

二、容量瓶

如图3.9(a)所示,容量瓶是细颈梨形的平底玻璃瓶,带有磨口玻璃塞或塑胶塞,颈上有标度刻线,一般表示在20℃时当液体充满至刻度线时液体的准确体积。

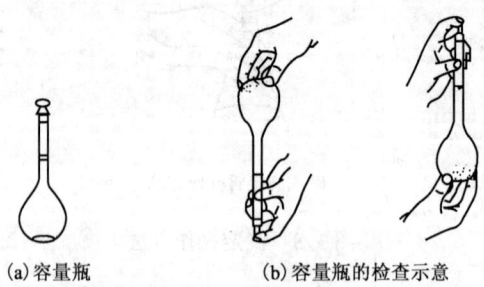

(a)容量瓶　　　　(b)容量瓶的检查示意

图3.9 容量瓶及容量瓶的检查

容量瓶主要用于配制标准溶液的浓度或定量地稀释溶液,其使用方法及注意事项如下。

(一)检查容量瓶

检查容量瓶一是要看瓶塞是否漏水,其次是看标度刻线位置离瓶口是否太近。漏水则无法准确配制溶液;标度刻线离瓶口太近则不便混匀溶液。因此,都不宜使用。

检查瓶塞是否漏水的方法如下：加自来水至标度刻线附近，盖好瓶塞后，左手用食指按住塞子，其余手指拿住瓶颈标线以上部分，右手用指尖托住瓶底边缘，如图3.9(b)所示。将瓶倒立2min，如不漏水，将瓶直立，转动瓶塞180°后，再倒立2min检查，如不漏水，便可使用。

使用容量瓶时，不要将其磨口玻璃塞随便取下放在台面上，以免沾污，可将瓶塞系在瓶颈上。若瓶塞为平头的塑料塞子，可将塞子倒置在台面上。

（二）配制溶液

用容量瓶配制溶液时，最常用的方法是先准确称出固体试样于小烧杯中，加蒸馏水或其他溶剂将其溶解，然后将溶液定量转入容量瓶中。定量转移溶液时右手拿玻璃棒，左手拿烧杯使烧杯嘴紧靠玻璃棒的上端，棒的下端应靠在瓶颈内壁上，使溶液沿玻璃棒和内壁流入容量瓶中（图3.10）。待烧杯中的溶液流完后，将玻璃棒和烧杯稍微向上提起，并使烧杯直立，再将玻璃棒放回烧杯中。然后，用洗瓶吹洗玻璃棒和烧杯内壁，再将洗涤液引流入容量瓶中。如此吹洗、转移的操作，一般应重复3次以上，以保证完全定量转移。然后加蒸馏水至容量瓶的四分之三左右体积时，用右手食指和中指夹住瓶塞的扁头，将容量瓶拿起，朝同一方向摇动几周使溶液初步混匀（注意：此时不能将容量瓶倒置过来摇匀）。继续加蒸馏水至距离标度刻线约1cm处后，等1~2min使附在瓶颈内壁的溶液流下后，再用洗瓶滴加蒸馏水至弯月面下缘与标度刻线相切。无论溶液有无颜色，均加蒸馏水至弯月面下缘与标度刻线相切为止。加蒸馏水至标度刻线后，盖上瓶塞，用左手食指按住塞子，其余手指拿住瓶颈标线以上部分，而用右手的全部指尖托住瓶底边缘（图3.11），将容量瓶倒转，使气泡上升到顶，同时可使瓶振荡以混匀溶液。再将瓶直立过来，又再将瓶倒转，使气泡上升到顶部，振荡溶液。如此反复10次左右。

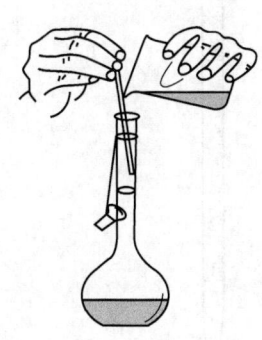

图3.10　转移溶液至容量瓶的操作

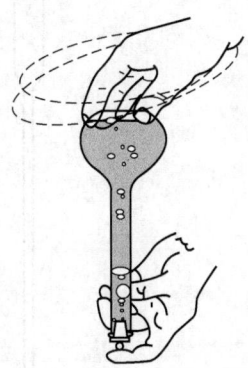

图3.11　溶液混匀的操作

（三）稀释溶液

用移液管准确移取一定体积的溶液于容量瓶中，再加蒸馏水至标度刻线，然后按上述方法混匀溶液。

（四）保存溶液

配好的溶液若需长期保存，应将其转移至磨口试剂瓶中，不要将容量瓶当作试剂瓶使用。使用完毕应立即用水洗干净。

若长期不用，在洗净擦干磨口后，用纸片将磨口隔开。

另外,容量瓶不能在烘箱中烘烤,也不能在电炉等加热器上直接加热。如需使用干燥的容量瓶,可在洗净后用乙醇等有机溶剂荡洗,然后晾干或用电吹风的冷风吹干。

三、移液管和吸量管

移液管是中间有一较大空腔的细长玻璃管[图3.12(a)],管颈上部刻有一标线,在标明的温度下,若使溶液的弯月面与移液管标线相切,再让溶液按一定的方法自由流出,则流出液的体积与管上标明的体积相同。因此,移液管是用于准确量取溶液体积的玻璃仪器。吸量管是带有刻度的移液管[图3.12(b)],它一般用于量取较小体积的溶液。常用的吸量管有1mL、2mL、5mL、10mL、15mL、20mL、25mL、50mL等规格,吸量管量取溶液的准确度不如移液管。需要注意的是,有些吸量管的分刻度不是刻到管尖,而是离管尖尚有1~2cm。

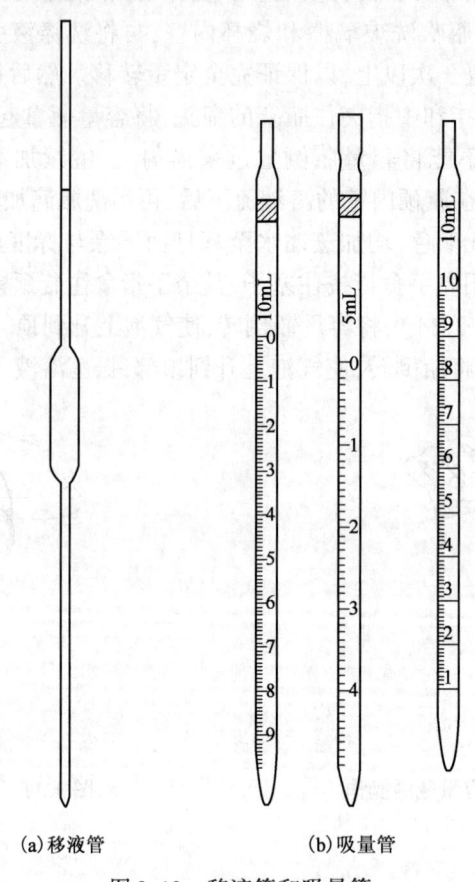

(a)移液管　　　(b)吸量管

图3.12　移液管和吸量管

移液管的使用方法如下:

(1)洗涤。使用前必须用洗涤剂溶液或铬酸洗液洗涤(若用铬酸洗液,则用完后应放回原装洗液瓶内),然后用自来水冲洗数次后,再用蒸馏水洗涤内壁3次至干净。蒸馏水洗涤内壁的方法和润洗的方法一样。

(2)润洗。移取溶液前,用吸耳球将移液管或吸量管的管尖端内部的蒸馏水吹出去,用吸水滤纸将洗干净的移液管或吸量管的管尖端外部的蒸馏水除去,然后用待吸溶液润洗3次。

吸取溶液时,用左手拿洗耳球,右手拿移液管。将食指或拇指放在洗耳球的上方,其余手指自然地握住洗耳球,用右手的拇指和中指拿住移液管或吸量管标线以上的部分,无名指和小指辅助拿住移液管,将洗耳球对准移液管口,如图3.13所示。再将管尖伸入溶液中吸待溶液被吸至管体积的约1/4处(或者球形部分的1/3~1/2处),移开吸耳球的同时迅速用右手食指按住管口(注意勿使溶液流回,以免稀释溶液)。然后将移液管平持,松开食指,转动移液管,使洗涤液与管口以下的内壁充分接触。再将移液管持直,让洗涤液从尖口放出、弃去,用洗耳球把管内壁润洗液吸出,用吸水滤纸把外壁溶液吸干,如此反复润洗3次。润洗是保证移取的溶液与待吸溶液浓度一致的重要步骤。

(3)移取和放出溶液。如图3.13所示,移液管经润洗后,可直接插入待吸液液面下1~2cm处吸取溶液。注意管尖不要伸入太浅,以免液面下降后造成空吸;也不宜伸入太深,以免移液管外部附有过多的溶液。吸液时,应使移液管尖部随液面下降而下降。当洗耳球慢慢放松时,管中的液面缓慢上升,待液面上升至标线以上时,移去吸耳球的同时,迅速用右手食指堵住管口,左手改拿盛待吸液的容器。然后,将移液管往上提起,使之离开液面。并将移液管的尖端停靠在所移取溶液的器皿内壁瓶口旋转两周,使其尖端外壁的溶液流回原试剂瓶。然后使容器倾斜约30°,让其内壁与移液管尖紧贴,此时右手食指微微松动,使液面缓慢下降,直到视线平视时弯月面与标线相切,这时立即用食指按紧管口。左手改拿接受溶液的容器,并将接受容器倾斜30°左右,使内壁紧贴移液管尖部。接着放松右手食指,使溶液自然地顺壁流下(图3.14)。待溶液全部放出,液面下降到管尖后,等15s左右(移液管体积越大,停靠的时间越长,可至30s),移出移液管。这时,管尖部位仍留有少量溶液,对此,除特别注明"吹"字的移液管以外,其他移液管管尖部位留存的溶液是不能吹入接受容器中的,因为在工厂生产检定移液管时没有把这部分体积算进去。需要指出的是,由于一些移液管尖部做得不很圆滑,因此管尖部位留存溶液的体积可能会因接受容器内壁与管尖接触的位置不同而有所差别。为避免出现这种情况,可在等待的15s过程中,左右旋动移液管,这样管尖部位每次留存的溶液体积就会基本相同。

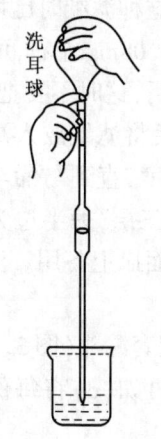

图3.13 移取溶液

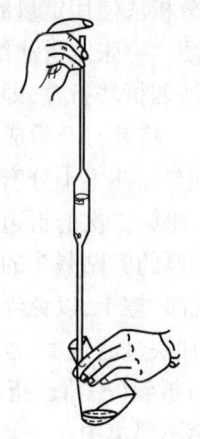

图3.14 放出溶液

注意:在整个移取和放出溶液的过程中,只有移液管的尖端接触到溶液或器皿,以保证所取溶液的纯度,重复操作时,该移液管方可继续使用。移液管使用完毕后用自来水和蒸馏水洗净,放回仪器架上。

用吸量管移取溶液的操作与用移液管移取溶液的操作基本相同。对于标有"吹"字的吸量管,在放出溶液时,应将存留管尖部位的溶液吹入接受容器内。有些吸量管的刻度离管尖尚有1~2cm,放出溶液时也应注意。实验中,要尽量使用同一支吸量管,以免带来误差。

第3节 沉淀重量分析仪器及操作方法

重量分析法是分析化学重要的经典分析方法,是指通过称量经适当方法处理所得的与待测组分含量相关的物质的质量来求得待测物质含量的方法。重量分析法主要有气化法和沉淀重量分析法两大类。气化法常用于测定加热易挥发组分的含量,比如,食品中水分含量的测定等。沉淀重量分析法是利用沉淀反应使待测组分先转变成沉淀,再转化成一定的称量形式的称量分析法。本节重点讲解沉淀重量分析法的基本操作。

沉淀重量分析法的分析过程因沉淀类型及性质不同而不同,对于晶形沉淀(如 $BaSO_4$)的重量分析,一般分析过程主要有试样溶解、沉淀、陈化、过滤、洗涤、烘干、炭化、灰化、灼烧至恒重、称量和计算结果。它的操作与滴定分析法相比有很大的区别。

一、滤纸和滤器

(一)滤纸

滤纸是最常用的过滤介质,按过滤速度(或分离性能)的不同,滤纸可分为快速、中速和慢速三种,可根据沉淀的性质和漏斗的规格大小来选用。例如,晶型沉淀($BaSO_4$、CaC_2O_4 等)可选用直径 $9 \sim 11cm$、慢速或中速的定量滤纸;而对于胶状沉淀($Fe_2O_3 \cdot xH_2O$ 等),则应选用直径为 $11 \sim 12.5cm$、快速的定量滤纸。另外,由于滤纸具有强的吸水性,不能将沉淀经滤纸过滤后直接进行干燥再称重。一般是将沉淀过滤后,将滤纸灰化。

沉淀重量分析法使用定量滤纸过滤,称为无灰滤纸,在制造这种滤纸时已用盐酸和氢氟酸除去其中的杂质。一张定量滤纸的质量约为1g,其灰分质量为0.08mg左右,可以忽略。

滤纸一般按四折法折叠,即先将滤纸整齐地对折,然后再对折,这时不要把两角按压对齐,如图 3.15 所示。将其打开后成为顶角稍大于 60°的圆锥体,然后将滤纸放入洁净且干燥的漏斗中,如果滤纸与漏斗不十分密合,可以稍稍改变滤纸折叠的角度,直到与漏斗密合为止。再用手按压滤纸,将第二次的折边折严,这样所得圆锥体的半边为三层,另半边为一层。然后取出滤纸,将三层厚的紧贴漏斗的外层撕下一角,保存于干燥的表面皿上备用。注意在折叠滤纸前,应先将手洗净、擦干,以免弄脏滤纸。

有时为了加快过滤速度,也可采用下面的方法折叠滤纸和配套漏斗(图 3.16)。

如图从(a)折到(c)将已折成半圆形的滤纸分成八个等份,再如(d)将每份的中线处来回对折(注意折痕不要集中在顶端的一个点上,以免将滤纸折破)。

将折叠好的滤纸放入漏斗中,三层的一边应放在漏斗出口短的一边。用食指按紧三层的一边,用洗瓶吹入少量蒸馏水将滤纸润湿,然后,轻按滤纸边缘,使滤纸与漏斗间密合(注意三层与一层之间处也应与漏斗密合)。再用洗瓶加蒸馏水至滤纸边缘,此时漏斗颈内应充满蒸馏水,当漏斗中的蒸馏水流完后,颈内仍保留着水柱,且无气泡。若漏斗颈内不形成完整的水柱,可以用手堵住漏斗下口,稍掀起滤纸三层的一边,用洗瓶向滤纸与漏斗间的空隙里加蒸馏水,直到漏斗颈和锥体的大部分被蒸馏水充满,然后按紧滤纸边,放开堵住出口的手指,此时水柱应可形成。最后再用蒸馏水冲洗一次滤纸,然后将漏斗放在漏斗架上,下面放一洁净的烧杯

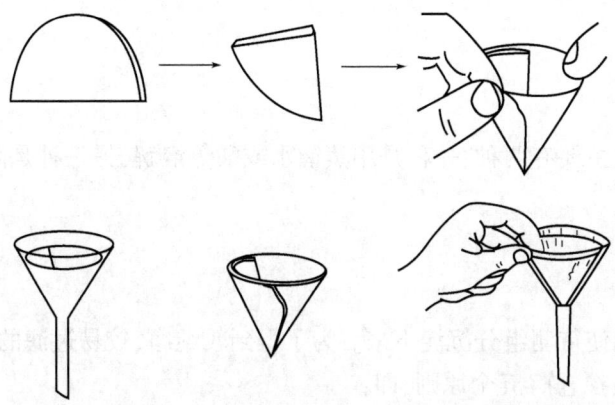

图 3.15　滤纸的折叠与安放

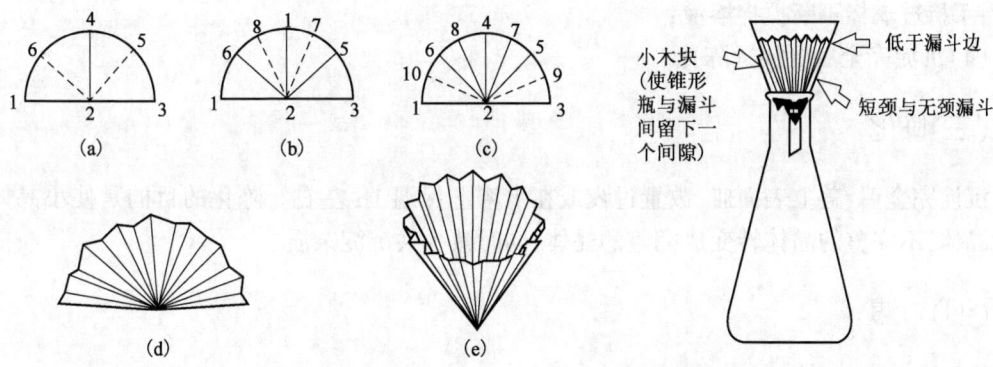

图 3.16　快速过滤滤纸折叠方法及配套漏斗示意图

接滤液,并使漏斗出口长的一边紧靠杯壁。过滤前漏斗和烧杯上均应盖好表面皿,应使折叠后的滤纸上缘低于漏斗上沿 0.5~1cm,绝不能超出漏斗边缘。

(二)滤器

在使用滤纸时,常需要和适合的滤器配合使用,常用的滤器有普通的玻璃漏斗、布氏漏斗。如图 3.17 所示,过滤用的玻璃漏斗锥体角度应为 60°,颈的直径不能太大,一般应为 3~5mm,颈长为 15~20cm,颈口处磨成 45°角,漏斗的大小应与滤纸的大小相适应。另外,还有玻璃坩埚漏斗,这种漏斗无需用滤纸,可将沉淀或需分离的物质直接过滤在烧结玻璃片上,再在一定温度下烘至恒重即可。根据烧结玻璃片的孔径大小有不同规格的玻璃坩埚漏斗,一般牌号数字越大,孔径越小,可根据沉淀或分离对象的实际情况而选定。

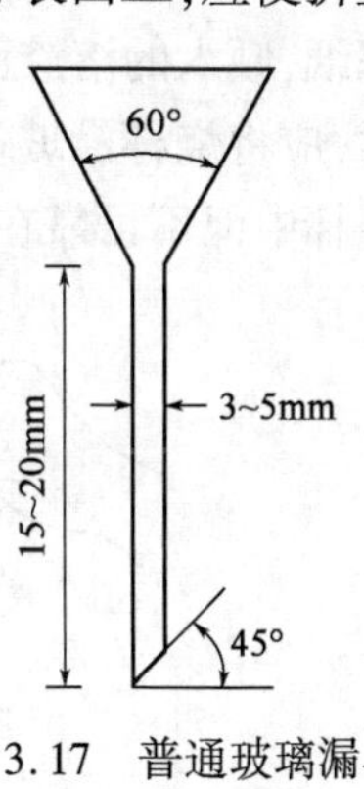

图 3.17　普通玻璃漏斗

二、操作方法

(一)试样溶解

溶解样品的方法主要有两种:一种是用蒸馏水或酸等溶解,另一种是高温熔融后再用溶液溶解。

(二)沉淀

通过加入沉淀剂使待测组分沉淀下来。为了得到较纯净、较易过滤的沉淀,晶型沉淀操作时应遵循"稀、热、慢、搅、陈"五个原则,即:
(1)沉淀溶液要适当稀;
(2)沉淀时应将溶液加热;
(3)沉淀速度要慢,操作时应注意边沉淀边搅拌,即沉淀时,左手拿滴管逐滴加入沉淀试剂,右手持玻璃棒不断搅拌溶液;
(4)沉淀完全后要放置陈化。

(三)陈化

沉淀完全后,盖上表面皿,放置过夜或在水浴上保温1h左右。陈化的目的是使小晶体长成大晶体,不完整的晶体转变成完整的晶体,同时减少共沉淀杂质。

(四)过滤

一般采用"倾泻法"过滤,此操作分三步进行(图3.18)。

第一步,先转移沉淀上的清液,即把沉淀上层的清液(注意不要搅动沉淀)沿玻璃棒倾入漏斗,令沉淀尽量留在烧杯内。注意玻璃棒应垂直立于滤纸三层部分的上方,尽量接近而不接触滤纸,倾入的溶液面应不超过滤纸边缘下 5~6mm 处,漏斗颈下端不应接触溶液。当暂停倾泻时,应将烧杯沿玻璃棒慢慢上提同时缓缓扶正烧杯,待玻璃棒上的溶液流完后,把玻璃棒放回烧杯中但不可靠在烧杯嘴处。

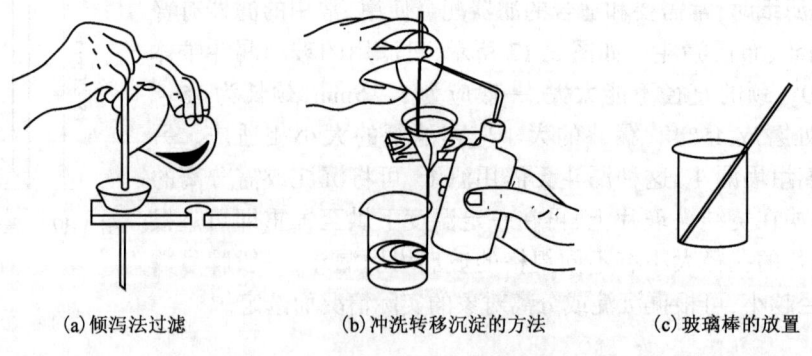

(a)倾泻法过滤　　　　(b)冲洗转移沉淀的方法　　　　(c)玻璃棒的放置

图 3.18　倾泻法过滤的操作方法

第二步,在烧杯中对沉淀进行初步洗涤,并转移初步洗涤液。洗涤液倾泻完毕后,加适量洗涤液于烧杯中,用玻璃棒进行搅拌,再次对沉淀进行洗涤,稍微待沉淀下沉后,再倾泻上层的洗涤液。洗涤液应少量多次加入,每次待滤纸内洗涤液流尽,再倾入下一次的洗涤液。

过滤时应观察滤液是否澄清,若发现浑浊,则应将已过滤的部分,重新过滤。这时必须换另一洁净烧杯接滤液,在原漏斗上将穿滤的滤液进行第二次过滤。若发现滤纸有穿孔,则应更换滤纸重新过滤,而第一次用过的滤纸应保留。

第三步,转移沉淀,并对沉淀进行最后洗涤。

采用倾泻法是为了避免沉淀堵塞滤纸上的空隙,影响过滤速度。烧杯中的沉淀沉下以后,借助玻璃棒将清液倒入漏斗中。玻璃棒的下端应对着滤纸三层厚的一边,并尽可能接近滤纸,但不要触及滤纸。倒入溶液的体积一般不要超过滤纸圆锥体的三分之二,或液面离滤纸上边缘不少于5mm,以免少量沉淀因毛细管作用越过滤纸上缘,造成损失。此外,沉淀离滤纸边缘太近也不便洗涤。若一次倾泻不能将清液转移完,应待烧杯中的沉淀沉下后再次倾泻。

暂停倾泻溶液时,烧杯嘴应沿玻璃棒向上滑动,使烧杯逐渐回复正放状态,以免烧杯嘴上的液滴流失。盛有沉淀和溶液的烧杯应按如图3.18(c)所示方法放置,以便沉淀和清液分开,便于转移清液。同时玻璃棒不要靠在烧杯嘴上,以免烧杯嘴上的沉淀沾在玻璃棒上部。

将清液转移完后,应再次对沉淀进行洗涤。洗涤时,每次用约10mL洗涤液吹洗烧杯内壁,使黏附着的沉淀集中到烧杯底部,每次洗涤完后,用倾泻法过滤溶液,如此反复洗涤3~4次。然后再加少量洗涤液于烧杯中,搅动沉淀使之混匀,立即将沉淀和洗涤液一起通过玻璃棒转移至漏斗内。再加少量洗涤液于烧杯中,搅拌混合均匀后再转移至漏斗里,如此重复几次,使沉淀基本都被转移至漏斗中。再按如图3.18(b)所示的方法将残留的沉淀吹洗至漏斗中,即用左手拿起烧杯,使烧杯嘴向着漏斗,右手把玻璃棒从烧杯中取出平放在烧杯口上,并使玻璃棒伸出烧杯嘴约2~3cm。然后用左手食指按住玻璃棒的较高部位,倾斜烧杯使玻璃棒下端指向滤纸三层一边,用右手拿洗瓶吹洗整个烧杯内壁,使洗涤液和沉淀沿玻璃棒流入漏斗中。如果仍有少量沉淀牢牢地黏附在烧杯壁上吹洗不下来时,可将烧杯放在桌上,用沉淀帚(它是一头带橡胶的玻璃棒)在烧杯内壁自上而下、自左至右擦拭,使沉淀集中在底部,再将沉淀吹洗入漏斗里。对牢固黏附的沉淀,也可用前面折叠滤纸时撕下的滤纸角擦拭玻璃棒和烧杯内壁,并将此滤纸角放在漏斗的沉淀上。处理完毕,还应在明亮处仔细检查烧杯,看是否吹洗、擦拭干净,玻璃棒、表面皿和沉淀帚也需认真检查。

(五)沉淀的洗涤

沉淀全部转移到滤纸上后,应对它进行最后的洗涤。其目的是将沉淀表面所吸附杂质和残留的母液除去。洗涤方法如图3.19所示,从滤纸的多重边缘开始用洗瓶轻轻吹洗,并螺旋形地往下移动,最后到多重部分停止,即所谓的"从缝到缝"。这样,便于将沉淀洗干净,还能使沉淀集中到漏斗的底部。洗涤沉淀时要遵循"少量多次"的原则,即每次洗涤用的洗涤剂的量要少,滤干后再行洗涤。一般情况下,应反复洗涤3~5次,并使用适当检验方法检验沉淀是否洗涤干净。

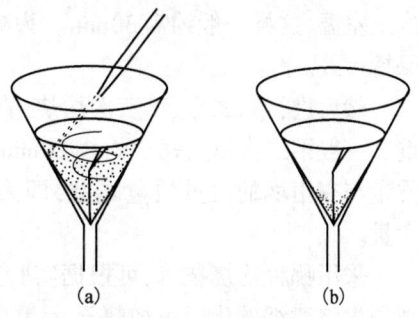

图3.19 沉淀洗涤方法

(六)沉淀的烘干与灼烧

(1)坩埚的准备。坩埚用以盛载需要进行灼烧的沉淀。选择适当的坩埚,洗净、晾干并在灼烧沉淀的温度条件下经灼烧至恒重(即反复灼烧后,前后两次的质量变化在 0.2mg 以内)。

(2)将沉淀包转移入坩埚。当沉淀洗涤干净,洗涤液已流完后,用玻璃棒将滤纸从三层厚的边缘开始将滤纸向内折卷,将滤纸圆锥体的敞口封上,成沉淀包,轻轻转动一下,把沉淀包取出,再将它倒置过来使尖端向上并放入坩埚中(图3.20)。此时,大部分的沉淀与坩埚底部接触,以便沉淀的干燥和灼烧。

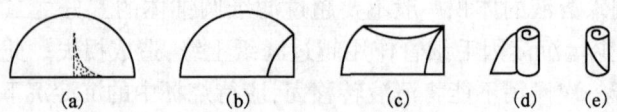

图 3.20　包裹晶形沉淀的方法

(3)将上述坩埚斜放在泥三角或可调温的电炉上,将坩埚盖半掩地倚在坩埚口(图3.21),利用火焰将滤纸干燥、炭化、灰化。

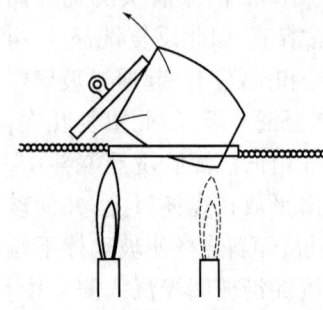

图 3.21　沉淀的烘干及灼烧

炭化是将烘干后的滤纸烤成炭黑状,灰化是将呈炭黑状的滤纸灼烧成灰。炭化和灰化时煤气灯的火焰应移至坩埚底部。若为用电炉加热,则只好让坩埚处于同一状态受热(倾斜或正放)。对应烘干、炭化、灰化,逐步增大火焰,一步一步完成。炭化时如遇滤纸着火,可立即用坩埚盖盖住,使坩埚内的火焰熄灭(切不可用嘴吹灭),以避免沉淀随气流飞散而损失掉。待火熄灭后,将坩埚盖移至原来位置,继续加热至全部炭化直至灰化。

在这个过程中要适当调节火焰温度,当滤纸未干时,温度不宜过高以免坩埚破裂,在中间阶段将火焰放在坩埚盖中心下方以便热空气反射入坩埚内部以加速滤纸干燥,随后将火焰移至坩埚底部提高火焰温度使滤纸焦化,最后适当转动坩埚位置,继续加热使滤纸灰化,灰化完全时沉淀应不带黑色。

灰化后,将坩埚移入高温炉中(根据沉淀性质调节适当温度),盖上坩埚盖,但仍须留有空隙。在与灼烧空坩埚时相同的温度下,灼烧40~45min,取出,冷至室温,称量。当从高温炉中取出坩埚时,先将坩埚移至炉口,至红热稍退后,再将坩埚从炉中取出放在洁净瓷板上。在夹取坩埚时,坩埚钳应预热。待坩埚冷至红热褪去后,将坩埚转至干燥器中,一般应放在瓷板圆孔上,再盖好盖子。注意随后应开启干燥器盖1~2次,排出热气。置干燥器内冷却,原则上应冷至室温,这样一般约需30min。为减少可能存在的误差,每次灼烧、称量和放置的时间,都应保持一致。

然后进行第二次、第三次灼烧,直至相邻两次灼烧后的称量值差别不大于0.2mg,即为恒重。一般第二次以后每次灼烧20min即可。空坩埚的恒重方法与此相同。坩埚与沉淀的恒重质量与空坩埚的恒重质量之差,即为被称物(如 $BaSO_4$)的质量。据此可计算出被测组分的含量。

采用哪种灼烧技术,可根据实验室的实际设备而定。但其原则不变,即:若用滤纸过滤,则必须先将滤纸碳化后再加热至无黑色微粒,才将其送入高温炉(也可采用微波炉)灼烧至恒重;而若用玻璃砂芯漏斗进行过滤,则应待沉淀中的溶液抽干,把沾在外壁的水擦干后,再放入电热干燥箱干燥至恒重。

现在,生产单位常用一次灼烧法,即先称恒重后沉淀与坩埚的总质量,然后,用毛笔刷去被称物(如 $BaSO_4$),再称出空坩埚的质量,两者之差即为被称物的质量。

使用干燥器时,首先将干燥器擦干净,烘干多孔瓷板,再将干燥剂通过一纸筒装入干燥器的底部,以避免干燥剂沾污内壁的上部。然后盖上瓷板,再在干燥器的磨口上涂上一层薄而均匀的凡士林,盖上干燥器盖,如图3.22(a)所示。

干燥器一般利用变色硅胶、无水氯化钙等作干燥剂。由于各种干燥剂吸收水分的能力都有一定限度,因此干燥器中并不是绝对干燥的,只是湿度相对较低而已。所以,若在干燥器中放置的时间过长,则灼烧和干燥后的坩埚和沉淀可能会因吸收少量水分而变重,这点须引起注意。

打开干燥器时,左手按住干燥器的下部,右手按住盖子上的圆顶,向左前方推开器盖,如图3.22(b)所示。盖子取下后用右手拿着或倒放在桌上安全的地方(注意磨口向上),用左手放入(或取出)坩埚等,并及时盖上干燥器盖。加盖时,手拿住盖上圆把,推着盖好。搬动干燥器时,应该用两手的拇指同时按住盖,防止滑落打破,如图3.22(c)所示。

(a)装干燥剂的方法　　(b)干燥器的开启方法　　(c)干燥器的搬动方法

图3.22　干燥器的使用方法

至于非晶形沉淀,其性质与晶形沉淀有所区别,相应的重量分析过程也与晶形沉淀有所不同。可在查阅有关分析方法后进行。

用有机试剂沉淀的重量分析法(如镍的丁二酮肟沉淀法)的过程一般包括有试样溶解、沉淀、陈化、过滤和洗涤、烘干至恒重和计算结果六个过程。

此过程与晶形沉淀重量分析法大致相同,但一般不需灼烧。灼烧反而会使换算因子增大,不利于测定。此外,沉淀过滤采用砂芯玻璃坩埚或漏斗,如图3.23所示。这种过滤器的滤板是由玻璃粉末在高温熔结而成。按照微孔的孔径,大小分为6级,G1~G6(或称1号~6号,

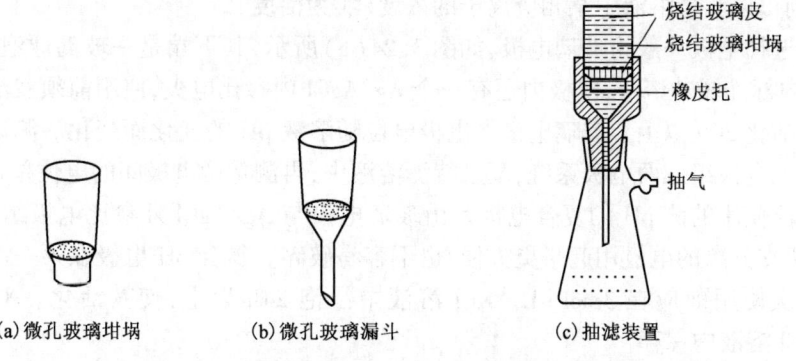

(a)微孔玻璃坩埚　　(b)微孔玻璃漏斗　　(c)抽滤装置

图3.23　砂芯玻璃坩埚、漏斗及其配套抽滤装置

表3.3)。1号的孔径最大,6号孔径最小。在定量分析中,一般用 G3~G5 规格(相当于慢速滤纸)过滤细晶形沉淀。使用此类滤器时,需用减压过滤。凡是烘干后即可称量或热稳定性差的沉淀(如 AgCl),均应采用砂芯玻璃漏斗(或坩埚)过滤。但需要注意的是,不能用此类滤器过滤强碱性溶液,以免损坏坩埚或漏斗的微孔。

表3.3 砂芯玻璃漏斗(坩埚)的规格和用途

滤板编号	孔径,μm	用途	滤板编号	孔径,μm	用途
G1	20~30	滤除大沉淀物及胶状沉淀物	G4	3~4	滤除液体中细的沉淀物或极细沉淀物
G2	10~15	滤除大沉淀物及气体洗涤	G5	1.5~2.5	滤除较大杆菌及酵母
G3	4.5~9	滤除细沉淀及水银过滤	G6	1.5以下	滤除1.4~0.6pm的病菌

新的滤器使用前应以热浓盐酸或铬酸洗液边抽滤边清洗,再用蒸馏水洗净。

使用后的砂芯玻璃滤器,针对不同沉淀物采用适当的洗涤剂洗涤。首先用洗涤剂、水反复抽洗或浸泡玻璃滤器,再用蒸馏水冲洗干净,在110℃条件下烘干,保存在无尘的柜或有盖的容器中备用。表3.4列出了洗涤砂芯玻璃滤器的常用洗涤液。

表3.4 洗涤砂芯玻璃滤器的常用洗涤液

沉淀物	洗涤液
AgCl	(1+1)氨水或10% $Na_2S_2O_3$ 溶液
$BaSO_4$	100℃浓硫酸或 EDTA—NH_3 溶液(3% EDTA 二钠盐 500mL 与浓氨水 100mL 混合),加热洗涤
氧化铜	热 $KClO_4$ 或 HCl 混合液
有机物	铬酸洗液

第4节 酸 度 计

一、酸度计简介

酸度计也称 pH 计或离子计,是一种用来准确测定溶液中某离子活度的仪器。它主要由电极和电位差测量部分组成。当采用氢离子选择电极时可测定溶液的 pH,若采用其他的离子选择电极,则可以测量溶液中某相应离子的浓度(实为活度)。

氢离子选择电极一般为玻璃电极,如图 3.24(a)所示,其下端是一玻璃球泡,球泡内装有一定 pH 的内标准缓冲溶液,电极内还有一个 Ag/AgCl 内参比电极,使用前须浸泡在酸或酸碱缓冲溶液中活化 24h 以上。玻璃电极的电极电位随溶液 pH 的变化而变化。测试时将玻璃电极与一外参比电极组成两电极系统,浸入待测溶液中,再测量两电极间的电位差。

目前广泛使用的测 pH 的复合电极是由玻璃电极与 Ag/AgCl 外参比电极组合而来,它结构紧凑,比两支分离的电极用起来更方便,也不容易破碎。复合 pH 电极在第一次使用或在长期停用后再次使用前应在 3mol·L^{-1} KCl 溶液中浸泡 24h 以上,使其活化。平时可浸泡在 3mol·L^{-1} KCl 溶液中保存。

参比电极一般为饱和甘汞电极[图 3.24(b)]或 Ag/AgCl 电极,它们的电极电位不随溶液

pH 的变化而改变。因此,测得的两电极间的电位差(E)与溶液 pH 有关。

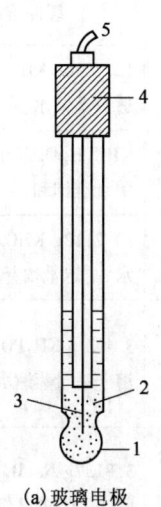
(a)玻璃电极

1—玻璃球泡;2—标准缓冲液,一般为$0.1mol·L^{-1}$HCl溶液;
3—Ag/AgCl内参比电极;4—密封塑料;5—导线

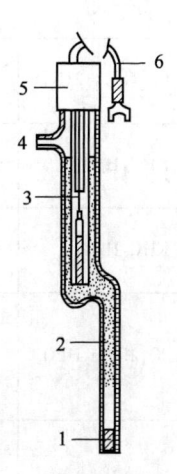
(b)饱和甘汞电极

1—多孔性物质;2—饱和KCl溶液;3—内电极
($Pt/Hg_2,Cl_2,Hg$);4—加液口;5—绝缘帽;6—导线

图 3.24 玻璃电极和饱和甘汞电极

用于校正酸度计的 pH 标准溶液一般为 pH 缓冲溶液。我国目前使用的几种 pH 标准缓冲溶液在不同温度下的 pH 见表 3.5。常用的几种 pH 标准缓冲溶液的组成和配制方法见表 3.6。

表 3.5 不同温度下标准缓冲溶液的 pH

t,℃	$0.05mol·L^{-1}$草酸三氢钾	饱和酒石酸氢钾	$0.05mol·L^{-1}$邻苯二甲酸氢钾	$0.025mol·L^{-1}$磷酸二氢钾和磷酸氢二钠	$0.01mol·L^{-1}$硼砂
0	1.67	—	4.01	6.98	9.40
5	1.67	—	4.01	6.95	9.39
10	1.67	—	4.00	6.92	9.33
15	1.67	—	4.00	6.90	9.27
20	1.68	—	4.00	6.88	9.22
25	1.69	3.56	4.01	6.86	9.18
30	1.69	3.55	4.01	6.84	9.14
35	1.69	3.55	4.02	6.84	9.10
40	1.7	3.54	4.03	6.84	9.07
45	1.7	3.55	4.04	3.83	9.04
50	1.71	3.55	4.06	6.83	9.01
55	1.72	3.56	4.08	6.84	8.99
60	1.73	3.57	4.10	6.84	8.96

表 3.6 标准缓冲溶液的组成和配制方法

试剂名称	分子式	浓度 mol·L^{-1}	试剂的干燥与预处理	缓冲溶液的配制方法
草酸三氢钾	$KH_3(C_2O_4)_2 \cdot 2H_2O$	0.05	干燥至恒重	12.7096g $KH_3(C_2O_4)_2 \cdot 2H_2O$ 溶于适量蒸馏水,定量稀释至1L
酒石酸氢钾	$KHC_4H_4O_6$	饱和	不必预先干燥	$KHC_4H_4O_6$ 溶于(25±3)mL 蒸馏水中直至饱和
邻苯二甲酸氢钾	$KHC_8H_4O_4$	0.05	110℃干燥至恒重	10.2112g $KHC_8H_4O_4$ 溶于适量蒸馏水中,定量稀释至1L
磷酸二氢钾和磷酸氢二钠	KH_2PO_4 和 Na_2HPO_4	0.025	KH_2PO_4 在 110℃下干燥至恒重,Na_2HPO_4 在 120℃下干燥至恒重	3.4021g KH_2PO_4 和 3.5490g Na_2HPO_4 溶于适量蒸馏水中,定量稀释至1L
硼砂	$Na_2B_4O_7 \cdot 10H_2O$	0.01	$Na_2B_4O_7 \cdot 10H_2O$ 放在含有 NaCl 和蔗糖饱和液的干燥器中	3.8137g $Na_2B_4O_7 \cdot 10H_2O$ 溶于适量除去 CO_2 的蒸馏水中,定量稀释至1L

标准缓冲溶液应保存在盖紧的玻璃瓶或塑料瓶中,以减少空气中的 CO_2 或溶剂挥发等造成的不良影响。标准缓冲溶液一般在几周内可保持 pH 稳定不变。在校正酸度计时,应先用蒸馏水冲洗电极,并用滤纸轻轻吸干,以免沾污标准缓冲溶液及影响电极的响应速率(复合电极里面容易夹带水)。为了减少测量误差,应选用与待测溶液的 pH 相近的 pH 标准缓冲溶液来校正酸度计。

酸度计型号较多,目前实验室广泛使用的有 pHS-2 型、pHS-3B 型、pHS-3C 型和梅特勒 pHS-320 型等。它们的结构、功能及使用方法大同小异。下面简单介绍 pHS-3C 型酸度计的使用方法。

二、pHS-3C 型酸度计

如图 3.25 所示,pHS-3C 型酸度计是一种带有精密数字显示 pH 计,其稳定性较好,操作较简便。

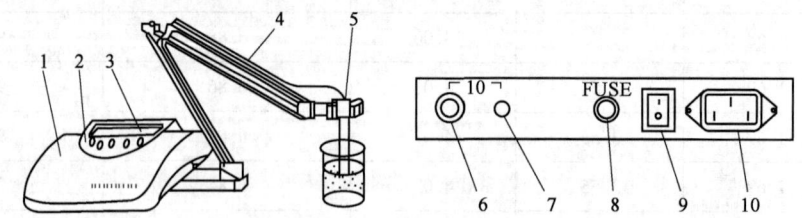

图 3.25 pHS-3C 型酸度计
1—机箱;2—键盘;3—显示屏;4—多功能电极架;5—电极;6—测量电极插座;7—参比电极接口;
8—熔断丝;9—电源开关;10—电源插座

测量溶液 pH 时的操作步骤如下:
(1)安装电极架和电极。将多功能电极架插入电极架插座中,把 pH 复合电极安装在电极架另一端,拔下电极下端的电极保护套,并且拉下电极上端的橡胶套使其露出上端校孔,再用蒸馏水清洗电极,用滤纸吸干电极底部的水。

(2)开机。将电源线插入电插座,按下电源开关。电源接通后,预热30min,接下来进行校正。

(3)校正。按"pH/mV"键使pH指示灯亮,即进入pH测量状态;按"温度"键设定溶液温度,再按"确认"。将清洗过的电极插入pH=6.86标准缓冲溶液中,待读数稳定后,按"定位",使仪器显示读数与该缓冲溶液在此温度下的pH一致,然后按"确认"。用蒸馏水清洗电极,并用滤纸吸干存留在电极下端的水,再将其插入pH为4.00或9.18的标准缓冲溶液中,待读数稳定后,按"斜率"使仪器显示读数为该缓冲溶液在此温度下的pH,然后按"确认"。仪器的校正完成后,可进行pH的测量。需要注意的是,校正好后仪器的"定位"及"斜率"不应再按。若不小心触动了这些键,则不要按"确认",而是按"pH/mV"键使仪器重新进入pH测量,这样就不需要再进行校正。一般情况下,每天校正一次即可。

(4)测量溶液的pH。用蒸馏水清洗电极,用滤纸吸干(也可用待测溶液洗一次),将电极浸入被测溶液中,摇动烧杯,使溶液均匀,然后让溶液静置,待读数稳定后读出溶液的pH。若被测溶液与用于校正的溶液的温度不同,则先按"温度"使仪器显示被测溶液的温度,再按"确认",再进行pH测量。

(5)还原仪器。测定完毕,关闭电源,洗净电极并套上电极保护套(内盛3mol·L^{-1} KCl溶液),盖上防尘罩,并进行仪器使用情况登记。

第5节 分光光度计及操作方法

分光光度计,又称光谱仪(spectrometer),是将成分复杂的光分解为光谱线的科学仪器。测量范围一般包括波长范围为380~780nm的可见光区和波长范围为200~380nm的紫外光区。不同的光源都有其特有的发射光谱,因此可采用不同的发光体作为仪器的光源。钨灯光源所发出的380~780nm波长的光通过三棱镜折射后,可得到由红、橙、黄、绿、蓝、靛、紫组成的连续光谱,该光源可作为可见光分光光度计的光源。

一、分光光度计基本原理

白光通过棱镜或衍射光栅的色散作用,形成不同波长的单色光。一束平行的单色光通过有色溶液时,溶液中溶质能吸收其中的部分光。物质对光的吸收具有选择性,一种物质对不同波长单色光的吸收程度也不同。用透光率(T)或吸光度(A)表示物质对光的吸收程度。如果入射光强度用 I_0 表示,透射光强度用 I_t 表示,则透光率 $T = I_t/I_0$。而吸光度 $A = \lg(I_0/I_t)$,显然,T 越小,A 越大,即溶液对光的吸收程度越大。

朗伯—比尔定律总结了溶液对光的吸收规律:一束单色光通过有色溶液时,有色溶液对光的吸收度 A 与溶液的浓度 c 和液层厚度 l 的乘积成正比。当液层厚度一定时,溶液的吸光度 A 只与溶液的浓度成正比。分光光度法就是以朗伯—比尔定律为基础建立起来的分析方法。

通过用光的吸收曲线(光谱)来描述有色溶液对光的吸收情况。将不同波长的单色光依次通过一定浓度的有色溶液,分别测定吸光度 A,以波长 λ 为横坐标,以吸光度 A 为纵坐标作图,所得到的曲线称为光的吸收曲线(或光谱),见图 3.26。最大吸收峰处所对应的单色光波长称为最大吸收波长 λ_{max},选用 λ_{max} 的光进行测定,光的吸收程度最大,测定的灵敏度最高。

一般在测量样品前,先测标准曲线,即在测量样品相同的条件下,先测量一系列已知准确浓度的标准溶液的吸光度 A,绘制出 A—c 的曲线,即为标准曲线(或工作曲线,图 3.27)。待样品的吸光度 A 测出后,就可以在工作曲线上求出相应的样品浓度 c。

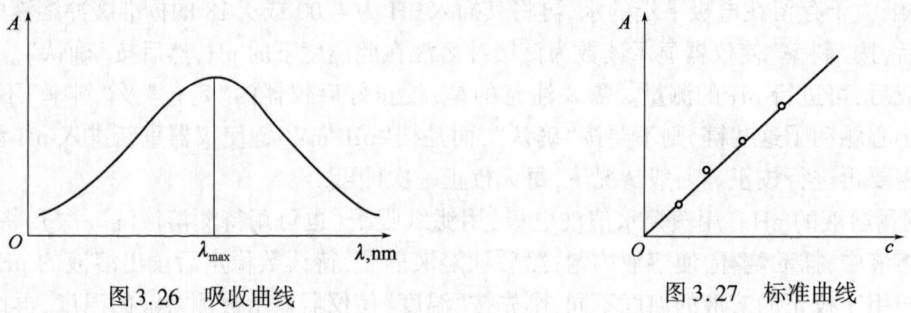

图 3.26　吸收曲线　　　　　　　　图 3.27　标准曲线

二、分光光度计简介

分光光度计分为红外、紫外—可见、可见光分光光度计等几类,有时也称为分光光度仪或光谱仪。可见光分光光度计用于可见光吸光光度法测定,较普遍使用的有 721B 型、722 型和 7220 型,它们主要由光源灯、单色光器、比色皿(或吸收池)、检测器和显示器五部分组成,如图 3.28 所示。

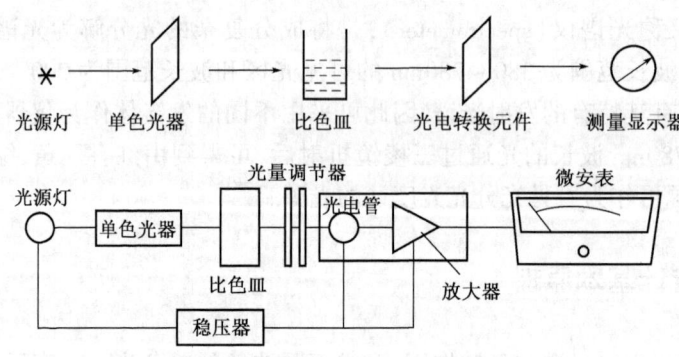

图 3.28　分光光度计主要部件示意图

下面简单介绍 7220 型分光光度计的结构和使用方法。

(一)结构

7220 型分光光度计采用寿命较长的钨灯作光源(W),由其发出的复合光经聚光镜 T_1、滤光片 F、保护片 M_1,汇聚在入射狭缝 S_1 上,入射光被平面反射镜 M_2 反射到准直镜 M_3 后变成平行光束,再经光栅 G 色散、准直镜 M_4 聚焦、出射狭缝 S_2 后,成为单色光。单色光由透镜 T_2 汇聚,透过试样池 R,到达接收器光电管 N。光电管将光信号转变为电信号,电信号经放大器放大后,由 A/D 转换器将模拟信号转换为数字信号,送往单片机处理,处理结果通过显示屏显示出来。图 3.29 所示为 7220 型分光光度计的光学系统示意图,图 3.30 所示为分光光度计的外形示意图。

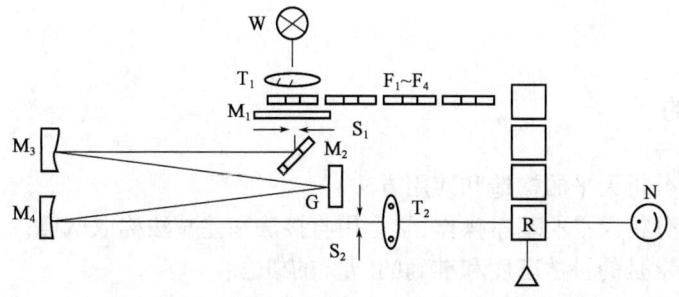

图 3.29　7220 型分光光度计的光学系统

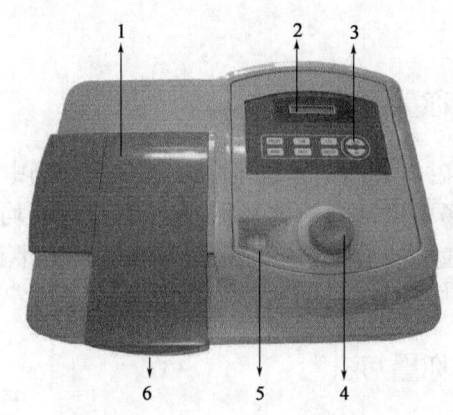

图 3.30　分光光度计外形示意图
1—样品室;2—液晶显示;3—操作键盘;4—波长调节旋钮;5—波长显示窗;6—样品池拉杆

(二)使用方法

(1)接通电源,打开开关按钮,使其预热 10~15 min,调节波长旋钮使波长移到所需处。

(2)四个比色皿,其中一个放入参比试样,其余三个放入待测试样。

(3)按"方式选择"键使透射比指示灯亮,在样池架中放挡光块(比如黑色比色皿),拉入光路,盖上样品池盖,按"0%T",至显示"0.0"。取出挡光块,放入参比溶液,按"方式选择"键使透射比指示灯亮,使参比溶液处在光路中,盖上样品池盖,按"100%T"键调 100%,至显示"100.0"。

(4)按"方式选择"键使吸光度指示灯亮,并使参比溶液处在光路中,盖上样品池盖,显示器应显示"0.000",若不为"0.000",则应重调 100%T。

(5)将待测试样放入样池架并推入光路,盖上样品池盖,显示试样的吸光度值。

(6)待测试结束后,关闭开关按钮,切断电源。取出比色皿,洗净,放入比色盒中,盖上防尘罩。

实验 3.1　电子分析天平基本操作练习

一、实验目的

(1) 熟悉电子分析天平的构造和使用方法；
(2) 掌握电子分析天平的基本操作，学会用直接法和差减法称取试样；
(3) 培养实事求是的科学态度和准确的"量"的概念；
(4) 培养正确、整齐和简明记录实验原始数据的习惯。

二、实验原理

(一)电子分析天平的称量原理

电子分析天平是根据电磁力补偿工作原理，使物体在重力场中实现力的平衡；或通过电磁力矩的调节，使物体在重力场中实现力矩的平衡，整个称量过程均由微处理器进行计算和调控。当秤盘上加载后，即接通了补偿线圈的电流，计算器就开始计算冲击脉冲，达到平衡后，显示屏上即自动显示出载荷的质量值。

(二)电子分析天平的称量方法

(1) 固定质量称量法。用于称量指定质量的试样，如称量基准物质，来配制一定浓度和体积的标准溶液。

要求：试样不吸水，在空气中性质稳定，颗粒细小(粉末)。

(2) 递减称量法。用于称量一定质量范围的试样。适于称取多份易吸水、易氧化或易和 CO_2 反应的物质。

(3) 直接称量法。用于直接称量某固体物体的质量，如小烧杯、表面皿等。

要求：所称物体洁净、干燥，不易潮解、升华，无腐蚀性。

三、主要试剂与仪器

试剂：石砂，NaCl 等。
仪器：电子分析天平，表面皿，台秤，称量瓶，小烧杯，牛角匙等。

四、实验步骤

(一)固定质量称量法

用电子分析天平准确称取 0.5000g 练习用石砂两份。反复练习几次，直至熟练。

(1)接通电源、预热(0.5h)。天平在初次接通电源或长时间断电后开机时,至少需要30min的预热时间。因此,实验室电子分析天平在通常情况下,不要经常切断电源。

(2)按开关键(ON/OFF键),直至全屏自检。

(3)调水平。天平开机前,应观察天平上水平仪内的水泡是否位于圆环的中央。如果没有在中央,则通过调节天平的地脚螺栓,顺时针升高,逆时针下降。无论哪一种天平,都必须使天平处于水平状态才可以进行称量,调整水平的方法基本相同。

(4)校准。先按去皮/清零键,再按校正键(CAL键),把校正砝码(100g或200g)放置秤盘的正中央,天平按照自设的程序自动进行校准,直至显示校准砝码的质量或者显示0.0000g;校正完毕,取下标准砝码。

(5)零点显示(0.0000g)稳定后即可进行称量。

(6)称量。在天平托盘上放置称量纸,按显示屏两侧的去皮/清零键去皮,待显示器显示零时,在称量纸上放置所要称量的石砂进行称量。当显示石砂质量为0.5000g时,记录读数。

清零,再称取同样质量的另一份石砂。

(7)关机。称量完毕,记下数据后将重物取出,天平自动回零。将开关键关至待机状态。

(二)递减称量法

用称量瓶,称取0.2~0.4g练习用NaCl三份,称量准确至0.0001g。

电子分析天平的使用与操作方法与固定质量称量法的操作方法基本相同,不同之处在于需用称量瓶盛放氯化钠样品。先在天平盘上放入称量纸并去皮,然后用一纸条套住称量瓶(内盛有所需的NaCl试样)并将其从干燥器中取出,放在天平秤盘中直接称取其质量,记为m_1。

将称量瓶取出并移至试样接收器(烧杯或者锥形瓶)上方,用小纸片夹着称量瓶瓶盖柄,用称量瓶瓶盖外缘轻轻敲击称量瓶瓶口上方内缘,使试样缓慢逐步少量地落入到接收器内。当倾出的试样接近所需称取的质量时,瓶盖一边轻轻敲击瓶口边缘,一边慢慢将称量瓶瓶身竖直,使黏在瓶口的试样落回称量瓶内。盖好称量瓶瓶盖,称取剩余试样和称量瓶的质量。若倾出的量与所需试样质量相差较远,则重复上述操作直至倾出的试样在称量范围之内时,准确称出剩余试样和称量瓶的质量记为m_2。计算称取的试样质量:

$$m_{试样1} = m_1 - m_2$$

如此方法,继续称取第二份、第三份样品。

(三)直接称量法

先在天平上准确称出洁净小烧杯质量,然后用药匙取适量的试样加入容器中,称出它的总质量。这两次质量的数值相减,就得出试样的质量。重复三次。

五、实验数据记录与处理

(一)递减称量法

表 3.7　递减称量法实验数据记录表

	I	II	III
试样+称量瓶质量 m_1(倾倒前),g			
试样+称量瓶质量 m_2(倾倒后),g			
试样质量 $m = m_1 - m_2$,g			
极差 R,mg			

(二)直接称量法

表 3.8　直接称量法实验数据记录表

	I	II	III
小烧杯质量,g			
样品+小烧杯质量,g			
样品质量,g			

六、注意事项

(1)天平需防潮、防震、防压、清洁干净。
(2)在开关门,放取称量物时,动作要轻、缓。
(3)保持天平的整洁,秤盘上有污物时应立即清除。
(4)称量物不能直接放在秤盘上,视情况决定称量物放在称量纸上、表面皿上或放在玻璃容器内。
(5)拿、放称量瓶时,都需要用纸条套住瓶身,用小纸片包住称量瓶瓶盖柄。
(6)称量时不能同时打开侧门,读数时要关好天平门。称量读数要立即记录。

七、思考题

(1)称量结果应记录至几位有效数字?为什么?
(2)称量时,应每次将物体放在天平秤盘的中央,为什么?
(3)试样的称量方法有几种?
(4)称量时什么情况用直接法称量?什么情况用减量法称量?
(5)在用减量法称量时,怎样操作才能保证准确无误?
(6)在减量法称量时,若称量瓶内的试样吸湿,对称量结果有无影响?若试样倒入承接的容器后再吸湿,对称量结果有无影响?

实验 3.2　滴定分析基本操作

一、实验目的

(1)练习滴定操作,初步掌握滴定管的使用方法及准确确定终点的方法;
(2)初步掌握酸碱指示剂的选择方法;
(3)熟悉甲基橙和酚酞指示剂的使用和终点颜色变化。

二、实验原理

滴定分析是将一种已知准确浓度的标准溶液滴加到待测试样的溶液中,发生相关化学反应,直到化学反应完全时为止,然后根据消耗标准溶液的浓度和体积求得被测组分的含量。通常通过指示剂颜色的变化来确定滴定终点。

滴定分析方法包括:酸碱滴定法、氧化还原滴定法、络合滴定法和沉淀滴定法。

本实验主要以酸碱滴定法中酸碱滴定剂和标准溶液的配制以及酸碱互滴为例,来练习滴定分析的基本操作。

酸标准溶液通常用 HCl 或 H_2SO_4 来配制。因为 HCl 不会破坏指示剂,同时大多数氯化物易溶于水,稀 HCl 又比较稳定,所以多用 HCl 来配制酸标准溶液。如果样品需要过量的标准酸共同煮沸时,以 H_2SO_4 标准溶液为好,尤其标准酸浓度较大时,更应如此。

碱标准溶液常用 NaOH 或 KOH,也可用 $Ba(OH)_2$ 来配制。NaOH 标准溶液应用最多,但它易吸收空气中 CO_2 和水分,并能腐蚀玻璃,所以长期保存要放在塑料瓶中。

由于浓 HCl 和 NaOH 不够稳定,也不易获得纯品,所以用间接法来配制其标准溶液。

可采用甲基橙(变色范围 pH 为 3.1~4.4)、甲基红(变色范围 pH 为 4.4~6.2)、酚酞(变色范围 pH 为 8.0~9.6)、百里酚蓝—甲酚红钠盐水溶液(变色点的 pH 为 8.3)等指示剂来指示终点。

三、主要试剂与仪器

试剂:HCl($0.1\text{mol} \cdot \text{L}^{-1}$),NaOH($0.1\text{mol} \cdot \text{L}^{-1}$),甲基橙(0.2%水溶液),酚酞溶液(1%乙醇溶液)。

仪器:酸式滴定管、碱式滴定管、锥形瓶、洗瓶、容量瓶、移液管、烧杯、试剂瓶等。

四、实验步骤

(一)滴定基本操作练习

(1)用待装入的操作液润洗滴定管 2~3 次,将操作液直接装入滴定管中(不得用其他容器转移)至"0"刻度以上。

(2)排气泡(酸式滴定管、碱式滴定管气泡的排除)。

(3)静止1min后,调节液面至"0"刻度位置,记下初读数。

(4)以酚酞作指示剂,用NaOH溶液滴定HCl溶液。在锥形瓶中,从酸式滴定管放出20.00mL HCl,加入1~2滴酚酞指示剂,摇匀,用$0.1\text{mol}\cdot\text{L}^{-1}$ NaOH标准溶液滴定至溶液呈微红色,30s内不褪色即为终点(记下读数)。

又放入1~2mL HCl溶液(酸式滴定管放出),继续以$0.1\text{mol}\cdot\text{L}^{-1}$ NaOH标准溶液滴定至终点。如此反复练习(滴定、终点判断、读数)。

(5)以甲基橙作指示剂,用HCl溶液滴定NaOH溶液。在锥形瓶中,从碱式滴定管放出20.00mL NaOH(从碱式滴定管放出),加入2滴甲基橙指示剂,摇匀,用$0.1\text{mol}\cdot\text{L}^{-1}$ HCl标准溶液滴定至溶液由黄色变为橙色。

又放入1~2mL NaOH溶液(从碱式滴定管放出),继续以$0.1\text{mol}\cdot\text{L}^{-1}$ HCl标准溶液滴定至终点。如此反复练习。

(二)HCl和NaOH溶液体积比V_{HCl}/V_{NaOH}的测定

(1)HCl溶液滴定NaOH溶液。用移液管移取25.00mL NaOH溶液于锥形瓶中,加入2滴甲基橙指示剂,摇匀,用$0.1\text{mol}\cdot\text{L}^{-1}$ HCl标准溶液滴定至溶液由黄色变为橙色,记下消耗的HCl溶液的体积。平行测定三份,计算V_{HCl}/V_{NaOH},要求相对平均偏差不大于0.3%。

(2)NaOH溶液滴定HC溶液。用移液管移取25.00mL HCl溶液于锥形瓶中,加入1~2滴酚酞指示剂,摇匀,用$0.1\text{mol}\cdot\text{L}^{-1}$ NaOH标准溶液滴定至溶液呈微红色,30s内不褪色即为终点,记下消耗的NaOH的体积。平行测定三份,计算V_{HCl}/V_{NaOH},要求相对平均偏差不大于0.3%。

五、实验数据记录与处理

(一)HCl溶液滴定NaOH溶液

表3.9 HCl溶液滴定NaOH溶液实验数据记录表

记录项目 \ 滴定编号	Ⅰ	Ⅱ	Ⅲ
V_{NaOH}, mL			
V_{HCl}(初读数), mL			
V_{HCl}(末读数), mL			
滴定消耗HCl的体积 V_{HCl}, mL			
V_{HCl}/V_{NaOH}			
$\overline{V_{HCl}/V_{NaOH}}$			
相对偏差d_r, %			
相对平均偏差$\overline{d_r}$, %			

（二）NaOH 溶液滴定 HCl 溶液

表 3.10　NaOH 溶液滴定 HCl 溶液实验数据记录表

记录项目＼滴定编号	Ⅰ	Ⅱ	Ⅲ
V_{HCl}, mL			
V_{NaOH}(初读数), mL			
V_{NaOH}(末读数), mL			
滴定消耗 NaOH 的体积 V_{NaOH}, mL			
V_{NaOH}/V_{HCl}			
$\overline{V_{NaOH}/V_{HCl}}$			
相对偏差 d_r, %			
相对平均偏差 $\overline{d_r}$ (%)			

六、注意事项

滴定操作是容量分析的重要基本功之一。本实验的目的是学习滴定基本操作和滴定终点的判断,滴加半滴滴定剂改变终点是此次实验的重要要求。

（1）配制 NaOH 和 HCl 溶液时,将相对较浓的 NaOH 和 HCl 溶液缓慢倒入水中,尤其不能将水倒入酸中。NaOH 和 HCl 溶液稀释后一定要摇匀;试剂瓶磨口处不能沾有浓溶液。

（2）演示如何用所配的溶液润洗滴定管和移液管,如何调零和读数。每次润洗滴定管的溶液体积应在 10～15mL。润洗移液管的溶液,每次为膨大部分的 1/3 左右。移液管取放溶液时,注意尖部紧贴盛放溶液的器皿内壁,移液管垂直,盛放溶液的器皿呈一定角度。溶液放完后,等候 15～20s 方可取出移液管。若用滤纸片擦去移液管外壁的溶液,则必须先擦,再调零。

（3）体积读数要读至小数点后两位。

（4）滴定速度:不要成流水线。

（5）近终点时,半滴操作,洗瓶冲洗。

（6）强调 HCl 和 NaOH 溶液的配制方法。间接法,计算,称量(台秤)或量取(量筒),粗配,贴标签。

（7）加强滴定操作及终点确定的指导,强调操作的规范性。要求:①实验中注意观察滴定剂落点处周围颜色改变的快慢,判断终点的临近及终点的到达。②学会连珠式滴加、一滴一滴的滴加、半滴半滴的滴加溶液的操作技能。③滴加到溶液颜色明显变化时(注意观察 1 滴或半滴引起溶液颜色的明显变化),立即停止滴定,即为滴定终点。反复练习。

（8）强调实验报告的书写及分析数据和结果的处理,包括有效数字、单位、计算公式及计算过程、结果分析等。

七、思考题

(1) 配制 NaOH 溶液时,应选用何种天平称取固体 NaOH？为什么？

(2) HCl 和 NaOH 溶液能直接配制准确浓度吗？为什么？

(3) 在滴定分析实验中,滴定管和移液管为何需用滴定剂和待移取的溶液润洗几次？锥形瓶是否也要用滴定剂润洗？

(4) HCl 和 NaOH 溶液定量反应完全后,生成 NaCl 和水,用 HCl 溶液滴定 NaOH 溶液时,为什么采用甲基橙指示剂？而用 NaOH 溶液滴定 HCl 溶液时,使用酚酞或其他合适的指示剂？

实验 3.3　容量仪器的校准

一、实验目的

(1) 了解容量器皿校准的意义；
(2) 学习容量器皿校准的方法；
(3) 初步掌握滴定管、移液管和容量瓶的校准。
(4) 掌握移液管和容量瓶的相对校准。

二、实验原理

滴定管、移液管和容量瓶是滴定分析法所用的主要量器。容量器皿的容积与其所标出的体积并非完全相符合。因此,在准确度要求较高的分析工作中,必须对容量器皿进行校准。由于玻璃具有热胀冷缩的特性,在不同的温度下容量器皿的体积也有所不同。因此,校准玻璃容量器皿时,必须规定一个共同的温度值,这一规定温度值为标准温度。国际上规定玻璃容量器皿的标准温度为 20℃,即在校准时都将玻璃容量器皿的容积校准到 20℃时的实际容积。

容量器皿常采用两种校准方法。

(1) 相对校准。两种容器体积之间有一定的比例关系时,常采用相对校准的方法。例如,25mL 移液管量取液体的体积应等于 250mL 容量瓶量取体积的 10%。

(2) 绝对校准。绝对校准是测定容量器皿的实际容积。常用的校准方法为恒量法,又叫称量法,即用天平称得容量器皿容纳或放出纯水的质量,然后根据水的密度,计算出该容量器皿在标准温度 20℃时的实际体积。

滴定分析的可靠性依赖于体积的准确量度,而体积量度的可靠性则取决于刻度是否准确。一般合格的容量仪器可以满足分析工作上的要求,但也有些仪器未能达到要求,对于要求较高的研究工作应对容量仪器进行校正。校正时,或者是对原来刻度的实际体积求出具体的校正值,或者是重新找到真实体积重新刻度。有些情况,例如移液管与容量瓶,它们一般都是相互依存使用,所以不需求其绝对校正值而只要求知道它们之间的相对关系进行相对校正。量器的校正通常是以称该量器所容纳或放出的纯水的质量来进行计算的。根据质量换算成容积时需要考虑三个因素：

(1)水的体积随温度的变化；

(2)温度对玻璃量器胀缩的影响；

(3)在空气中称量时,空气浮力对质量改变的影响。

为了方便计算,把上述三个因素综合起来,求出一个综合总校正数值。由称取的质量乘上校正值,便可得出实际的体积。实际应用时,只要称出被校准的容量器皿容积和放出纯水的质量,再除以该温度时纯水的密度值,便是该容量器皿在20℃时的实际容积。不同温度下纯水的密度值见表3.11。

表3.11 不同温度下纯水的密度值

(空气密度为 $0.0012g \cdot cm^{-3}$,钙钠玻璃体膨胀系数为 $2.6 \times 10^{-5} ℃^{-1}$)

温度 t ℃	密度 ρ $g \cdot mL^{-1}$	温度 t ℃	密度 ρ $g \cdot mL^{-1}$	温度 t ℃	密度 ρ $g \cdot mL^{-1}$
10	0.9984	19	0.9973	28	0.9954
11	0.9983	20	0.9972	29	0.9951
12	0.9982	21	0.997	30	0.9948
13	0.9981	22	0.9968	31	0.9946
14	0.998	23	0.9966	32	0.9943
15	0.9979	24	0.9964	33	0.9941
16	0.9978	25	0.9961	34	0.9938
17	0.9976	26	0.9959	35	0.9934
18	0.9975	27	0.9956		

(一)滴定管的校正

取一洗净且外部干燥的带磨口玻璃塞的碘量瓶,用分析天平称出空瓶质量,再向已洗净的滴定管中加纯水,并将液面调至0.00mL处,然后从滴定管中放出一定体积的纯水于已称量的锥形瓶中,称出其质量,两次质量差即为放出纯水的质量。纯水的质量除以实验温度下纯水的密度,即可得到实际的容量体积 V。重复校准以得到精密结果。

(二)移液管的校正

用移液管吸取蒸馏水至标线以上,缓缓调节弯液面最低点至标线,按移液管的正确使用方法将水放入已称量的具塞锥形瓶中,称重。两次称量的质量之差即为移出水的质量。此质量除以从表3.11查得的该温度下水的密度即得移液管的真实体积,重复校准以得到精密结果。

(三)容量瓶的校正

将洗净的容量瓶晾干,称空瓶的质量,装入蒸馏水至刻度标线以上,瓶颈内壁不得挂水珠,再称得空瓶加水之质量,两次质量之差即为瓶中的水质量除以从表3.11查得的该温度下水的密度即该容量瓶的真实容积。

(四)移液管与容量瓶的相对校正

在一般分析工作中,容量瓶常与移液管配合使用,不需要知道移液管和容量瓶的绝对体积,可采用容量相对校正法。例如,用 25mL 移液管移取蒸馏水于干净且倒立晾干的 100mL 容量瓶中,到第 4 次重复操作后,观察瓶颈处水的弯月面下缘是否刚好与刻度线上缘相切。若不相切,应重新作一记号为标线,以后此移液管和容量瓶配套使用就用标准的标线。

(五)溶液体积对温度的校正

容量器皿是以 20℃ 为标准来校准的,而实际使用时不一定在 20℃,因此,容量器皿的容积以及溶液的体积都会发生改变。由于玻璃的膨胀系数很小,在温度相差不太大时,容量器皿的容积改变可以忽略。稀溶液的密度一般可用相应水的密度来代替。

容量仪器校正操作注意事项:
(1)被校正的滴定管和移液管不必干燥,但容量瓶则必须晾干。
(2)用于校正时所需的水,其温度必须与校正时的环境温度一致,不发生变化。
(3)校正时所用称重器皿可用称量瓶或具塞小锥瓶,称重的精密度只要求准确至近毫克位便可。

三、主要仪器

分析天平及砝码,50mL 酸式滴定管,25mL 移液管,250mL 容量瓶,50mL 容量瓶,温度计(0~50℃ 或 0~100℃,公用),吸耳球。

四、实验步骤

(一)酸式滴定管的校正

(1)清洗 50mL 酸式滴定管 1 支。
(2)练习并掌握用凡士林涂酸式滴定管活塞的方法和除去滴定管气泡的方法。
(3)练习正确使用滴定管和控制液滴大小的方法。
(4)滴定管的校准。

先将干净并且外部干燥的 50mL 容量瓶,在分析天平上称量,得空瓶质量 $m(瓶)$,准确称至 $0.001g$(为什么?)。

将纯水装满待校准的滴定管,调节液面至 0.00 刻度处,记录水温,然后放出一定体积(记为 V_0)(如 5mL)的纯水于已称过质量的容量瓶中,盖上瓶塞,称出"瓶+水"的质量,此两次质量之差即为放出水的质量 $m(水)$。用同样的方法称量从滴定管中放出从 10mL 到 20mL,20mL 到 30mL……等刻度间水的质量。用实验温度时水的密度除每次得到的水的质量,即可得到滴定管各部分的实际容积 V_{20}。重复校准一次,两次相应区间的水的质量应小于 $0.02g$(为什么?),求出平均值,并计算校正值 $\Delta V = V_{20} - V_0$。以 V_0 为横坐标,ΔV 为纵坐标,绘制滴定管校准曲线。50mL 滴定管 21℃ 时校准的部分实验数据见表 3.12。

表3.12　50mL滴定管校正表（水温21℃，$\rho = 0.99700 \text{g} \cdot \text{mL}^{-1}$）

V_0, mL	m(瓶+水), g	m(瓶), g	m(水), g	V_{20}, mL	$\Delta V_{校正值}$, mL
0.00~5.00	33.048	28.107	4.941	4.96	-0.04
0.00~10.00	38.114	28.112	10.002	10.03	+0.03
0.00~15.00	43.106	28.152	14.954	15.00	0.00
0.00~20.00	48.092	28.131	19.961	20.02	+0.02
0.00~25.00	53.106	28.203	24.903	24.98	-0.02
……	……	……	……	……	……

移液管和容量瓶也可以用称量法校准。

（二）移液管和容量瓶的相对校准

用已校准的移液管进行间接校准。用25mL移液管移取纯水至洗净而干燥的100（或250）mL容量瓶中，移取四次（或十次）后，仔细观察溶液弯月面下缘是否与标线上缘相切，若不相切，则另做新标记。经相对校准过的移液管和容量瓶应配套使用。

五、注意事项

（1）滴定管中加入的水可事先用烧杯盛蒸馏水，放在天平室内，杯中插温度计测量水温。
（2）由滴定管中放出水时勿将水滴在磨口上。
（3）滴定管、移液管的操作一定要正确。

六、思考题

（1）容量仪器为什么要校准？
（2）称量纯水所用的具塞锥形瓶为什么要避免将磨口部分和瓶塞沾湿？
（3）在本实验中为什么只需称准至0.001g？
（4）分段校准滴定管时，为何每次要从0.00mL开始？
（5）在18℃时，某50mL容量瓶中纯水质量为49.87g，计算出该容量瓶在20℃时的实际容积。
（6）在10℃时滴定用去25.00mL的0.1mol·L^{-1}HCl标准溶液，求20℃时其体积应为多少？

第4章 酸碱滴定实验

实验4.1 氢氧化钠标准溶液的配制与标定

一、实验目的

(1)学习氢氧化钠(NaOH)标准溶液的配制方法;
(2)掌握用邻苯二甲酸氢钾作基准物质标定 NaOH 溶液浓度的原理和方法;
(3)熟悉滴定操作和滴定终点的判断。

二、实验原理

NaOH 具有很强的吸湿性,易吸收空气中的 CO_2,因此 NaOH 标准溶液应用间接法配制。标定 NaOH 溶液的基准物质有 $H_2C_2O_4 \cdot 2H_2O$、KHC_2O_4、邻苯二甲酸氢钾($KHC_8H_4O_4$)等,其中最常用的是邻苯二甲酸氢钾。

邻苯二甲酸氢钾易制得纯品,不含结晶水,不吸潮,容易保存,摩尔质量大,是标定碱溶液浓度较理想的基准物质,滴定反应如下:

$$\text{COOH}\diagup\text{COOK} + \text{NaOH} = \text{COONa}\diagup\text{COOK} + H_2O$$

邻苯二甲酸的 $pK_{a2} = 5.41$,化学计量点的产物为二元弱碱,pH 约为 9.1,因此可选酚酞作指示剂。根据称取的邻苯二甲酸氢钾基准物质的质量和消耗的 NaOH 溶液的体积,计算 NaOH 标准溶液的浓度。

三、主要试剂与仪器

试剂:基准试剂邻苯二甲酸氢钾(在 100~125℃ 干燥 1h 后,置于干燥器中保存),$0.1 mol \cdot L^{-1}$ NaOH 溶液,0.2%酚酞溶液(乙醇溶液)。

仪器：台秤，称量瓶，碱式滴定管，锥形瓶，洗瓶等。

四、实验步骤

（一）0.1 mol·L^{-1} NaOH 标准溶液的配制

在台秤上称取 2.0~2.5g NaOH 固体，在 500mL 烧杯中溶解，溶解后加蒸馏水至 500mL 刻度线并转入试剂瓶中，摇匀备用。

（二）NaOH 标准溶液浓度的标定（常量法）

从称量瓶中以差减法准确称取邻苯二甲酸氢钾 0.4~0.6g（称准至 0.0001g）于 250mL 锥形瓶中，加入 40~50mL 蒸馏水，溶解完全后，加入 1~2 滴酚酞指示剂，用待标定的 NaOH 标准溶液滴定至溶液由无色变为微红色，并保持 30s 内不褪色即为终点，记下消耗 NaOH 标准溶液的体积。平行测定三份，计算 NaOH 溶液的浓度和测定结果的相对平均偏差。

五、实验数据记录与处理

表 4.1　NaOH 标准溶液浓度的标定实验数据记录

项　目 　　　　　测定次数	Ⅰ	Ⅱ	Ⅲ
样品 + 称量瓶质量 m_1（倾倒前），g			
样品 + 称量瓶质量 m_2（倾倒后），g			
样品质量 $m = m_1 - m_2$，g			
V_{NaOH}，mL			
c_{NaOH}，mol·L^{-1}			
$\overline{c_{NaOH}}$，mol·L^{-1}			
相对偏差 d_r，%			
相对平均偏差 $\overline{d_r}$，%			

六、注意事项

(1) 滴定时每次都应从零刻度开始，以消除滴定管刻度不匀所产生的系统误差。
(2) 碱式滴定管滴定前要赶走气泡，滴定中要防止产生气泡。
(3) 加热溶解邻苯二甲酸氢钾后，要冷却至室温再滴定。
(4) 用称量瓶称量时应盖好盖子。

七、思考题

（1）称取 NaOH 和邻苯二甲酸氢钾时应选用什么天平？为什么？
（2）标定 NaOH 标准溶液的基准物质常用的有哪些？本实验选用的基准物质有何优点？
（3）基准物质称取的质量是如何计算出来的？

实验 4.2　盐酸标准溶液的配制与标定

一、实验目的

（1）了解盐酸（HCl）标准溶液的配制方法；
（2）掌握以 Na_2CO_3 为基准物质，标定 HCl 标准溶液浓度的原理及方法；
（3）熟悉差减法的称量过程。

二、实验原理

由于市售 HCl 溶液含有杂质且易挥发，故需用间接法配制 HCl 标准溶液。常用无水 Na_2CO_3 作基准物质标定其浓度，滴定反应如下：

$$2HCl + Na_2CO_3 == 2NaCl + CO_2\uparrow + H_2O$$

由于终点产物为饱和 CO_2 溶液，pH = 3.89，故可用甲基橙作指示剂，终点由黄色变为橙色。

根据称取基准 Na_2CO_3 的质量及消耗 HCl 标准溶液的体积，可计算出 HCl 标准溶液的浓度。

三、主要试剂与仪器

试剂：$0.1 mol \cdot L^{-1}$ HCl 溶液，基准试剂无水 Na_2CO_3（270～300℃ 干燥 2～3h，置于干燥器中备用），0.1% 甲基橙指示剂。
仪器：酸式滴定管，锥形瓶，洗瓶，分析天平，称量瓶。

四、实验步骤

用差减法准确称取 0.15～0.20g（准确至 0.0001g）无水 Na_2CO_3，放入 250mL 锥形瓶内，加 30mL 蒸馏水溶解，溶解完全后加甲基橙指示剂 1～2 滴，用 HCl 标准溶液滴定至溶液由黄色变为橙色，即为终点，记录消耗 HCl 溶液的体积。平行测定三份，计算 HCl 标准溶液的浓度和测定结果的相对平均偏差。

五、实验数据记录与处理

表 4.2 HCl 标准溶液浓度的标定实验数据记录

项 目 \ 测定次数	Ⅰ	Ⅱ	Ⅲ
样品 + 称量瓶质量 m_1(倾倒前),g			
样品 + 称量瓶质量 m_2(倾倒后),g			
样品质量 $m = m_1 - m_2$,g			
V_{HCl},mL			
c_{HCl},mol·L^{-1}			
$\overline{c_{HCl}}$,mol·L^{-1}			
相对偏差 d_r,%			
相对平均偏差 $\overline{d_r}$,%			

六、注意事项

滴定接近终点时,应多摇动锥形瓶,使 CO_2 逸出,减小终点误差,提高标定结果的准确度。

七、思考题

(1)无水 Na_2CO_3 保存不当,吸收了 1% 的水分,用此基准物质标定 HCl 溶液的浓度时,对测定结果产生何种影响?

(2)标定 HCl 的两种基准物质无水 Na_2CO_3 和硼砂($Na_2B_4O_7·10H_2O$),各有什么优缺点?

实验 4.3 混合碱的分析测定(双指示剂法)

一、实验目的

(1)进一步熟悉滴定操作和滴定终点的判断;
(2)学习强酸滴定二元弱碱的过程和指示剂的选择方法;
(3)掌握双指示剂法测定混合碱的原理、方法和结果计算。

二、实验原理

混合碱是 Na_2CO_3 与 NaOH 或 Na_2CO_3 与 $NaHCO_3$ 的混合物,可采用双指示剂法测定各组分的含量。CO_3^{2-} 的 $K_{b1} = 1.8 \times 10^{-4}$,$K_{b2} = 2.4 \times 10^{-8}$,$cK_{b1} > 10^{-8}$,可被 HCl 标准溶液准确滴定。

在混合碱的试液中加入酚酞指示剂,用 HCl 标准溶液滴定至溶液呈微红色,消耗 HCl V_1。此时试液中所含 NaOH 完全被中和,Na_2CO_3 也被滴定成 $NaHCO_3$,反应如下:

$$NaOH + HCl = NaCl + H_2O$$

$$Na_2CO_3 + HCl = NaCl + NaHCO_3$$

再加入甲基橙指示剂,继续用 HCl 标准溶液滴定至溶液由黄色变为橙色,消耗 HCl V_2。此时 $NaHCO_3$ 被中和成 H_2CO_3,反应如下:

$$NaHCO_3 + HCl = NaCl + H_2O + CO_2\uparrow$$

当 $V_1 > V_2$ 时,试液为 NaOH 和 Na_2CO_3 的混合物,NaOH 和 Na_2CO_3 的含量(以质量浓度 $g \cdot L^{-1}$ 表示)可由下式计算:

$$\rho_{NaOH} = \frac{(V_1 - V_2)c_{HCl}M_{NaOH}}{V_{试样}}$$

$$\rho_{Na_2CO_3} = \frac{V_2 c_{HCl} M_{Na_2CO_3}}{V_{试样}}$$

当 $V_1 < V_2$ 时,试液为 Na_2CO_3 和 $NaHCO_3$ 的混合物,NaOH 和 Na_2CO_3 的含量(以质量浓度 $g \cdot L^{-1}$ 表示)可由下式计算:

$$\rho_{Na_2CO_3} = \frac{V_1 c_{HCl} M_{Na_2CO_3}}{V_{试样}}$$

$$\rho_{NaHCO_3} = \frac{(V_2 - V_1)c_{HCl}M_{NaHCO_3}}{V_{试样}}$$

当 $V_1 = V_2$ 时,试液只含 Na_2CO_3。

三、主要试剂与仪器

试剂:$0.1 mol \cdot L^{-1}$ HCl 溶液,0.2% 酚酞指示剂(60% 乙醇溶液),0.1% 甲基橙指示剂。
仪器:酸式滴定管,锥形瓶,洗瓶,容量瓶,吸移管,吸耳球,烧杯,分析天平,称量瓶。

四、分析步骤

准确称取 2g(准确至 0.0001g)试样于小烧杯中,用适量蒸馏水溶解(必要时,可稍加热以促进溶解,冷却后),定量地转移至 250mL 容量瓶中,用蒸馏水稀释至刻度,摇匀。

用移液管移取 20.00mL 混合碱试液于 250mL 锥形瓶中,加 2~3 滴酚酞,以 $0.1 mol \cdot L^{-1}$ HCl 标准溶液滴定至由红色变为微红色,为第一终点,记下 HCl 标准溶液体积 V_1;再加入 2 滴甲基橙,继续用 HCl 标准溶液滴定至溶液由黄色恰好变为橙色,为第二终点,记下 HCl 标准溶液体积 V_2。平行测定三次,根据 V_1、V_2 的大小判断混合物的组成,计算各组分的含量。测定的相对平均偏差应在 ±0.5% 内。

五、实验数据记录与处理

表4.3 混合碱测定的实验数据记录

测定次数 项目	Ⅰ	Ⅱ	Ⅲ
$V_{混合碱}$,mL			
V_1,mL			
V_2,mL			
$\rho(\quad)$,g·L^{-1}			
$\bar{\rho}(\quad)$,g·L^{-1}			
相对偏差 d_r,%			
相对平均偏差 $\bar{d_r}$,%			
$\rho(\quad)$,g·L^{-1}			
$\bar{\rho}(\quad)$,g·L^{-1}			
相对偏差 d_r,%			
相对平均偏差 $\bar{d_r}$,%			

六、注意事项

(1)在第一终点滴定完后的锥形瓶中加入甲基橙指示剂后,应立即滴定V_2。不能在三个锥形瓶先分别滴定V_1,再分别滴定V_2。

(2)最好用浓度相当的$NaHCO_3$的酚酞溶液作对照,在到达第一终点前,不要因为滴定速度过快,造成溶液中HCl局部过浓,引起CO_2的损失,带来较大的误差,滴定速度也不能太慢,摇动要均匀。

(3)临近第二终点时,一定要充分摇动,以防止形成CO_2的过饱和溶液而使终点提前到达。

七、思考题

(1)什么叫"双指示剂法"? 如何利用双指示剂法测定$NaHCO_3$、Na_2CO_3混合物中各组分的含量?

(2)某试样中可能含有NaOH、$NaHCO_3$及Na_2CO_3中的一种或两种成分,如何利用双指示剂法测定其组成? 请设计分析方案。

实验 4.4 硫酸铵肥料中氮含量的测定(甲醛法)

一、实验目的

(1)了解弱酸强化的基本原理;
(2)掌握用甲醛法测定铵盐中氮含量的原理和方法;
(3)学习容量瓶、移液管的使用方法及注意事项。

二、实验原理

硫酸铵是常用的氮肥之一,是强酸弱碱盐,可用酸碱滴定法测定其氮含量。但由于 NH_4^+ 的酸性太弱($K_a = 5.6 \times 10^{-10}$),不能直接用 NaOH 标准溶液直接准确滴定,生产和实验室中广泛采用甲醛法进行测定。

将甲醛与一定量的铵盐作用,生成相当量的酸(H^+)和质子化的六亚甲基四胺盐($K_a = 7.1 \times 10^{-6}$),反应如下:

$$4NH_4^+ + 6HCHO \Longrightarrow (CH_2)_6N_4H^+ + 3H^+ + 6H_2O$$

生成的 H^+ 和质子化的六亚甲基四胺盐,均可被 NaOH 标准溶液准确滴定(弱酸 NH_4^+ 被强化),反应如下:

$$(CH_2)_6N_4H^+ + 3H^+ + 4OH^- \Longrightarrow 4H_2O + (CH_2)_6N_4$$

化学计量点时,溶液呈弱碱性,pH 约为 8.7,可选用酚酞作指示剂,滴定至溶液由无色变为微红色(30s 内不褪色)即为终点。

三、主要试剂与仪器

试剂:$0.1 mol \cdot L^{-1}$ NaOH 溶液(需标定),0.2%酚酞指示剂,0.2%甲基红指示剂,甲醛溶液(20%)。

仪器:碱式滴定管,锥形瓶,容量瓶,吸移管,吸耳球,烧杯,分析天平等。

四、实验步骤

(一)甲醛溶液的处理

取原装甲醛(40%)的上层清液于烧杯中,用水稀释一倍,加入 2~3 滴 0.2% 的酚酞指示剂,用 $0.1 mol \cdot L^{-1}$ 的 NaOH 溶液中和至甲醛溶液呈微红色。

(二)试样中氮含量的测定

准确称取 0.6~0.7g 的 $(NH_4)_2SO_4$ 肥料于小烧杯中,用适量蒸馏水溶解,然后定量地转移至 100mL 容量瓶中,用蒸馏水稀释至刻度,摇匀。

用移液管移取试液 25.00mL 于锥形瓶中,加入 1~2 滴甲基红指示剂,用 $0.1\text{mol}\cdot\text{L}^{-1}$ 的 NaOH 溶液(需标定)中和至黄色。然后加入 10mL 已中和的 20% 的甲醛溶液,再加入 1~2 滴酚酞指示剂,摇匀,静置 1min 后,用 $0.1\text{mol}\cdot\text{L}^{-1}$ NaOH 标准溶液滴定至溶液呈微橙红色,并持续 30s 不褪色,即为终点(终点为甲基红的黄色和酚酞红色的混合色),记录滴定所消耗的 NaOH 标准溶液的体积。平行测定三次,根据 NaOH 标准溶液的浓度和滴定消耗的体积,计算试样中氮含量和测定结果的相对平均偏差。

五、实验数据记录与处理

表 4.4 氮含量测定的实验数据记录

测定次数 项目	Ⅰ	Ⅱ	Ⅲ
样品 + 称量瓶质量 m_1(倾倒前),g			
样品 + 称量瓶质量 m_2(倾倒后),g			
样品质量 $m = m_1 - m_2$,g			
定容体积,mL			
移取体积,mL			
消耗的 NaOH 标准溶液的体积,mL			
w_N,%			
$\overline{w_N}$,%			
相对偏差 d_r,%			
相对平均偏差 $\overline{d_r}$,%			

六、注意事项

(1)若甲醛中含有游离酸(甲醛受空气氧化所致,应除去,否则产生正误差),应事先以酚酞为指示剂,用 NaOH 溶液中和至微红色($pH \approx 8$)。

(2)若试样中含有游离酸(应除去,否则产生正误差),应事先以甲基红为指示剂,用 NaOH 溶液中和至黄色($pH \approx 6$)。

七、思考题

(1)NH_4^+ 为 NH_3 的共轭酸,为什么不能直接用 NaOH 溶液滴定?

(2)NH_4NO_3、NH_4Cl 或 NH_4HCO_3 中的氮含量能否用甲醛法测定?

(3)为什么中和甲醛中的游离酸用酚酞指示剂,而中和 $(NH_4)_2SO_4$ 试样中的游离酸用甲基红指示剂?

实验 4.5　食用醋中总酸度的测定

一、实验目的

(1)掌握食用醋中总酸度的测定原理和方法；
(2)掌握强碱滴定弱酸滴定过程中 pH 的变化、突跃范围及指示剂的选择；
(3)能够用酚酞指示剂准确判断滴定终点。

二、实验原理

我国酿造醋有两千多年的悠久历史，由于酿造的地理环境、原料与工艺不同，出现许多不同地区不同风味的食用醋。食用醋的主要成分是醋酸，还有少量其他有机酸，如乳酸。另外还含有丰富的钙、氨基酸、琥珀酸、葡萄酸、苹果酸、乳酸、B 族维生素及盐类等对身体有益的营养成分。

现用食用醋主要有米醋、熏醋、特醋、糖醋、酒醋、白醋等，根据产地品种的不同，食用醋中所含醋酸的量也不同，一般在 1% ~5% 之间，食用醋酸味强度的高低主要取决于其中所含醋酸的量。

醋酸的 $K_a = 1.8 \times 10^{-5}$，乳酸的 $K_a = 1.4 \times 10^{-5}$，都能够满足弱酸被准确滴定的条件：$cK_a \geqslant 10^{-8}$，故均可被强碱标准溶液直接滴定。因此实际测得的结果是食用醋中总酸度。因醋酸含量多，故常用醋酸含量 $\rho_{(HAc)}$ 表示。滴定反应如下：

$$HAc + NaOH =\!=\!= NaAc + H_2O$$

此滴定属于强碱滴定弱酸，反应产物为 NaAc，突跃范围位于碱性区，选酚酞作指示剂。整个滴定过程中应注意消除 CO_2 的影响。

三、主要试剂与仪器

试剂：$0.1 mol \cdot L^{-1}$ 的 NaOH 标准溶液(需标定)，0.2% 酚酞指示剂，食用醋样品。
仪器：碱式滴定管，移液管，容量瓶，锥形瓶，烧杯等。

四、实验步骤

用移液管准确移取食用醋原液 10.00mL 于 100mL 容量瓶中，加入新煮沸并冷却后的蒸馏水稀释至刻度线，摇匀备用。用移液管移取稀释后的食用醋试液 20.00mL 或 25.00mL 于 250mL 锥形瓶中，加 2 滴酚酞指示剂，用 NaOH 标准溶液滴定至溶液由无色变为淡粉色，保持 30s 内颜色不褪色即为终点。记录滴定消耗 NaOH 标准溶液消耗的体积。计算测定结果和相对平均偏差，平行测定三份。

五、实验数据记录与处理

表 4.5　食用醋中总酸度测定的实验数据记录

项　目 \ 测定次数	Ⅰ	Ⅱ	Ⅲ
$V_{醋样}$, mL			
定容体积, mL			
移取体积, mL			
$V_{(NaOH)}$, mL			
$\rho_{(HAc)}$, mg·L^{-1}			
$\overline{\rho_{(HAc)}}$, mg·L^{-1}			
相对偏差 d_r, %			
相对平均偏差 $\overline{d_r}$, %			

六、注意事项

(1) 食用醋中醋酸的浓度较大,而且颜色较深,故必须稀释后再进行滴定分析。
(2) 因食用醋本身有颜色,而且终点颜色又不够稳定,所以滴定终点要注意观察和控制。
(3) 用 NaOH 标准溶液滴定 HAc,属强碱滴定弱酸,CO_2 的影响严重,注意除去所用碱标准溶液和蒸馏水中的 CO_2,可以将蒸馏水煮沸冷却后再使用。
(4) 指示剂用量不要太多,终点颜色只要微红色即可,要待 30 s 不褪色即可确定为滴定终点。
(5) 注意食用醋取用后应立即将试剂瓶盖盖好,防止挥发。

七、思考题

(1) 测定食用醋含量时,属于哪类滴定?滴定化学计量点时,溶液 pH 约为多少?
(2) 该实验为什么选用酚酞指示剂?若改用甲基橙作指示剂,消耗的 NaOH 标准溶液的体积偏小还是偏大?测定结果如何?
(3) 滴定终点时,酚酞指示剂由无色变为淡粉色时,变淡粉色的溶液在空气中放置后又会变为无色的原因是什么?
(4) 本实验产生的误差主要有哪些?

实验 4.6　工业纯碱总碱度的测定

一、实验目的

(1) 掌握工业纯碱总碱度测定的原理和方法;

(2)掌握 HCl 标准溶液的标定方法;
(3)熟练掌握电子天平的使用。

二、实验原理

工业纯碱的主要成分为碳酸钠(Na_2CO_3),商品名为苏打,其中可能还含有少量 NaCl、Na_2SO_4、NaOH 及 $NaHCO_3$ 等成分,常以 HCl 标准溶液为滴定剂测定总碱度来衡量产品的质量。滴定反应如下:

$$Na_2CO_3 + 2HCl = 2NaCl + H_2CO_3$$
$$H_2CO_3 = CO_2\uparrow + H_2O$$

反应产物 H_2CO_3 易形成过饱和溶液并分解为 CO_2 逸出。化学计量点时溶液 pH 为 3.8 至 3.9,可选用甲基橙为指示剂,用 HCl 标准溶液滴定,溶液由黄色变为橙色即为终点。试样中的 $NaHCO_3$ 同时被中和。

三、主要试剂与仪器

试剂:$0.1 mol \cdot L^{-1}$ HCl 标准溶液溶液,0.1% 甲基橙溶液,待测碱样溶液。
仪器:酸式滴定管、锥形瓶、量杯、量筒、烧杯、容量瓶、玻璃棒、移液管、洗耳球等。

四、实验步骤

用移液管准确移取待测碱样溶液 25.00mL 于锥形瓶中,加入 1 滴甲基橙指示剂,用已标定的 $0.1 mol \cdot L^{-1}$ 的 HCl 标准溶液滴定溶液由黄色变为橙色即为终点。平行测定三次,以 Na_2CO_3 含量表示试样总碱度。

五、实验数据记录与处理

表 4.6 工业纯碱总碱度测定的实验数据记录

项目 \ 测定次数	Ⅰ	Ⅱ	Ⅲ
$V_{碱样}$,mL			
$V_{(HCl)}$,mL			
$\rho_{(Na_2CO_3)}$,$mg \cdot L^{-1}$			
$\overline{\rho_{(Na_2CO_3)}}$,$mg \cdot L^{-1}$			
相对偏差 d_r,%			
相对平均偏差 $\overline{d_r}$,%			

六、思考题

(1) 在以 HCl 溶液滴定时,怎样使用甲基橙及酚酞两种指示剂来判断试样是由 NaOH—Na_2CO_3 或 Na_2CO_3—$NaHCO_3$ 组成?

(2) HCl 标准溶液采用哪种方法配制? 标定 HCl 溶液常用的基准物质有哪些? 各有何优缺点? 本实验采用哪种? 为什么?

(3) 在滴定分析中,消耗滴定剂的体积一般应为多少? 基准物质的称量范围如何确定? 何谓称大样、称小样?

(4) 用 Na_2CO_3 基准物质标定 HCl 溶液浓度,化学计量点时 pH 如何计算? 选用何种指示剂?

实验 4.7　有机酸摩尔质量的测定

一、实验目的

1. 掌握用基准物质标定 NaOH 溶液浓度的方法;
2. 了解有机酸摩尔质量测定的原理和方法。

二、实验原理

绝大多数有机酸为弱酸,它们和 NaOH 溶液的反应如下:

$$nNaOH + H_nA = Na_nA + nH_2O$$

当有机酸的各级离解常数与浓度的乘积均大于 10^{-8} 时,有机酸中的氢均能被准确滴定。用酸碱滴定法,可以测得有机酸的摩尔质量。测定时,n 值须已知。由于滴定产物是强碱弱酸盐,滴定突跃在碱性范围内,因此可选用酚酞作指示剂。

三、主要试剂与仪器

试剂:$0.1 mol \cdot L^{-1}$ NaOH 标准溶液,有机酸试样乙酰水杨酸($C_9H_8O_4$),0.2% 酚酞指示剂(乙醇溶液)。

仪器:酸式滴定管,量筒,烧杯,锥形瓶,移液管,容量瓶,分析天平。

四、实验步骤

用差减法准确称取试样乙酰水杨酸($C_9H_8O_4$,相对分子质量约为 180)0.5~0.7g 于 100mL 烧杯中,加少量蒸馏水溶解,定量转入 100mL 容量瓶中,用水冲洗烧杯数次,一并转入容量瓶中,然后用水稀释至刻度,摇匀。

用移液管平行移取 25.00mL 试液三份,分别放入 250mL 锥形瓶中,加酚酞指示剂 1~2 滴。用 NaOH 标准溶液滴定至溶液由无色变为微红色,30s 内不褪色,即为终点。计算有机酸摩尔质量及相对平均偏差。

五、实验数据记录与处理

表 4.7 有机酸摩尔质量测定的实验数据记录

项目 \ 测定次数	Ⅰ	Ⅱ	Ⅲ
样品 + 称量瓶质量 m_1(倾倒前),g			
样品 + 称量瓶质量 m_2(倾倒后),g			
乙酰水杨酸样品质量 $m = m_1 - m_2$,g			
定容乙酰水杨酸溶液的体积,mL			
移取乙酰水杨酸溶液的体积,mL			
V_{NaOH},mL			
$M_{有机酸}$,g·mol^{-1}			
$\overline{M_{有机酸}}$,g·mol^{-1}			
相对偏差 d_r,%			
相对平均偏差 $\overline{d_r}$,%			

六、思考题

若 NaOH 标准溶液在保存过程中吸收了空气中的 CO_2,用该标准溶液滴定 HCl,以甲基橙为指示剂,NaOH 溶液的浓度是否会改变?若用酚酞为指示剂进行滴定时,该标准溶液浓度是否会改变?

第5章 配位滴定实验

实验 5.1　EDTA 标准溶液的配制与标定

一、实验目的

(1) 掌握 EDTA 标准溶液的配制与标定方法；
(2) 了解配位滴定法的原理及特点；
(3) 了解铬黑 T、二甲酚橙指示剂的性质及应用，学习利用金属指示剂判断滴定终点的方法。

二、实验原理

乙二胺四乙酸难溶于水，通常用它的二钠盐($Na_2H_2Y \cdot 2H_2O$，也简称 EDTA，或 EDTA 二钠盐)配制 EDTA 标准溶液。由于 EDTA 常含有约 0.3% 的水分及其他杂质，故用间接法配制标准溶液。

标定 EDTA 的基准物质很多，如 Zn、Cu、ZnO、$CaCO_3$ 等，所选基准物质的实验条件最好与被测物质的实验条件一致，以减小测定误差。EDTA 若用于测定水的硬度，常选用 $CaCO_3$ 作基准物质；EDTA 若用于测定 Pb^{2+}、Bi^{3+}、Fe^{3+} 及 Al^{3+} 等，常用 Zn、ZnO、Cu 等基准物质进行标定。

以 $CaCO_3$ 为基准物标定 EDTA，选择铬黑 T 为指示剂，在 pH = 10 的 NH_3—NH_4Cl 缓冲溶液中，用 EDTA 标准溶液滴定至溶液由酒红色变为纯蓝色即为终点。

$$HIn^{2-}(蓝色) + Ca^{2+} \Longleftrightarrow CaIn^-(酒红色) + H^+$$
$$CaIn^-(酒红色) + Y \Longleftrightarrow CaY + In^-(蓝色)$$

以金属 Zn 为基准物质标定 EDTA 时，选择二甲酚橙为指示剂，在 pH 为 5~6 的缓冲溶液中进行，当溶液颜色由红色变为亮黄色即为终点。

$$Zn^{2+} + XO(黄色) \Longleftrightarrow Zn—XO(红色)$$
$$Zn—XO(红色) + Y \Longleftrightarrow ZnY + XO(黄色)$$

EDTA 标准溶液最好保存在聚乙烯或硬质玻璃瓶中。若在软质玻璃中存放，玻璃瓶中的 Ca^{2+} 会被 EDTA 溶解，从而使 EDTA 的浓度不断降低。通常较长时间保存的 EDTA 标准溶液，在使用前需要重新进行标定。

三、主要试剂与仪器

试剂：乙二胺四乙酸二钠($Na_2H_2Y \cdot 2H_2O$)固体(A·R)，$CaCO_3$基准物质(于110℃烘干2h后，置于干燥器中保持)，锌片(99.99%)，六亚甲基四胺($200g \cdot L^{-1}$)，0.1%铬黑T指示剂，二甲酚橙溶液($2g \cdot L^{-1}$)，HCl($6mol \cdot L^{-1}$)溶液，pH=10的氨性缓冲溶液(溶解20g NH_4Cl于蒸馏水中，加入100mL 25%氨水后，再稀释至1L)。

仪器：分析天平，酸式滴定管，移液管，容量瓶，锥形瓶，烧杯，滴管，吸耳球，玻璃棒，洗瓶等。

四、实验步骤

(一)浓度约为$0.01mol \cdot L^{-1}$的EDTA标准溶液的配制

称取约1g的EDTA二钠盐于盛有100mL温水的烧杯中，溶解并稀释至250mL，摇匀，保存在聚乙烯或硬质玻璃瓶中，使用前进行标定。

(二)以$CaCO_3$为基准物质标定

用差减法准确称取0.2~0.3g基准物质$CaCO_3$放于250mL烧杯中，加几滴水润湿，盖上表面皿，从烧杯嘴往烧杯中滴加10mL $6mol \cdot L^{-1}$ HCl溶液使之完全溶解。加水20mL，加热，微沸几分钟以除去CO_2。冷却后用水冲洗烧杯内壁和表面皿，定量转入250mL容量瓶中，加水稀释至刻度，摇匀，备用。

准确移取25.00mL上述溶液于250mL锥形瓶中，加1滴甲基红，用氨水中和至黄色后，加20mL水、10mL pH=10的NH_3—NH_4Cl缓冲溶液、2~3滴铬黑T指示剂，用EDTA溶液滴定至溶液由酒红色变为纯蓝色即为终点，记录消耗的EDTA溶液的体积。平行测定三次，计算EDTA标准溶液的浓度和相对平均偏差。

(三)以金属Zn为基准物质标定

准确称取干燥的高纯Zn试样0.4~0.5g于250mL烧杯中，用少量水润湿，盖上表面皿。从杯嘴内缓缓加入$6mol \cdot L^{-1}$ HCl约10mL，使之溶解。将溶液定量转入250mL容量瓶中，定容，摇匀，计算其准确浓度。

用移液管移取25.00mL标准锌溶液，放入250mL锥形瓶中，加入约25mL水、2滴二甲酚橙指示剂，滴加六亚甲基四胺至溶液呈现稳定的紫红色，再加过量5mL六亚甲基四胺溶液，摇匀，用EDTA标准溶液滴定溶液由紫红色变为黄色即为终点。平行测定三次，计算EDTA标准溶液的浓度和相对平均偏差。

五、实验数据记录与处理

表 5.1　EDTA 标准溶液标定的实验数据记录表

项　目 \ 测定次数	Ⅰ	Ⅱ	Ⅲ
样品+称量瓶质量 m_1(倾倒前),g			
样品+称量瓶质量 m_2(倾倒后),g			
样品质量($m=m_1-m_2$),g			
定容体积,mL			
移取溶液体积,mL			
V_{EDTA},mL			
c_{EDTA},mol·L^{-1}			
$\overline{c_{EDTA}}$,mol·L^{-1}			
相对偏差 d_r,%			
相对平均偏差 $\overline{d_r}$,%			

六、注意事项

(1)指示剂的加入量要适当:加多颜色深,终点变色不敏锐;加少颜色太浅,不易观察终点。

(2)铬黑 T 终点颜色不是突变,而是酒红→紫→蓝紫→纯蓝的渐变过程,而且过量后仍是纯蓝色。滴定至终点时一定要缓慢滴定,多摇动锥形瓶,注意观察颜色变化以免滴定过量。二甲酚橙终点由红色变为黄色,也应注意滴定至终点时缓慢滴定,多摇动锥形瓶。

七、思考题

(1)配位滴定法中常用的标准溶液是什么？用什么方法配制？

(2)配位滴定中为什么需要使用缓冲溶液？本实验使用什么缓冲溶液来控制溶液的酸度？

(3)在配位滴定中,指示剂是否参加了反应？终点显示的颜色是哪种物质的颜色？

实验 5.2　自来水总硬度的测定

一、实验目的

(1)了解水硬度的概念、测定水硬度的意义以及水的硬度的表示方法;

(2)理解 EDTA 测定水中钙、镁含量的原理和方法;

(3)掌握酸度控制和指示剂的选择方法。

二、实验原理

水的硬度最初是指钙、镁离子沉淀肥皂的能力。水的总硬度指水中钙、镁离子的总浓度，其中包括碳酸盐硬度（即通过加热能以碳酸盐形式沉淀下来的钙、镁离子，故又叫暂时硬度）和非碳酸盐硬度（即加热后不能沉淀下来的那部分钙、镁离子，又称永久硬度）。

硬度的表示方法尚未统一，目前我国使用较多的表示方法有两种：一种是将所测得的钙、镁折算成 $CaCO_3$ 的质量，即每升水中含有 $CaCO_3$ 的毫克数表示，单位为 $mg·L^{-1}$；另一种以度（°）计：1 硬度单位表示 10 万份水中含 1 份 $CaCO_3$（即每升水中含 10mg $CaCO_3$），$1° = 10mg$ $CaCO_3/L$。这种硬度的表示方法称作德国度。

我国生活饮用水卫生标准规定以 $CaCO_3$ 计的硬度不得超过 $450mg·L^{-1}$。该反应及计算公式如下：

$$Ca^{2+} + Y == CaY$$

$$Mg^{2+} + Y == MgY$$

$$\rho_{CaCO_3} = \frac{c_{EDTA} V_{EDTA} M_{CaCO_3}}{V_{水样}} \times 1000 (mg·L^{-1})$$

式中　ρ_{CaCO_3}——以 $CaCO_3$ 计的硬度，$mg·L^{-1}$；

　　　c_{EDTA}——EDTA 溶液的浓度，$mol·L^{-1}$；

　　　V_{EDTA}——EDTA 溶液的体积，mL；

　　　M_{CaCO_3}——$CaCO_3$ 的摩尔质量，$g·mol^{-1}$；

　　　$V_{水样}$——所取水样的体积，mL。

三、主要试剂与仪器

试剂：$0.01mol·L^{-1}$ EDTA，NH_3-NH_4Cl 缓冲溶液（pH = 10），铬黑 T 指示剂。

仪器：锥形瓶，洗瓶，容量瓶，吸移管，吸耳球，烧杯，分析天平，称量瓶。

四、实验步骤

移取 100.0mL 水样于 250mL 锥形瓶中，加入 1~2 滴 HCl 酸化，煮沸以除去 CO_2。冷却后，加入 3mL 三乙醇胺溶液和 5mL pH = 10.0 的氨性缓冲溶液以及 1mL Na_2S（如无重金属离子，则可不加）。3~5 滴铬黑 T 指示剂或 K—B 指示剂，立即用 EDTA 标准溶液滴定至溶液由红色变为纯蓝色即为终点。平行测定三份，计算水样的总硬度（以 $CaCO_3$ $mg·L^{-1}$ 表示）。

五、实验数据记录与处理

表 5.2　自来水总硬度测定的实验数据记录

项　目 \ 测定次数	Ⅰ	Ⅱ	Ⅲ
$V_{水样}$,mL			
V_{EDTA},mL			
ρ_{CaCO_3},mg·L^{-1}			
$\overline{\rho_{CaCO_3}}$,mg·L^{-1}			
相对偏差 d_r,%			
相对平均偏差 $\overline{d_r}$,%			

六、注意事项

(1)终点溶液颜色不是突变,而是酒红→紫→蓝紫→纯蓝的渐变过程,而且过量后仍是纯蓝色,所以近终点时一定要慢滴,注意观察以免滴定过量。

(2)用来掩蔽 Al^{3+}、Fe^{3+} 的三乙醇胺,必须在酸性溶液中加入,然后碱化,否则 Fe^{3+} 易生成 $Fe(OH)_3$ 沉淀而不易被掩蔽。

七、思考题

(1)水的总硬度的测定,主要是测定水中哪些离子?
(2)加入缓冲溶液的目的是什么?溶液 pH 应控制在什么范围?
(3)用 EDTA 测定水的总硬度,用什么指示剂?滴定终点溶液是什么颜色?如何避免滴定过量?
(4)用 EDTA 测定水的总硬度时,哪些离子的存在有干扰?如何消除?
(5)本实验所使用的 EDTA 标准溶液,应该采用何种基准物质进行标定?

实验 5.3　铅铋混合液中 Bi^{3+}、Pb^{2+} 含量的连续测定

一、实验目的

(1)了解通过控制溶液的酸度以提高 EDTA 测定的选择性的原理;
(2)掌握用 EDTA 连续滴定混合溶液中两种金属离子的方法;
(3)掌握二甲酚橙指示剂的变色原理。

二、实验原理

Bi^{3+}、Pb^{2+}均能与EDTA形成稳定的配合物,其lg$K$值分别为27.94和18.04,两者稳定性相差很大,$\Delta \lg K = 9.90 > 6$。因此,可用控制溶液酸度的方法在一份试液中连续滴定Bi^{3+}和Pb^{2+}。

在测定中,均以二甲酚橙(XO)作指示剂,XO在pH<6时呈黄色,在pH>6.3时呈红色;而它与Bi^{3+}、Pb^{2+}所形成的配合物呈紫红色,它们的稳定性与Bi^{3+}、Pb^{2+}和EDTA形成的配合物相比要低,而且$K_{Bi-XO} > K_{Pb-XO}$。

测定时,先用HNO_3调节溶液pH=1.0,用EDTA标准溶液滴定溶液由紫红色变为亮黄色,即为滴定Bi^{3+}的终点。然后加入六亚甲基四胺,使溶液pH为5~6,此时Pb^{2+}与XO形成紫红色配合物,继续用EDTA标准溶液滴定至溶液由紫红色变为亮黄色,即为滴定Pb^{2+}的终点。

三、主要试剂与仪器

试剂:$0.01 mol \cdot L^{-1}$ EDTA溶液,$200 g \cdot L^{-1}$六亚甲基四胺溶液,$0.1 mol \cdot L^{-1}$硝酸溶液,0.2%二甲酚橙溶液。

仪器:锥形瓶,洗瓶,吸移管,吸耳球,称量瓶,滴定管等。

四、实验步骤

(一)Bi^{3+}含量的测定

用移液管移取25.00mL Bi^{3+}、Pb^{2+}混合液于250mL锥形瓶中,调节溶液pH=1,加入2滴二甲酚橙指示剂,用EDTA标准溶液滴定,溶液由紫红色变为亮黄色,即为滴定Bi^{3+}的终点,记录消耗EDTA标准溶液体积V_1(mL)。

(二)Pb^{2+}含量的测定

在滴定Bi^{3+}后的溶液中,加入10mL六亚甲基四胺溶液(20%),使溶液变为紫红色,继续用EDTA标准溶液滴定,溶液由紫红色变为亮黄色,即为滴定Pb^{2+}的终点,记录消耗EDTA标准溶液体积V_2(mL)。

平行测定三次,计算试液中Bi^{3+}、Pb^{2+}的浓度及结果的相对平均偏差。

五、实验数据记录与处理

表 5.3 Bi^{3+}、Pb^{2+} 含量的连续测定的实验数据记录

项目 \ 测定次数	I	II	III
$V_{试样}$,mL			
V_1(EDTA),mL			
V_2(EDTA),mL			
$\rho_{Bi^{3+}}$,g·L^{-1}			
$\overline{\rho_{Bi^{3+}}}$,g·L^{-1}			
相对偏差 d_r,%			
相对平均偏差 $\overline{d_r}$,%			
$\rho_{Pb^{2+}}$,g·L^{-1}			
$\overline{\rho_{Pb^{2+}}}$,g·L^{-1}			
相对偏差 d_r,%			
相对平均偏差 $\overline{d_r}$,%			

六、注意事项

(1)滴定过程中一定要小心,尤其在 Bi^{3+} 的滴定终点 EDTA 不要过量,否则会使结果误差较大,Bi^{3+} 含量偏高,Pb^{2+} 含量偏低。

(2)在滴完 Bi^{3+} 的溶液中,立即接着进行 Pb^{2+} 的滴定,即连续滴定。

七、思考题

(1)滴定溶液中 Bi^{3+} 和 Pb^{2+} 时,溶液酸度各控制在什么范围?怎样调节?

(2)能否在同一份试液中先滴定 Pb^{2+},而后滴定 Bi^{3+}?

(3)简单描述连续滴定 Bi^{3+} 和 Pb^{2+} 时,锥形瓶中溶液颜色变化的过程。颜色变化的原因是什么?

(4)为什么不用 NaOH、NaAc 或者 $NH_3·H_2O$ 调节溶液的 pH,而用六亚甲基四胺调节溶液 pH 到 5~6?

实验 5.4 铝合金中铝含量的测定

一、实验目的

(1)掌握返滴定法的原理和方法;

(2)掌握置换滴定法的原理和方法;

(3) 了解复杂试样的处理方法;
(4) 了解控制溶液的酸度、温度和滴定速度在配位滴定中的重要性。

二、实验原理

由于铝离子(Al^{3+})易水解,易形成一系列多核羟基配合物,这些配合物与EDTA配位反应的速度较慢,不能用直接滴定法来滴定,因此采用返滴定法测定铝。首先加入过量的EDTA标准溶液(可不定量),调节pH为3.5左右(用甲基橙指示剂指示),煮沸2~3min,使Al^{3+}与EDTA反应完全。同时其他干扰离子也与EDTA反应,用六亚甲基四胺调节pH为5~6,用二甲酚橙指示剂,趁热用Zn^{2+}标准溶液返滴定剩余的EDTA标准溶液。

但是,返滴定法测定铝时选择性较差,许多能与EDTA形成稳定配合物的离子都会对测定产生干扰。对于铝合金、硅酸盐、水泥和炉渣等复杂试样中铝含量的测定,为了克服共存离子的干扰,常采用置换滴定法来提高实验的选择性,即用锌标准溶液返滴定剩余的EDTA标准溶液后,加入过量的NH_4F,加热沸腾,使AlY与F^-之间发生置换反应,释放出与Al^{3+}等物质的量的EDTA,再用Zn^{2+}标准溶液滴定释放出来的EDTA,从而计算出铝的含量。反应如下:

$$Al^{3+} + Y =\!=\!= AlY$$
$$AlY + 6F^- =\!=\!= AlF_6^{3-} + Y$$
$$Y + Zn^{2+} =\!=\!= ZnY$$

用置换滴定法测定铝含量时,若试样中含有Ti^{4+}、Zr^{4+}、Sn^{2+}等离子时,也会发生与Al^{3+}相同的置换反应而干扰Al^{3+}的测定。为了克服这些共存离子的干扰,可以采用掩蔽的方法,例如用苦杏仁酸掩蔽Ti^{4+}等。

铝合金所含杂质主要有Si、Mg、Cu、Mn、Fe、Zn,个别还含有Ti、Ni、Ca等,通常用HNO_3—HCl混合酸溶解,也可以在银坩埚或塑料烧杯中加入NaOH—H_2O_2分解后再用HNO_3酸化。

三、主要试剂与仪器

试剂:HCl—HNO_3混合酸,20%六亚甲基四胺溶液,0.02mol·L^{-1}EDTA溶液,1% NaOH溶液,甲基橙指示剂,二甲酚橙指示剂,Zn^{2+}标准溶液。

仪器:锥形瓶、洗瓶、移液管、吸耳球、烧杯、滴定管、表面皿、量筒、分析天平、称量瓶。

四、实验步骤

准确称取试样0.10~0.15g(准确到0.0001g)于小烧杯中,加入10mL HCl—HNO_3混合酸和5mL水,于电热板上小心加热溶解。取下冷却后,慢慢转入250mL容量瓶中,用蒸馏水定容至刻度线,摇匀备用。

准确吸取25.00mL试液于250mL锥形瓶中,加入30.00mL EDTA。用2滴甲基橙作指示剂,此时溶液是黄色的,加入氨水(6mol·L^{-1})调节至溶液呈紫红色,再加入3mol·L^{-1} HCl溶液,使溶液呈黄色。加热煮沸2~3min,取下冷却,加入20mL的20%六亚甲基四胺溶液,此时溶液应为黄色。若为紫红色,还需滴加3mol·L^{-1} HCl溶液使其变为黄色。滴加Zn^{2+}标准溶液,使其与 Al^{3+} 反应后剩余的 EDTA 溶液反应,直到溶液变为紫红色,30s 不褪色,停止滴定。

于上述溶液中加入 10mL 的 NH_4F 溶液,加热煮沸 2min,流水冷却后,再补加 2 滴二甲酚橙,此时溶液应为黄色的。若为紫红色,应滴加 $3mol·L^{-1}$ HCl 溶液使其变为黄色,再用锌标准溶液滴定至溶液恰由黄色变为紫红色,30s 不褪色,停止滴定。根据这次锌标准溶液的体积和浓度计算试样中铝的含量。

五、实验数据记录与处理

表 5.4 铝合金中铝含量测定的实验数据记录表

项 目 \ 测定次数	I	II	III
样品 + 称量瓶质量(倾倒前,m_1),g			
样品 + 称量瓶质量(倾倒后,m_2),g			
样品质量 $m = m_1 - m_2$,g			
试样定容体积 V,mL			
移取体积 V,mL			
第二次滴定消耗 Zn^{2+} 的体积 V,mL			
$\omega_{Al^{3+}}$,%			
$\overline{\omega_{Al^{3+}}}$,%			
相对偏差 d_r,%			
相对平均偏差 $\overline{d_r}$,%			

六、注意事项

(1)合金加入混合酸,要立即盖上表面皿,等试样溶解完全后,用水冲洗烧杯壁和表面皿,然后再定容。

(2)用二甲酚橙作指示剂时,要注意调整合适的 pH。

(3)加入的溶液 NH_4F 一定要过量,并且要将溶液加热至微沸,流水冷却后,补加指示剂后再调整 pH,最后用 Zn^{2+} 标准溶液滴定至终点,注意观察终点颜色变化。

七、思考题

(1)用 Zn^{2+} 溶液返滴定与 Al^{3+} 配位后剩余的 EDTA 时,能否用浓度不准确的 Zn^{2+} 溶液滴定?

(2)返滴定和置换滴定各适用于哪些含有 Al 的试样的测定?

(3)对于复杂的铝合金试样,如果只用返滴定法,不同时使用置换滴定法,所得结果是偏大还是偏小?

(4)返滴定法与置换滴定法中所使用的 EDTA 作用有什么不同?

实验 5.5 胃舒平药片中 Al_2O_3 和 MgO 含量的测定

一、实验目的

(1)学习药剂测定的前处理方法;
(2)学习用置换滴定法测定铝的方法;
(3)掌握沉淀分离的操作方法;
(4)学会如何合理的设计实验并培养动手操作能力及创新意识。

二、实验原理

胃舒平药片的主要成分为氢氧化铝、三硅酸镁及少量中药颠茄液浸膏,由大量糊精等赋形剂制成片剂。药片中有效成分氢氧化铝和三硅酸镁的含量可用配合滴定法测定。

Al_2O_3 含量测定(返滴定法):先将样品用(1+1)硝酸溶解,分离弃去水的不溶物质,然后取一份试液,调节 pH≈4,定量加入过量的 EDTA 溶液,加热煮沸,使 Al^{3+} 与 EDTA 完全反应,然后用 Zn^{2+} 标准溶液在 pH≈5.5 左右,以 XO 为指示剂,滴定溶液中过量的 EDTA。

滴定前: $\qquad Al^{3+} + H_2Y \rightleftharpoons AlY + 2H^+$

终点前: $\qquad H_2Y(剩余) + Zn^{2+} \rightleftharpoons ZnY + 2H^+$

终点时: $\qquad Zn + XO \rightleftharpoons ZnXO$
$\qquad\qquad\qquad\qquad$(黄色)$\quad$(红色)

MgO 含量测定(直接滴定法):另取一份溶液,调节 pH≈5.5 左右,使 Al^{3+} 生成 $Al(OH)_3$ 沉淀分离后,在调节 pH≈10,以 K—B 指示剂,用 EDTA 标准溶液滴定滤液中的 Mg^{2+}。

滴定前: $\qquad Mg^{2+} + K—B \rightleftharpoons Mg—KB$

终点前: $\qquad Mg^{2+} + Y \rightleftharpoons MgY$

终点时: $\qquad Mg—KB + Y \rightleftharpoons MgY + K—B$
$\qquad\qquad$(紫红色)$\qquad\qquad\qquad$(蓝色)

三、主要试剂与仪器

试剂:胃舒平药片,EDTA 标准溶液($0.01\,mol\cdot L^{-1}$),NH_3—NH_4Cl 缓冲液(pH≈10),Zn^{2+} 标准溶液(约 $0.01\,mol\cdot L^{-1}$),三乙醇胺(1+4),HCl(1+1),K—B 指示剂,$NH_3\cdot H_2O$(1+1),甲基红指示剂,二甲酚橙指示剂(0.2%),六亚甲基四胺溶液($200\,g\cdot L^{-1}$)。

仪器:容量瓶,胶头滴管,烧杯,移液管,玻璃棒,量筒,锥形瓶,酸式滴定管,普通漏斗,滤纸。

四、实验步骤

（一）胃舒平药片的处理

准确称取胃舒平药片约1g，加入20mL的HNO_3(1+1)，水25mL，加热煮沸5min，冷却后定量转入250mL容量瓶中，稀释至刻度，摇匀。

（二）Al_2O_3含量的测定

方法一：准确吸取上述溶液5.00 mL于250mL锥形瓶中，滴加$NH_3·H_2O$(1+1)溶液至刚出现混浊，再滴加HCl(1+1)溶液至沉淀恰好溶解，准确加入EDTA标准溶液25.00mL，煮沸5min左右冷却，再加入$200g·L^{-1}$六亚甲基四胺溶液10mL，加入二甲酚橙指示剂2~3滴（此时溶液应呈黄色，如不呈黄色，可用$6\ mol·L^{-1}$ HCl调节），以$0.01mol·L^{-1}$用Zn^{2+}标准溶液滴定至溶液由黄色变为红色，即为终点。根据加入EDTA的量与Zn^{2+}标准液滴定体积，计算药片中Al_2O_3含量。

方法二：准确吸取上述溶液5.00 mL于250mL锥形瓶中，加20mL水，加1滴甲基红指示剂，滴加$NH_3·H_2O$(1+1)溶液至溶液由红变黄，再滴加HCl(1+1)溶液中和至溶液恰好变为红色，准确加入EDTA标准溶液25.00 mL，煮沸5min左右冷却，再加入$200\ g·L^{-1}$六亚甲基四胺溶液10mL，加入二甲酚橙指示剂2~3滴（此时溶液应呈黄色，如不呈黄色，可用$6\ mol·L^{-1}$ HCl调节），以$0.01mol·L^{-1}$用Zn^{2+}标准溶液滴定至溶液由黄色变为红色，即为终点。根据加入EDTA的量与Zn^{2+}标准液滴定体积，计算药片中$Al(OH)_3$含量。

（三）MgO含量的测定

方法一：准确移取上述试液25.00 mL于250mL锥形瓶中，滴加$NH_3·H_2O$(1+1)溶液至刚出现混浊，滴加HCl(1+1)溶液至沉淀恰好溶解，加入$2g\ NH_4Cl$固体，滴加$200g·L^{-1}$六亚甲基四胺溶液至沉淀出现并过量15mL，加热约80℃，维持10~15min，冷却后过滤，以少量蒸馏水洗涤沉淀数次，收集滤液及洗涤液于250mL锥形瓶中，加入三乙醇胺溶液10mL，NH_3—NH_4Cl缓冲溶液10mL，滴加K—B指示剂2~3滴，用EDTA标准溶液滴定溶液酒红色变为纯蓝色，即为终点，计算药片中MgO的含量。

方法二：准确移取上述试液25.00mL于250mL锥形瓶中，加1滴甲基红指示剂，滴加$NH_3·H_2O$(1+1)溶液至溶液由红变黄，再滴加HCl(1+1)溶液中和至溶液恰好变为红色，加入$2g\ NH_4Cl$固体，滴加$200g·L^{-1}$六亚甲基四胺溶液至沉淀出现并过量15mL，加热约80℃，维持10~15min，冷却后过滤，以少量蒸馏水洗涤沉淀数次，收集滤液及洗涤液于250mL锥形瓶中，加入三乙醇胺溶液10mL，NH_3—NH_4Cl缓冲溶液10mL，滴加K—B指示剂2~3滴，用EDTA标准溶液滴定溶液酒红色变为纯蓝色，即为终点，计算药片中MgO的含量。

五、实验数据及处理

表5.5 胃舒平药品中 Al_2O_3 和 MgO 含量测定的实验数据记录表

项目 \ 测定次数	Ⅰ	Ⅱ	Ⅲ
样品+称量瓶质量(倾倒前,m_1),g			
样品+称量瓶质量(倾倒后,m_2),g			
样品质量 $m = m_1 - m_2$,g			
定量体积,mL			
移取体积,mL			
消耗的 Zn^{2+} 标准溶液的体积,mL			
$\omega_{Al_2O_3}$,%			
$\overline{\omega_{Al_2O_3}}$,%			
相对偏差 d_r,%			
相对平均偏差 $\overline{d_r}$,%			
移取体积,mL			
消耗的 EDTA 标准溶液的体积,mL			
ω_{MgO},%			
$\overline{\omega_{MgO}}$,%			
相对偏差 d_r,%			
相对平均偏差 $\overline{d_r}$,%			

六、注意事项

测定 Al_2O_3 时:

(1)加入的 EDTA 必须过量,加热煮沸 5min 以上才能保证铝被 EDTA 结合完全。

(2)甲基橙的变色范围:pH < 6.3 时,呈现黄色;pH = pKa = 6.3 时,呈现中间颜色;pH > 6.3 时,呈现红色。

(3)使用 NH_4F 而不使用 NaF 是因为其对溶液酸碱性影响小。

测定 MgO 时:

(1)滴加 $6mol \cdot L^{-1}$ 的 $NH_3 \cdot H_2O$ 溶液、$6mol \cdot L^{-1}$ HCl 溶液,加入固体 NH_4Cl,再滴加六亚甲基四胺溶液,加热煮沸,是为了 $Al(OH)_3$ 形成晶形沉淀,易于过滤除去。

(2)三乙醇胺与 Al^{3+} 配位,掩蔽 Al^{3+},从而进一步降低 Al^{3+} 浓度。不使用 F^-,是因为 AlF_6^{3-} 在碱性溶液中稳定性低。

七、思考题

不是直接用三乙醇胺与 Al^{3+} 配位,而是先将 Al^{3+} 沉淀后再进行,为什么要这样操作?

实验 5.6 蛋壳中 Ca 和 Mg 含量的测定

一、实验目的

(1) 了解从鸡蛋壳中得到 Ca^{2+} 和 Mg^{2+} 的方法;
(2) 了解 EDTA 法测定 Ca^{2+} 和 Mg^{2+} 的原理,能正确运用滴定法测定鸡蛋壳中 Ca 和 Mg 的含量;
(3) 掌握用 EDTA 法测定鸡蛋壳中 Ca 和 Mg 含量的测定方法和操作;
(4) 探讨鸡蛋壳的废物利用、变废为宝的途径。

二、实验原理

鸡蛋壳的主要成分为 $CaCO_3$,其次为 $MgCO_3$、蛋白质、色素以及少量的含 Fe、Al 等元素的化合物或单质。由于试样中酸不溶物较少,故可用直接酸溶法,即用盐酸将其溶解制成试液。在 pH = 10 条件下,用铬黑 T 作指示剂,EDTA 标准溶液直接测定溶液中 Ca 和 Mg 的总量。为使终点变化更敏锐,可用 K—B 指示剂,此时用 EDTA 标准溶液滴定至溶液由酒红色变为纯蓝色,即为终点。另取一份等量试样,加入 NaOH 溶液,调节溶液的 pH 为 12~13,此时 Mg^{2+} 生成 $Mg(OH)_2$ 沉淀,过滤并洗涤沉淀,从而去除了 Mg^{2+} 后,就可以直接滴定 Ca^{2+},加入钙指示剂,用 EDTA 标准溶液滴定测定鸡蛋壳试液中 Ca 的含量。由 Ca 和 Mg 的总量减去 Ca 量即得 Mg 量。

当 pH = 10 时 $Ca^{2+} + Y =\!=\!= CaY$
$Mg^{2+} + Y =\!=\!= MgY$

而 pH = 12 时 $Mg^{2+} + 2OH^- =\!=\!= Mg(OH)_2 \downarrow$
$Ca^{2+} + Y =\!=\!= CaY$

滴定时,为提高配合选择性,在 pH = 10 时,加入掩蔽剂三乙醇胺使之与 Fe^{3+}、Al^{3+} 等离子生成更稳定的配合物,以排除它们对 Mg^{2+}、Ca^{2+} 测定的干扰。

三、主要试剂与仪器

试剂:HCl 溶液(1+1),NaOH 溶液(0.3 mol·L^{-1}),NH_3—NH_4Cl 缓冲溶液,95% 乙醇溶液,铬黑 T 指示剂,钙指示剂,30% 蔗糖溶液,三乙醇胺(1+4),EDTA 标准溶液(0.01 mol·L^{-1})。

仪器:电子天平,移液管,烧杯,漏斗,玻璃棒,锥形瓶,滤纸,烘箱,干燥器,称量瓶,滴定管,研钵,洗耳球。

四、实验步骤

（一）鸡蛋壳的处理

（1）鸡蛋壳的预处理。将蛋壳洗干净，在水中煮沸 5~10min，去除内表层的蛋白质膜，置于烘箱中用 105℃ 烘干（约 0.8h）。取出后快速研磨成粉末，储存称量瓶中，放入干燥器中，备用。

（2）蛋壳溶液的配制。用差量法准确称取 0.2g~0.3g（精确到 0.1mg）的鸡蛋壳粉末于 250mL 的烧杯中，加入 $6mol \cdot L^{-1}$ HCl 约 5mL，必要时加热使蛋壳溶解，温度控制在 85℃ 以下（若产生气泡，则滴加少量 95% 的乙醇溶液，边滴加边摇动直到只有少量气泡为止，使其充分溶解）待完全溶解后，定量转移到 250mL 容量瓶中，定容至刻度线，混匀，备用。

（二）EDTA 标准溶液的配制及标定

采用 $CaCO_3$ 基准物质来标定 EDTA 标准溶液，具体方法见实验 5.1。

（三）鸡蛋壳中 Ca 含量的测定

用 25.00mL 移液管准确移取 25.00mL 蛋壳溶液于 250mL 烧杯中，加入 10mL 的 $0.3mol \cdot L^{-1}$ NaOH 溶液，调节 pH 为 12~13，此时产生白色沉淀，过滤并洗涤沉淀，过滤液和洗涤液接入 250mL 锥形瓶中，滴入少许钙指示剂，并加入几滴 30% 蔗糖溶液，用 EDTA 标准溶液滴定至溶液由酒红色变为纯蓝色（紫色刚好褪去）。平行滴定 3 次，记下消耗的 EDTA 标准溶液的体积 V_1，计算 Ca 的含量。

（四）鸡蛋壳中 Ca 和 Mg 总含量的测定

用 25.00mL 移液管取 25.00mL 蛋壳溶液于 250mL 锥形瓶中，加入 10mL pH=10 的氨性缓冲溶液，加入 10mL 三乙醇胺溶液，滴入 1~2 滴的铬黑 T 指示剂，用 EDTA 标准溶液滴定至溶液由酒红色变为纯蓝色。记下消耗的 EDTA 标准溶液的体积 V_2。平行测定 3 次，计算 Ca 和 Mg 的总量。

五、实验数据记录与处理

表 5.6 蛋壳中 Ca、Mg 含量测定的实验数据记录表

项　目　　　　　测定次数	Ⅰ	Ⅱ	Ⅲ
样品 + 称量瓶质量（倾倒前，m_1），g			
样品 + 称量瓶质量（倾倒后，m_2），g			
样品质量 $m = m_1 - m_2$，g			
定量体积，mL			

续表

项目 \ 测定次数	Ⅰ	Ⅱ	Ⅲ
移取体积,mL			
滴定消耗 EDTA 的体积 V,mL			
ω_{Ca},%			
$\overline{\omega_{Ca}}$,%			
相对偏差 d_r,%			
相对平均偏差 $\overline{d_r}$,%			
移取体积,mL			
滴定消耗 EDTA 的体积 V,mL			
$\omega_{Ca、Mg}$,%			
$\overline{\omega_{Ca、Mg}}$,%			
$\overline{\omega_{Mg}}$,%			
相对偏差 d_r,%			
相对平均偏差 $\overline{d_r}$,%			

六、注意事项

(1)鸡蛋壳中 Ca 含量的测定时滴加几滴 30% 蔗糖溶液或糊精溶液,可以有效防止 $Mg(OH)_2$ 对钙指示剂和 Ca^{2+} 的吸附作用;

(2)蛋壳溶液的配制时务必将蛋壳全部溶解,消除溶解产生的气泡,避免颗粒物与气泡对滴定时的影响;

(3)钙指示剂切记不能滴加过多,滴加过多溶液在滴定时就不会变色;

(4)EDTA 溶液最好储存于塑料试剂瓶中,避免长期储存玻璃试剂瓶中造成浓度的改变;

(5)加热溶解蛋壳时,温度不要过高,为消除乙醇对实验可能产生的影响,除气泡时滴加量不超过 5mL。

七、思考题

(1)滴定 Ca^{2+} 时,使用钙指示剂,如果指示剂用量过多,会出现什么现象?为什么?

(2)滴定 Ca^{2+} 时,加入蔗糖溶液的目的是什么?

实验 5.7 铁铝混合液中铁、铝含量的连续测定

一、实验目的

(1)熟悉控制酸度,用 EDTA 标准溶液连续滴定多种金属离子的原理和方法;

(2)了解磺基水杨酸、PAN 指示剂的使用条件及终点颜色变化;

(3)掌握间接法配制标准溶液的方法。

二、实验原理

Fe^{3+}、Al^{3+}均能与EDTA形成稳定的配合物,其稳定常数lgK值分别为25.1和16.1。设溶液中有M和N两种金属离子,均能与EDTA形成,满足准确滴定M而N不干扰的一般要求,也就是两者稳定性相差很大,$\Delta lgK = 9 > 6$。因此,可以用控制酸度的方法在一份试液中连续滴定并测定Fe^{3+}和Al^{3+}的含量。

在Fe^{3+}和Al^{3+}混合液中,首先调节pH为2~2.5,以磺基水杨酸为指示剂,用EDTA标准溶液滴定Fe^{3+};然后定量加入过量的EDTA标准溶液,调节pH为5~6,以PAN为指示剂,用锌标准溶液滴定过量的EDTA,从而分别求出Fe^{3+}和Al^{3+}的含量。

三、主要试剂与仪器

试剂:EDTA标准溶液,锌标准溶液,磺基水杨酸指示剂,PAN指示剂,HCl溶液,六亚甲基四胺,NH_3—NH_4Cl缓冲溶液,氨水。

仪器:移液管,烧杯,锥形瓶,滤纸,干燥器,称量瓶,滴定管,洗耳球等。

四、实验步骤

(一)EDTA标准溶液的配制

具体方法见实验5.1。

(二)锌标准溶液的配制

准确称取干燥的高纯Zn试剂0.4~0.5g于250mL烧杯中,用少量水润湿,盖上表面皿。从杯嘴内缓缓加入$6mol \cdot L^{-1}$ HCl 10~15mL,使之溶解。溶解后将溶液定量转入250mL容量瓶中,定容,摇匀,计算其准确浓度。

也可以准确称取干燥的氧化锌试剂约0.2g于250mL烧杯中,用少量水润湿,盖上表面皿。从杯嘴内缓缓加入5mL $6.0mol \cdot L^{-1}$ HCl溶液,微热使之溶解。溶解后将溶液定量转入250mL容量瓶中,定容,摇匀,计算其准确浓度。

(三)混合液中Fe^{3+}、Al^{3+}含量的测定

用移液管准确移取25.00mL混合溶液于250ml锥形瓶中,用$6mol \cdot L^{-1}$ HCl溶液调节溶液pH为2~2.5。加热溶液至70~80℃,加入10滴磺基水杨酸指示剂,此时溶液呈紫红色。用EDTA标准溶液滴定溶液由紫红色变为亮黄色,30s不褪色,即为终点,记下消耗的EDTA标准溶液的体积V_1。

在测定Fe^{3+}后的溶液中,准确加入35.00mL EDTA标准溶液V_2,然后滴定六亚甲基四胺使溶液的pH=3.5。煮沸2min,稍冷后,再用六亚甲基四胺溶液调节溶液pH为5~6,再过量

5mL。加入 6~8 滴 PAN 指示剂,用锌标准溶液滴定至溶液变为亮黄色,30s 不褪色,即为终点,记下消耗的锌标准溶液的体积 V_3。平行测定三次,计算混合液中 Fe^{3+}、Al^{3+} 的含量。

五、实验数据记录与处理

表 5.7 铁铝混合液中铁、铝含量连续测定的实验数据记录表

项 目 \ 测定次数	I	II	III
样品+称量瓶质量(倾倒前,m_1),g			
样品+称量瓶质量(倾倒后,m_2),g			
锌基准样品质量,$m = m_1 - m_2$,g			
锌标准溶液的浓度,mol·L^{-1}			
待测混合液的体积,mL			
移取体积,mL			
滴定消耗 EDTA 的体积 V_1,mL			
$\rho_{Fe^{3+}}$,g·L^{-1}			
$\overline{\rho_{Fe^{3+}}}$,g·L^{-1}			
相对偏差 d_r,%			
相对平均偏差 $\overline{d_r}$,%			
滴定消耗 EDTA 的体积 V_3,mL			
$\rho_{Al^{3+}}$,g·L^{-1}			
$\overline{\rho_{Al^{3+}}}$,g·L^{-1}			
相对偏差 d_r,%			
相对平均偏差 $\overline{d_r}$,%			

六、注意事项

由于磺基水杨酸和铁的配合物也很稳定,因此在 EDTA 取代过程中不能立即反应,使终点滞后,测定值偏高。为了使反应迅速进行,必须加热被测溶液,在 70~80℃ 的温度下滴定,同时滴定速度不能太快,以终点颜色突变为准。

七、思考题

(1)测定 Al^{3+} 时为什么要先加入 EDTA 溶液,后加缓冲溶液?能否先加入缓冲溶液后再加入 EDTA 溶液?为什么?

(2)测定 Fe^{3+}、Al^{3+} 的含量时为什么要加热?测定的酸度分别为多少?怎么控制?

(3)说明磺基水杨酸和 PAN 指示剂使用的 pH 条件以及终点颜色的变化情况。

(4)测定 Al^{3+} 的含量时,EDTA 溶液过量多少合适?

第6章 氧化还原滴定实验

实验6.1 高锰酸钾标准溶液的配制和标定

一、实验目的

(1) 了解高锰酸钾($KMnO_4$)标准溶液的配制方法和保存条件；
(2) 掌握用$Na_2C_2O_4$作基准物质，标定$KMnO_4$标准溶液浓度的原理和方法；
(3) 了解自动催化反应的特点；
(4) 了解$KMnO_4$自身指示剂指示终点的方法。

二、实验原理

市售的$KMnO_4$中含有少量MnO_2和其他杂质，如硫酸盐、氯化物及硝酸盐等。蒸馏水中也含有微量的还原性物质，它们可与MnO_4^-反应而析出$MnO(OH)_2$(MnO_2的水合物)，产生的MnO_2和$MnO(OH)_2$又能进一步促进$KMnO_4$分解。光线也能促进其分解。因此，$KMnO_4$标准溶液不能用直接法配制，只能用间接法配制。

标定$KMnO_4$溶液的基准物质有$Na_2C_2O_4$、$H_2C_2O_4 \cdot 2H_2O$、$(NH_4)_2Fe(SO_4)_2 \cdot 6H_2O$(俗称摩尔盐)、$As_2O_3$和纯铁等，其中，最常用$Na_2C_2O_4$，它不含结晶水，容易提纯，不吸湿。

在酸性溶液中，$C_2O_4^{2-}$与MnO_4^-的反应如下：

$$2MnO_4^- + 5C_2O_4^{2-} + 16H^+ = 2Mn^{2+} + 10CO_2\uparrow + 8H_2O$$

该反应在室温下进行很慢，须加热至75~85℃，加快反应的进行。但温度也不宜过高，当温度超过90℃时，容易引起草酸部分分解：

$$H_2C_2O_4 = H_2O + CO_2\uparrow + CO\uparrow$$

滴定中，最初几滴$KMnO_4$溶液即使在加热情况下，与$C_2O_4^{2-}$反应仍然很慢，当溶液中产生Mn^{2+}以后，反应速度才逐渐加快，因为Mn^{2+}对反应有催化作用。这种现象叫作自动催化作用。

在滴定过程中，必须保持溶液一定的酸度，否则容易产生MnO_2沉淀，引起较大的实验误差。调节酸度须用硫酸，因为盐酸中Cl^-有还原性，硝酸中NO_3^-又有氧化性，醋酸酸性太弱，达不到所需要的酸度,所以都不适用。滴定时适宜的酸度约为 $1\,\mathrm{mol\cdot L^{-1}}$。

由于 $KMnO_4$ 溶液本身具有特殊的紫红色,滴定时 $KMnO_4$ 溶液稍微过量半滴,即可看到溶液呈淡粉色,表示终点已到。故称 $KMnO_4$ 为自身指示剂。

滴定到终点后,由于空气中还原性物质也可与 $KMnO_4$ 反应而褪色,故终点的淡粉色需稳定30s。

三、主要试剂与仪器

试剂:$KMnO_4$ 固体,$3\,\mathrm{mol\cdot L^{-1}}\,H_2SO_4$ 溶液,$Na_2C_2O_4$(在 105~110℃ 烘干 2h 备用)。

仪器:分析天平,酸式滴定管,移液管,容量瓶,锥形瓶,烧杯,吸耳球等。

四、实验步骤

(一)$0.02\,\mathrm{mol\cdot L^{-1}}\,KMnO_4$ 标准溶液的配制

用天平称取 $KMnO_4$ 固体约 1.6g 溶于 500mL 蒸馏水中,盖上表面皿,加热至沸并保持微沸状态 1h。冷却后,用微孔玻璃漏斗(3号或4号)过滤。滤液储存于棕色试剂瓶中。也可以将新配制的 $KMnO_4$ 溶液在室温下放置 7~10d 后过滤备用。

(二)$0.02\,\mathrm{mol\cdot L^{-1}}\,KMnO_4$ 标准溶液的标定

用差减法准确称取 $0.6~0.7g\,Na_2C_2O_4$,放入 250mL 烧杯中,加 20~30mL 热蒸馏水溶解后(也可低温加热溶解,待溶液冷却后),定量转移至 100mL 容量瓶中,用蒸馏水冲洗烧杯内壁和玻璃棒 3 次,洗液全部转入容量瓶中,然后用蒸馏水定容至刻度,摇匀,备用。

准确移取 20.00mL 或 25.00mL $Na_2C_2O_4$ 溶液于 250mL 锥形瓶中,加入 10~15mL $3\,\mathrm{mol\cdot L^{-1}}$ 的 H_2SO_4 溶液混匀,加热至 75~85℃,趁热用 $KMnO_4$ 标准溶液滴定。刚开始反应较慢,滴入第一滴 $KMnO_4$ 标准溶液,摇动,等溶液褪色后,再滴加第二滴(此时反应生成了 Mn^{2+} 起催化剂作用)。随着反应速度的加快,滴定速度也可逐渐加快,不断摇动锥形瓶。滴定至溶液呈现微红色并持续 30s 内颜色不褪去,即为终点。平行测定三份,计算结果和相对平均偏差。

也可分别称取三份 $0.15~0.2g\,Na_2C_2O_4$ 基准试剂于三个锥形瓶中,加 40mL 蒸馏水溶解,再加入 10~15mL $3\,\mathrm{mol\cdot L^{-1}}$ 的 H_2SO_4 溶液,加热后,最后用 $KMnO_4$ 标准溶液滴定。

五、实验数据记录与处理

表6.1 $KMnO_4$ 标准溶液标定的实验数据记录表

项目 \ 测定次数	I	II	III
样品+称量瓶质量(倾倒前,m_1),g			
样品+称量瓶质量(倾倒后,m_2),g			
样品质量 $m=m_1-m_2$,g			

续表

测定次数 项 目	I	II	III
滴定消耗的 $KMnO_4$ 体积,mL			
c_{KMnO_4},mol·L^{-1}			
$\overline{c_{KMnO_4}}$,mol·L^{-1}			
相对偏差 d_r,%			
相对平均偏差 $\overline{d_r}$,%			

六、注意事项

(1) 蒸馏水中常含有少量的还原性物质,使 $KMnO_4$ 还原为 $MnO_2·nH_2O$。市售 $KMnO_4$ 内含的细粉状的 $MnO_2·nH_2O$ 能加速 $KMnO_4$ 的分解,故通常将 $KMnO_4$ 溶液煮沸一段时间,冷却后,还需放置 2~3d,使之充分作用,然后将沉淀物过滤除去。

(2) 用热蒸馏水溶解的 $Na_2C_2O_4$,要冷却至室温后,才能转移到容量瓶中。

(3) 在室温条件下,$KMnO_4$ 与 $C_2O_4^{2-}$ 之间的反应速度缓慢,故加热提高反应速度。但温度又不能太高,如温度超过 90℃,则有部分 $H_2C_2O_4$ 分解,反应式如下:

$$H_2C_2O_4 \Longrightarrow CO_2\uparrow + CO\uparrow + H_2O$$

(4) $Na_2C_2O_4$ 溶液的酸度在开始滴定时,约为 $1mol·L^{-1}$,滴定终点时,约为 $0.5mol·L^{-1}$,这样能促使反应正常进行,并且防止 MnO_2 的形成。滴定过程如果发生棕色浑浊(MnO_2),应立即加入 H_2SO_4 溶液补救,使棕色浑浊消失。

(5) 开始滴定时,反应很慢,在第一滴 $KMnO_4$ 还没有完全褪色以前,不可加入第二滴。当反应生成能使反应加速进行的 Mn^{2+} 后,可以适当加快滴定速度,但过快则局部 $KMnO_4$ 过浓而分解,放出 O_2 或引起杂质的氧化,都可造成误差。

如果滴定速度过快,部分 $KMnO_4$ 将来不及与 $Na_2C_2O_4$ 反应,而会按下式分解:

$$4MnO_4^- + 4H^+ \Longrightarrow 4MnO_2 + 3O_2\uparrow + 2H_2O$$

(6) $KMnO_4$ 标准溶液滴定时的终点较不稳定,当溶液出现微红色,在 30s 内不褪时,滴定就可认为已经完成,如对终点有疑问时,可先将滴定管读数记下,再加入 1 滴 $KMnO_4$ 标准溶液,发生紫红色即证实终点已到,滴定时不要超过计量点。

(7) 滴定近化学计量点时,溶液温度应不低于 55℃,否则因反应速度慢而影响终点的观察和准确度。

(8) $KMnO_4$ 标准溶液应放在酸式滴定管中,由于 $KMnO_4$ 溶液颜色很深,液面凹下弧线不易看出,因此,应该从液面最高边上读数。

七、思考题

(1) $KMnO_4$ 标准溶液用什么方法配制? 为什么?

(2) 用来标定 $KMnO_4$ 溶液的基准物质有哪些? 最常用的基准物质是什么? 为什么?

(3) 若溶解 $Na_2C_2O_4$ 的溶液未冷却至室温就定容,则标定结果偏高还是偏低?

(4)滴定时若把 $Na_2C_2O_4$ 溶液加热到 90℃ 以上,则标定结果偏高还是偏低?
(5)标定 $KMnO_4$ 溶液时,为什么第一滴 $KMnO_4$ 溶液的颜色褪得很慢,而以后会逐渐加快?
(6)标定 $KMnO_4$ 溶液时,若酸度不够,会发生什么反应?使标定结果偏高还是偏低?

实验6.2 过氧化氢含量的测定($KMnO_4$法)

一、实验目的

(1)掌握 $KMnO_4$ 法测定过氧化氢(H_2O_2)含量的原理及方法;
(2)学习 $KMnO_4$ 标准溶液滴定 H_2O_2 溶液时,滴定速度的控制方法。

二、实验原理

H_2O_2 在纺织、印染、电镀、化工、医药生产等方面具有广泛的应用。在医药、食品加工等方面常用于消毒、杀菌;通常用作清洗耳部或鼻内及清洗口腔,用于扁桃体炎、口腔炎、白喉等的含漱。生物上利用 H_2O_2 分解所释放出的氧来测定过氧化氢酶的活性。在稀 H_2SO_4 溶液中,室温条件下,$KMnO_4$ 标准溶液可直接滴定 H_2O_2,滴定反应如下:

$$2MnO_4^- + 5H_2O_2 + 6H^+ = 2Mn^{2+} + 5O_2 + 8H_2O$$

滴定开始时反应速度较慢,随着 Mn^{2+} 的生成,在自动催化作用下,反应速度会加快。必要时,也可以加入 Mn^{2+} 促进反应速度快速地进行。

H_2O_2 中若含有机物质及作为稳定剂而加入的乙酰苯胺、尿素、丙乙酰胺等,也会消耗 $KMnO_4$ 标准溶液,使测定结果偏高,此时应改用碘量法测定。市售 H_2O_2 的浓度过高(30%),应稀释后才能进行测定。

三、主要试剂与仪器

试剂:$0.02mol \cdot L^{-1}$ $KMnO_4$ 标准溶液,$3mol \cdot L^{-1}$ 硫酸溶液,H_2O_2 试样。
仪器:酸式滴定管,锥形瓶,洗瓶,容量瓶,吸移管,称量瓶。

四、实验步骤

用移液管移取市售 H_2O_2 试样溶液 2.00mL,置于 250mL 容量瓶中,加水稀释至刻度,充分摇匀,备用。用移液管移取 25.00mL 稀释过的 H_2O_2 于 250mL 锥形瓶中,加入 10mL $3mol \cdot L^{-1}$ H_2SO_4,用 $KMnO_4$ 标准溶液滴定到溶液呈微红色,30s 内不褪色即为终点。平行测定三次,计算试样中 H_2O_2 的质量浓度($g \cdot L^{-1}$)和相对平均偏差。

五、实验数据记录与处理

表 6.2 H_2O_2 含量测定的实验数据记录表

测定次数 项 目	I	II	III
试样体积,mL			
定容体积,mL			
移取体积,mL			
消耗 $KMnO_4$ 体积 V,mL			
$\rho_{(H_2O_2)}$,$g \cdot L^{-1}$			
$\overline{\rho_{(H_2O_2)}}$,$g \cdot L^{-1}$			
相对偏差 d_r,%			
相对平均偏差 $\overline{d_r}$,%			

六、思考题

(1) $KMnO_4$ 标准溶液测定 H_2O_2 含量时,应注意哪些测定条件?

(2) $KMnO_4$ 标准溶液测定 H_2O_2 含量时,若滴定速度太快,对测定结果有何影响?

(3) 用 $KMnO_4$ 标准溶液测定 H_2O_2 时,为什么第一滴 $KMnO_4$ 溶液的颜色褪得很慢,而后会逐渐加快?

(4) 用 $KMnO_4$ 法滴定 H_2O_2 时,能否用 NH_3、HCl 或 HAc 溶液来调节溶液酸度,为什么?

(5) 用 $KMnO_4$ 法滴定 H_2O_2 时,能否在加热条件下进行滴定?为什么?

实验 6.3 铁矿石中铁含量的测定($K_2Cr_2O_7$ 无汞定铁法)

一、实验目的

(1) 学习并掌握 $K_2Cr_2O_7$ 法测定铁含量的原理和方法;

(2) 掌握铁矿石预处理方法;

(3) 熟悉氧化还原指示剂二苯胺磺酸钠的使用方法。

二、实验原理

铁矿石经 H_2SO_4—H_3PO_4 及 HNO_3 溶解后,首先用 $SnCl_2$ 溶液还原大部分 Fe^{3+}。为了控

制 $SnCl_2$ 的用量,加入 $SnCl_2$ 使溶液呈浅黄色(说明这时还有少量 Fe^{3+} 存在),然后加入 $TiCl_3$ 溶液,使其少量的 Fe^{3+} 均还原成 Fe^{2+},为使反应完全,$TiCl_3$ 要过量,而过量的 $TiCl_3$ 溶液将 Na_2WO_4 溶液中六价钨部分还原为五价钨(俗称"钨蓝"),使溶液呈蓝色,然后加水稀释,摇动溶液,使钨蓝消失(即"钨蓝"被溶解氧氧化)或滴加 $K_2Cr_2O_7$ 稀溶液使钨蓝刚好消失,表明 $TiCl_3$ 已被除尽。其反应式如下:

$$2Fe^{3+} + SnCl_4^{2-} + 2Cl^- =\!=\!= 2Fe^{2+} + SnCl_6^{2-}$$

$$Fe^{3+}(剩余) + Ti^{3+} + H_2O =\!=\!= Fe^{2+} + TiO^{2+} + 2H^+$$

然后,以二苯胺磺酸钠为指示剂,立即用 $K_2Cr_2O_7$ 标准溶液滴定至溶液为紫色,即为终点。滴定反应和计算公式如下:

$$Cr_2O_7^{2-} + 6Fe^{2+} + 14H^+ =\!=\!= 2Cr^{3+} + 6Fe^{3+} + 7H_2O$$

$$w_{Fe} = \frac{m_{Fe}}{m_s} \times 100\% = \frac{6c_{Cr_2O_7^{2-}} \cdot V_{Cr_2O_7^{2-}} \cdot \frac{M_{Fe}}{1000}}{m_s} \times 100\%$$

式中　w_{Fe}——Fe 的含量,%;

m_{Fe}——Fe 的质量,g;

m_s——铁矿石的质量,g;

$c_{Cr_2O_7^{2-}}$——$K_2Cr_2O_7$ 的浓度,$mol \cdot L^{-1}$;

$V_{Cr_2O_7^{2-}}$——滴定消耗 $K_2Cr_2O_7$ 的体积,mL;

M_{Fe}——Fe 的摩尔质量,$g \cdot mol^{-1}$。

三、主要试剂与仪器

试剂:10% $SnCl_2$ 溶液(10g $SnCl_2 \cdot 2H_2O$ 固体溶于 50mL 浓盐酸中,用水稀释至 100mL,加纯锡几粒),1.5% $TiCl_3$ 溶液,25% 的 Na_2WO_4 溶液(25g 溶于 95mL 水中,加 5mL 磷酸混匀),硫磷混酸(1+1),浓 HNO_3,0.5% 二苯胺磺酸钠指示剂,(1+3)HCl,铁矿石粉,$K_2Cr_2O_7$ 基准试剂。

仪器:分析天平,称量瓶,容量瓶,锥形瓶,酸式滴定管等。

四、实验步骤

(一)$0.02 mol \cdot L^{-1} K_2Cr_2O_7$ 标准溶液的配制

准确称取(已在 150~180℃烘干 2h,在干燥器中冷却至室温)$K_2Cr_2O_7$ 固体 1.4~1.5g(准确至 0.0001g)于 100mL 烧杯中,加蒸馏水溶解后,定量转移至 250mL 容量瓶中,用蒸馏水稀释到刻度,混匀。

(二)铁矿石中铁含量的测定

准确称取 0.15~0.2g 试样置于 250mL 的锥形瓶中,滴加几滴水润湿样品,摇匀后,加入 10mL 硫磷混酸(如试样含硫化物高时则同时加入浓硝酸 1mL)置于电炉上加热分解试样。先用小火或低温加热,然后提高温度,加热至冒 SO_3 白烟。此时,试液应该清亮,残渣为白色或浅色时表示试样分解完全。取下锥形瓶稍冷,加入 30mL(1+3)HCl,趁热滴加 10% $SnCl_2$ 溶液,使大部分的 Fe^{3+} 还原为 Fe^{2+},此时试液变为浅黄色,加入 10 滴 Na_2WO_4 溶液,滴加 1.5% $TiCl_3$ 溶液滴至呈稳定的蓝色("钨蓝"30s 内不褪色);加入 60mL 新鲜蒸馏水,或用稀 $K_2Cr_2O_7$ 溶液滴至"钨蓝"刚好褪尽,然后加入 5~6 滴二苯胺磺酸钠指示剂,用 $K_2Cr_2O_7$ 标准溶液滴定至溶液呈现稳定的紫色为终点,平行测定三份,计算铁矿石中铁的含量。

五、实验数据记录与处理

表 6.3　铁矿石中铁含量测定的实验数据记录表

项　目 \ 测定次数	Ⅰ	Ⅱ	Ⅲ
样品 + 称量瓶质量 m_1(倾倒前),g			
样品 + 称量瓶质量 m_2(倾倒后),g			
样品质量 $m = m_1 - m_2$,g			
滴定消耗 $K_2Cr_2O_7$ 的体积 V,mL			
ω_{Fe},%			
$\overline{\omega_{Fe}}$,%			
相对偏差 d_r,%			
相对平均偏差 $\overline{d_r}$,%			

六、注意事项

(1)定量还原 Fe(Ⅲ)时,不能单独用 $SnCl_2$ 或 $TiCl_3$,只能采用 $SnCl_2$—$TiCl_3$ 联合预还原法。

(2)$SnCl_2$ 不能将 W(Ⅵ)还原成 W(Ⅴ),无法指示预还原的终点,故无法准确控制其用量;过量的 $SnCl_2$ 无适当的无汞法消除。

(3)用 $SnCl_2$ 还原 Fe(Ⅲ)时,溶液温度不能太低,否则反应速度慢,黄色褪去不易观察,易使 $SnCl_2$ 过量。

(4)用 $TiCl_3$ 还原 Fe(Ⅲ)时,溶液温度也不能太低,否则反应速度慢,易使 $TiCl_3$ 过量。

(5)滴定时,二苯胺磺酸钠指示剂会消耗一定量的 $K_2Cr_2O_7$ 标准溶液,故指示剂不能多加。

(6)在 H_2SO_4—H_3PO_4 中,铁电对的电极电位降低,Fe^{2+} 更易被氧化(被空气中的 O_2 氧化),故溶液中钨蓝刚好消失后,就立即滴定。

七、思考题

(1)在预处理时,为什么 $SnCl_2$ 溶液要趁热逐滴加入?

(2)在预还原 Fe(Ⅲ)至 Fe(Ⅱ)时,为什么要用 $SnCl_2$ 和 $TiCl_3$ 两种还原剂?只使用其中一种有什么缺点?

(3)在滴定前加入 H_3PO_4 的作用是什么?加入 H_2SO_4—H_3PO_4 后为什么要立即滴定?

实验 6.4 硫代硫酸钠标准溶液浓度的标定

一、实验目的

(1) 掌握硫代硫酸钠($Na_2S_2O_3$)标准溶液的配制和标定方法；
(2) 掌握间接碘量法的原理与方法；
(3) 学习淀粉指示剂的使用方法。

二、实验原理

结晶的硫代硫酸钠($Na_2S_2O_3 \cdot 5H_2O$)含有少量的 S、Na_2SO_3、Na_2SO_4 等杂质，易风化、潮解，所以不能直接配制成标准溶液。同时，溶液中若有溶解氧、二氧化碳或有微生物时，$Na_2S_2O_3$ 会分解析出单质 S。另外，$Na_2S_2O_3$ 溶液也很不稳定，容易与水中的 H_2CO_3、空气中的氧作用以及被微生物分解而使浓度发生变化。反应式如下：

$$Na_2S_2O_3 + H_2CO_3 \rightleftharpoons NaHCO_3 + NaHSO_3 + S\downarrow$$

$$2Na_2S_2O_3 + O_2 \rightleftharpoons 2Na_2SO_4 + 2S\downarrow$$

$$Na_2S_2O_3 \xrightarrow{微生物} Na_2SO_3 + S\downarrow$$

因此，配制 $Na_2S_2O_3$ 溶液时，需用新煮沸并已经冷却的蒸馏水，以除去氧、二氧化碳和杀死细菌，并加入少量 Na_2CO_3 使溶液呈弱碱性，保持 pH 为 9~10，以防止 $Na_2S_2O_3$ 的分解；光照会促进 $Na_2S_2O_3$ 分解，因此应将溶液储存于棕色瓶中，放置暗处 7~10 d，待其浓度稳定后，再进行标定，但 $Na_2S_2O_3$ 不宜长期保存。

标定 $Na_2S_2O_3$ 的基准物质有 $K_2Cr_2O_7$、纯铜、$KBrO_3$、KIO_3 等。

(1) 在酸性溶液中，用 $K_2Cr_2O_7$ 为基准物质标定 $Na_2S_2O_3$ 溶液：

$$Cr_2O_7^{2-} + 6I^- + 14H^+ \rightleftharpoons 2Cr^{3+} + 3I_2 + 7H_2O$$

生成的 I_2，以淀粉为指示剂，用 $Na_2S_2O_3$ 标准溶液滴定：

$$I_2 + 2S_2O_3^{2-} \rightleftharpoons 2I^- + S_4O_6^{2-}$$

滴定过程中，应先用 $Na_2S_2O_3$ 溶液将生成的碘大部分滴定后，溶液呈淡黄色时，再加入淀粉指示剂，用 $Na_2S_2O_3$ 溶液继续滴定至蓝色刚好消失即为终点。

根据 $K_2Cr_2O_7$ 与 $Na_2S_2O_3$ 的计量关系为 1:6，计算 $Na_2S_2O_3$ 溶液的浓度。

(2) 以纯铜为基准物质标定 $Na_2S_2O_3$ 溶液：

$$4I^- + 2Cu^{2+} \rightleftharpoons 2CuI\downarrow + I_2$$

生成的 I_2，以淀粉为指示剂，用 $Na_2S_2O_3$ 标准溶液滴定：

$$I_2 + 2S_2O_3^{2-} \rightleftharpoons 2I^- + S_4O_6^{2-}$$

CuI 沉淀溶解度较大，上述反应进行不完全。又由于 CuI 沉淀强烈吸附一些碘，使测定结果偏低，滴定终点不明显。如果在滴定过程中加入 KSCN，使 CuI 沉淀转化为更难溶的 CuSCN 沉淀：

$$CuI + SCN^- \rightleftharpoons CuSCN\downarrow + I^-$$

CuSCN 沉淀吸附 I_2 的倾向性较小,提高了分析结果的准确度,同时,使反应的终点比较明显。KSCN 只能在接近终点时加入,否则,SCN^- 可直接还原 Cu^{2+} 而使结果偏低。

$$6Cu^{2+} + 7SCN^- + 4H_2O \rightleftharpoons 6CuSCN\downarrow + SO_4^{2-} + HCN + 7H^+$$

滴定过程中,应先用 $Na_2S_2O_3$ 溶液将生成的碘大部分滴定后,溶液呈淡黄色时,再加入淀粉指示剂,用 $Na_2S_2O_3$ 溶液继续滴定至蓝色刚好消失即为终点。

三、主要试剂与仪器

试剂:$Na_2S_2O_3 \cdot 5H_2O(A \cdot R)$,$200g \cdot L^{-1}\%$ KI 溶液,$3mol \cdot L^{-1}$ H_2SO_4 溶液,$6mol \cdot L^{-1}$ 的 HCl 溶液,$9mol \cdot L^{-1}$ HAc 溶液,0.5% 淀粉溶液(新配),Na_2CO_3(AR),$K_2Cr_2O_7$,$6mol \cdot L^{-1}$ $NH_3 \cdot H_2O$,NH_4HF_2 溶液,纯铜。

仪器:分析天平,酸式滴定管,移液管,容量瓶,碘量瓶,烧杯,滴管等。

四、实验步骤

(一)$0.1mol \cdot L^{-1}$ $Na_2S_2O_3$ 溶液的配制

用台秤称取 $Na_2S_2O_3 \cdot 5H_2O$ 约 13g,溶于适量的刚煮沸并冷却的蒸馏水中,加入 Na_2CO_3 约 0.1g,稀释至 500mL,倒入细口试剂瓶中,放置 6~10d 后标定。

(二)用 $K_2Cr_2O_7$ 为基准物质标定 $Na_2S_2O_3$ 标准溶液的浓度

准确称取(已在 150~180℃烘干 2h,在干燥器中冷却至室温)$K_2Cr_2O_7$ 固体 1.2~1.3g 于 100mL 烧杯中,加蒸馏水溶解后,定量转移至 250mL 容量瓶中,用蒸馏水水稀释到刻度,混匀。

准确移取 10.00mL 上述 $K_2Cr_2O_7$ 溶液于 250mL 碘量瓶中,加入 5mL $6mol \cdot L^{-1}$ HCl 溶液、5mL $200g \cdot L^{-1}$ KI 溶液,摇匀后,于暗处放置 5min,反应完成后,加入 100mL 蒸馏水,用待标定的 $Na_2S_2O_3$ 溶液滴定至浅黄色,然后加入 2mL $5g \cdot L^{-1}$ 淀粉指示剂,继续用 $Na_2S_2O_3$ 滴定至溶液呈亮绿色为终点,计算 $Na_2S_2O_3$ 的浓度。平行测定三份。

(三)以纯铜为基准物质标定 $Na_2S_2O_3$ 标准溶液的浓度

准确称取 0.2g 左右的纯铜于 250mL 烧杯中,加入 10mL HCl($6mol \cdot L^{-1}$)溶液,边搅拌边逐滴加入 2~3mL 30% 的 H_2O_2 溶液,至纯铜试样完全分解。加热,将多余的 H_2O_2 分解赶尽,然后冷却溶液,并定量转移至 250mL 容量瓶中,用蒸馏水冲洗烧杯内壁和玻璃棒 3 次,全部转入容量瓶中,定容,摇匀,备用。

准确移取 25.00mL 纯铜溶液于 250mL 碘量瓶中,滴加 $6mol \cdot L^{-1}$ $NH_3 \cdot H_2O$ 至沉淀刚刚生成,然后再加入 8mL $9mol \cdot L^{-1}$ HAc 溶液、10mL NH_4HF_2 溶液、10mL KI 溶液,用 $Na_2S_2O_3$ 溶液滴定至淡黄色,再加入 2mL $5g \cdot L^{-1}$ 淀粉溶液,继续滴定至溶液变为浅蓝色。再加入 10mL NH_4SCN 溶液,最后滴定至溶液的蓝色消失为终点。记录滴定消耗的 $Na_2S_2O_3$ 溶液的体积,计

算 $Na_2S_2O_3$ 溶液的浓度。

五、实验数据记录与处理

表6.4　$Na_2S_2O_3$ 标准溶液标定的实验数据记录表

测定次数 项　目	Ⅰ	Ⅱ	Ⅲ
样品+称量瓶质量 m_1（倾倒前），g			
样品+称量瓶质量 m_2（倾倒后），g			
样品质量 $m = m_1 - m_2$，g			
滴定消耗的 $Na_2S_2O_3$ 的体积 V，mL			
$c_{Na_2S_2O_3}$，$mol \cdot L^{-1}$			
$\overline{c_{Na_2S_2O_3}}$，$mol \cdot L^{-1}$			
相对偏差 d_r，%			
相对平均偏差 $\overline{d_r}$，%			

六、注意事项

(1)铜与KI反应进行较慢,尤其在稀溶液中更慢,故滴定前,放置3~5min,使反应进行完全。

(2)KI要过量,但浓度不能超过2%~4%,因为I^-太浓,淀粉指示剂颜色变化不灵敏。

(3)析出I_2后,要立即用$Na_2S_2O_3$溶液滴定,滴定速度易快不宜慢。

(4)淀粉指示剂不能过早加入,只能在近终点时加入。

七、思考题

(1)标定$Na_2S_2O_3$溶液时,加入KI溶液的体积要很准确吗?KI溶液作用是什么?

(2)用$Na_2S_2O_3$滴定I_2溶液时,为什么在接近化学计量点时加入淀粉指示剂?

(3)$Na_2S_2O_3$标准溶液应用什么方法配制?配制后为什么要放置数日后才能进行标定?

(4)配制$Na_2S_2O_3$标准溶液时,为什么要用刚煮沸放冷的蒸馏水?加入少量Na_2CO_3的目的是什么?

(5)标定$Na_2S_2O_3$溶液时,应在什么介质中进行?为什么?酸度大小对测定结果有何影响?

(6)标定$Na_2S_2O_3$溶液的基准物质有哪些?$K_2Cr_2O_7$标定$Na_2S_2O_3$的原理是什么?

实验 6.5　注射液中葡萄糖含量的测定

一、实验目的

(1) 掌握 I_2 标准溶液和 $Na_2S_2O_3$ 溶液的配制、保存及标定方法；
(2) 掌握间接碘量法测定葡萄糖含量的方法和原理。

二、实验原理

碘量法是氧化还原滴定中常用的测定方法之一。碘量法分为直接碘量法和间接碘量法，常用的试剂为 I_2 溶液和淀粉溶液。纯 I_2 不能作为基准物质使用，按照间接法来配制标准溶液。

碘量法均采用淀粉溶液指示终点，本实验使用的是间接碘量法，使碘与淀粉形成的蓝色物质颜色褪去作为滴定终点，指示剂应该在临近终点时加入。

碱性溶液中，I_2 可歧化成 IO^- 和 I^-，IO^- 能定量地将葡萄糖($C_6H_{12}O_6$)氧化成葡萄糖酸($C_6H_{12}O_7$)，未与 $C_6H_{12}O_6$ 作用的 IO^- 进一步歧化为 IO_3^- 和 I^-，溶液酸化后，IO_3^- 又与 I^- 作用析出 I_2，用 $Na_2S_2O_3$ 标准溶液滴定析出的 I_2，由此可计算出 $C_6H_{12}O_6$ 的含量，有关反应式如下：

I_2 的歧化：

$$I_2 + 2OH^- = IO^- + I^- + H_2O$$

$C_6H_{12}O_6$ 和 IO^- 定量作用：

$$C_6H_{12}O_6 + IO^- = I^- + C_6H_{12}O_7$$

总反应式：

$$I_2 + C_6H_{12}O_6 + 2OH^- = C_6H_{12}O_7 + 2I^- + H_2O$$

$C_6H_{12}O_6$ 作用完后，剩下的 IO^- 在碱性条件下发生歧化反应：

$$3IO^- = IO_3^- + 2I^-$$

在酸性条件下：

$$IO_3^- + 5I^- + 6H^+ = 3I_2 + 3H_2O$$

析出过量的 I_2 可用标准 $Na_2S_2O_3$ 溶液滴定：

$$I_2 + 2S_2O_3^{2-} = 2I^- + S_4O_6^{2-}$$

由以上反应可以看出一个分子葡萄糖与一个分子 NaIO 作用，而一个分子 I_2 产生一个分子 NaIO，也就是一个分子葡萄糖与一个分子 I_2 相当。由此可以作为定量计算葡萄糖含量的依据。

三、主要试剂与仪器

试剂:I_2 标液($0.05\text{mol}\cdot L^{-1}$)；$Na_2S_2O_3$ 标准溶液($0.1\text{mol}\cdot L^{-1}$，称取 13g $Na_2S_2O_3\cdot 5H_2O$ 溶

于300mL新煮沸且刚冷却的蒸馏水中,加入约0.1g的Na_2CO_3溶液);HCl溶液(6mol·L^{-1});NaOH溶液(0.2mol·L^{-1});葡萄糖注射液(0.50%);$K_2Cr_2O_7$标准溶液;淀粉溶液(0.5%,称取0.5g可溶性淀粉,用少量水调成糊状,慢慢加入到100mL沸腾的蒸馏水中,继续煮沸至溶液透明为止)。

仪器:碱式滴定管,移液管,烧杯,容量瓶等。

四、实验步骤

(一)I_2标准溶液浓度的标定

移取25.00mL I_2标准溶液于250mL锥形瓶中,加50mL蒸馏水稀释,用已标定好的$Na_2S_2O_3$标准溶液滴定至溶液呈浅黄色,再加入2mL淀粉溶液,继续滴定至蓝色刚好消失即为终点。记下消耗的$Na_2S_2O_3$溶液体积。平行测定3份,计算I_2标准溶液的浓度。

(二)葡萄糖含量的测定

移取10.00mL稀释后的葡萄糖注射液(0.5%)于250mL锥形瓶中,准确加入0.05mol·L^{-1} I_2标准溶液25.00mL(记录准确读数),慢慢滴加2mol·L^{-1} NaOH(如果滴加NaOH过快,就会使生成的IO^-来不及氧化葡萄糖就发生了歧化反应,生成了不与葡萄糖反应的I^-和IO_3^-,使测定结果偏低)。边加边摇,直至溶液呈淡黄色(加碱的速度不能过快,否则生成的IO^-来不及氧化$C_6H_{12}O_6$,使测定结果偏低)。用小表面皿将锥形瓶盖好,放置10~15min。然后加2mL 6mol·L^{-1} HCl使溶液成酸性,并立即用$Na_2S_2O_3$溶液滴定,至溶液呈浅黄色时,加入淀粉指示剂2mL,继续滴至蓝色刚好消失即为终点,记下滴定读数。平行滴定3份,计算葡萄糖的含量。

五、数据记录及处理

写出有关公式,将实验数据和计算结果填入表6.5和表6.6。根据滴定所消耗的体积分别计算$Na_2S_2O_3$溶液、I_2标准溶液的浓度和葡萄糖含量,并计算三次测定结果的相对标准偏差。对标定结果要求相对标准偏差小于0.2%,对测定结果要求相对标准偏差小于0.3%。

表6.5 I_2标准溶液标定的实验数据记录表

滴定编号	Ⅰ	Ⅱ	Ⅲ
I_2标准溶液的体积V_{I_2},mL			
滴定消耗的体积$V_{Na_2S_2O_3}$,mL			
c_{I_2},mol·L^{-1}			
$\overline{c_{I_2}}$,mol·L^{-1}			
相对偏差d_r,%			
相对平均偏差$\overline{d_r}$,%			

表 6.6　葡萄糖含量测定的实验数据记录表

滴定编号	I	II	III
滴定消耗的 I_2 的体积 V,mL			
$c_{葡萄糖}$,mol·L^{-1}			
$\overline{c_{葡萄糖}}$,mol·L^{-1}			
相对偏差 d_r,%			
相对平均偏差 $\overline{d_r}$,%			

六、注意事项

$Na_2S_2O_3$ 溶液滴定 I_2 标准溶液至终点,试液放置 5~10min 会变蓝,这是由于溶液中过量 I^- 被空气氧化的缘故。

七、思考题

(1) 配制 I_2 溶液时为何加入 KI?为何要先用少量水溶解后再稀释至所需体积?

(2) 为什么在氧化葡萄糖时加碱的速度要慢,且加完后要放置一段时间,而在酸化后要立即用 $Na_2S_2O_3$ 滴定?

实验 6.6　铜合金中铜含量的测定

一、实验目的

(1) 掌握间接碘量法测定铜含量的原理;
(2) 掌握间接碘量法的操作技术;
(3) 学习用淀粉指示剂正确判断滴定终点。

二、实验原理

铜合金的种类较多,主要有黄铜和各种青铜等。试样可以用 HNO_3 分解,但低价氮的氧化物能氧化 I^- 而干扰测定,故需用浓 H_2SO_4 蒸发将它们除去。也可用 H_2O_2 和 HCl 分解试样:

$$Cu + 2HCl + H_2O_2 =\!=\!= CuCl_2 + 2H_2O$$

煮沸以除尽过量的 H_2O_2。铜含量常用间接碘量法进行测定。样品在酸性溶液中,加入过量的 KI,使 KI 与 Cu^{2+} 作用生成难溶性的 CuI,并析出 I_2,再用 $Na_2S_2O_3$ 标准溶液滴定析出的 I_2:

$$2Cu^{2+} + 4I^- =\!=\!= 2CuI\downarrow + I_2$$
$$I_2 + 2S_2O_3^{2-} =\!=\!= S_4O_6^{2-} + 2I^-$$

CuI 沉淀溶解度较大,上述反应进行不完全。又由于 CuI 沉淀强烈吸附一些碘,使测定结果偏

低,滴定终点不明显。如果在滴定过程中加入 KSCN,使 CuI 沉淀转化为更难溶的 CuSCN 沉淀:

$$CuI + SCN^- \Longrightarrow CuSCN\downarrow + I^-$$

CuSCN 沉淀吸附 I_2 的倾向性较小,提高了分析结果的准确度,同时,使反应的终点比较明显。KSCN 只能在接近终点时加入,否则,SCN^- 可直接还原 Cu^{2+} 而使结果偏低:

$$6Cu^{2+} + 7SCN^- + 4H_2O \Longrightarrow 6CuSCN\downarrow + SO_4^{2-} + HCN + 7H^+$$

前一反应中 I^- 不仅是还原剂、配位剂,更重要的还是沉淀剂。正是由于 CuI 难溶于水,才使 Cu^{2+}/Cu^+ 的电极电势升至大于 I_2/I^- 的电极电势,使反应得以定量完成。

为了防止 Cu^{2+} 水解,反应必须在微酸性(pH = 3~4)溶液中进行。由于 Cu^{2+} 容易和 Cl^- 形成配离子,所以酸化时要用 H_2SO_4 或 HAc 不能用 HCl。酸度过低,反应速度慢,但酸度也不可过高,以避免在 Cu^{2+} 催化下加快 I^- 被空气的氧化,使结果偏高。

样品中若含 Fe,对测定有干扰(Fe^{3+} 能氧化 I^- 生成 I_2,使测得结果偏高),可加入 NaF 掩蔽。

三、主要试剂与仪器

试剂:$6mol \cdot L^{-1}$ HAc 溶液,$0.05mol \cdot L^{-1}$ $Na_2S_2O_3$ 标准溶液,10% KI 溶液,10% KSCN 溶液,0.5% 淀粉指示剂,铜合金试样。

仪器:分析天平,滴定管,移液管,容量瓶,锥形瓶等。

四、实验步骤

准确称取黄铜试样 0.10~0.15g 置于 250mL 锥形瓶中,加入(1+1) HCl 溶液,滴加约 2mL 的 H_2O_2,加热使试样分解完全,然后煮沸 1~2min,使 H_2O_2 分解赶尽。冷却后,加 60mL 水,滴加 $6mol \cdot L^{-1}$ 氨水直到溶液刚刚出现稳定的沉淀出现,然后加入 8mL HAc、10mL NH_4HF_2 缓冲溶液、10mL 10% KI 溶液,用 $Na_2S_2O_3$ 标准溶液滴定至浅黄色。加入 2mL(约 2 滴管)10% KSCN 溶液和 2mL 淀粉指示剂,混合后继续用 $Na_2S_2O_3$ 标准溶液滴定到蓝色刚好消失即为终点。记录使用 $Na_2S_2O_3$ 的体积。重复测定 2~3 次,计算结果和相对平均偏差。

五、实验数据记录与处理

表6.7 铜合金中铜含量测定的实验数据记录表

测定次数 项 目	Ⅰ	Ⅱ	Ⅲ
样品 + 称量瓶质量 m_1(倾倒前),g			
样品 + 称量瓶质量 m_2(倾倒后),g			
黄铜样品质量 $m = m_1 - m_2$,g			
$V_{Na_2S_2O_3}$,mL			
ω_{Cu},%			
$\overline{\omega_{Cu}}$,%			
相对偏差 d_r,%			
相对平均偏差 $\overline{d_r}$,%			

六、注意事项

(1) 滴定要在避光、快速、勿剧烈摇动下进行。
(2) 淀粉指示剂不能早加,因滴定反应中产生大量的 CuI 沉淀,若淀粉与 I_2 过早的生成蓝色配合物,大量的 I_3^- 被 CuI 吸附,终点呈较深的灰黑色,不易于终点观察。
(3) 加入 KSCN 不能过早,且加入后要剧烈摇动溶液,以利于沉淀转化和释放出被吸附的 I_3^-。
(4) 滴定至终点后若很快变蓝,表示 Cu^{2+} 与 I^- 反应不完全,该份样品应弃去重做。若 30s 之后又恢复蓝色,是空气氧化 I^- 生成 I_2 造成的,不影响结果。

七、思考题

(1) 碘量法测 Cu^{2+},为什么要在弱酸性介质中进行?若酸度过低或过高,对测定结果有何影响?
(2) 碘量法测 Cu^{2+},为什么要加 KSCN?不加 KSCN,对测定结果有何影响?
(3) 碘量法测 Cu^{2+},若过早加入 KSCN,会发生什么反应?使测定结果偏高还是偏低?

实验 6.7　维生素 C 药片中抗坏血酸含量的测定

一、实验目的

(1) 掌握 I_2 标准溶液的配制方法;
(2) 通过维生素 C 的测定了解直接碘量法的过程。

二、实验原理

维生素 C 又叫抗坏血酸,分子式为 $C_6H_8O_6$。由于分子中的烯二醇基具有还原性,能被 I_2 定量地氧化成二酮基,其反应式如下:

$$\underset{O\ OH\ OH\ H\ OH}{C-C=C-C-C-CH_2OH} + I_2 = \underset{O\ O\ O\ H\ OH}{C-C-C-C-C-CH_2OH} + 2HI$$

碱性条件下可使反应向右进行完全,但因维生素 C 还原性很强,在碱性溶液中尤其易被空气氧化,在酸性介质中较为稳定,故反应应在稀酸(如稀乙酸、稀硫酸或偏磷酸)溶液中进行,并在样品溶于稀酸后,立即用碘标准溶液进行滴定。

由于碘的挥发性和腐蚀性,不能在分析天平上直接称取,应采用间接配制法;通常用基准

As_2O_3 对 I_2 溶液进行标定。As_2O_3 不溶于水,溶于 NaOH:

$$As_2O_3 + 6NaOH = 2Na_3AsO_3 + 3H_2O$$

由于滴定不能在强碱性溶液中进行,需加 H_2SO_4 中和过量的 NaOH,并加入 $NaHCO_3$ 使溶液的 pH = 8。I_2 与亚砷酸之间的反应如下:

$$AsO_3^{3-} + I_2 + H_2O = AsO_4^{3-} + 2I^- + 2H^+$$

也可以用已知浓度的硫代硫酸钠标准溶液来标定碘的浓度:

$$I_2 + 2S_2O_3^{2-} = 2I^- + S_4O_6^{2-}$$

三、主要试剂与仪器

试剂:$NaHCO_3$、KI、I_2(以上为 AR)、As_2O_3(于 105 ℃ 干燥至恒重),6mol·L^{-1} NaOH,0.5mol·L^{-1} H_2SO_4,2mol·L^{-1} HAc,0.5% 淀粉溶液,维生素 C 片剂。

仪器:分析天平,滴定管,移液管,容量瓶,锥形瓶,烧杯等。

四、实验步骤

(一)0.1mol·L^{-1} I_2 标准溶液的配制

称取 3.3g I_2 和 5g KI,置于研钵中,于通风橱中,加入少量蒸馏水研磨,待 I_2 全部溶解后,将溶液转入棕色试剂瓶中,加水稀释至 250mL,摇匀,并于暗处保存。

(二)以 As_2O_3 为基准试剂标定 I_2 标准溶液

准确称取基准物质 As_2O_3 0.11g~0.15g,加 6mol·L^{-1} NaOH 溶液 10mL,微热使溶解,加水 20mL,加甲基橙指示剂 1 滴,加 0.5mol·L^{-1} H_2SO_4 试液至溶液由黄色变为粉红,再加 2g $NaHCO_3$、30mL 蒸馏水、2mL 淀粉指示剂,用碘标准溶液滴定至蓝色,30s 内不褪色为终点,计算 I_2 的浓度。平行测定三份。

(三)用 $Na_2S_2O_3$ 标准溶液标定 I_2 标准溶液的浓度

准确移取 $Na_2S_2O_3$ 溶液 25.00mL 于 250mL 锥形瓶中,加 50mL 蒸馏水、2mL 0.5% 的淀粉指示剂,用 I_2 标准溶液滴定至溶液呈浅蓝色,30s 内不褪色为终点,计算 I_2 的浓度。平行测定三份。

(四)维生素 C 含量的测定

准确称取维生素 C 样品 0.2g,溶于 100mL 新煮沸并冷却的蒸馏水中,立即加入 10mL 2mol·L^{-1} 的 HAc 溶液,加 2mL 淀粉指示剂,立即用浓度约为 0.1mol·L^{-1} 的 I_2 标准溶液滴定至溶液呈蓝色,计算维生素 C 的含量。平行测定三份。

五、实验数据记录与处理

写出有关公式,将实验数据和计算结果填入表 6.8、表 6.9 和表 6.10。根据滴定所消耗的体积分别计算 $Na_2S_2O_3$ 溶液的浓度、I_2 标准溶液的浓度和维生素 C 含量,并计算三次测定结果的相对标准偏差。对标定结果要求相对标准偏差小于 0.2%,对测定结果要求相对标准偏差小于 0.3%。

表 6.8 As_2O_3 为基准试剂标定 I_2 标准溶液的实验数据记录表

项 目 \ 测定次数	Ⅰ	Ⅱ	Ⅲ
样品 + 称量瓶质量 m_1(倾倒前),g			
样品 + 称量瓶质量 m_2(倾倒后),g			
As_2O_3 样品质量 $m = m_1 - m_2$,g			
V_{I_2},mL			
c_{I_2},mol·L^{-1}			
$\overline{c_{I_2}}$,mol·L^{-1}			
相对偏差 d_r,%			
相对平均偏差 $\overline{d_r}$,%			

表 6.9 $Na_2S_2O_3$ 标准溶液标定 I_2 标准溶液的实验数据记录表

滴定编号	Ⅰ	Ⅱ	Ⅲ
$V_{Na_2S_2O_3}$,mL			
c_{I_2},mol·L^{-1}			
$\overline{c_{I_2}}$,mol·L^{-1}			
相对偏差 d_r,%			
相对平均偏差 $\overline{d_r}$,%			

表 6.10 维生素 C 含量测定的实验数据记录表

滴定编号	Ⅰ	Ⅱ	Ⅲ
V_{I_2},mL			
$w_{维生素C}$,%			
$\overline{w_{维生素C}}$,%			
相对偏差 d_r,%			
相对平均偏差 $\overline{d_r}$,%			

六、注意事项

(1)配制 I_2 标准溶液时一定要在通风橱中进行。
(2)测维生素 C 含量时,加入指示剂后要立即用 I_2 标准溶液滴定。

七、思考题

（1）配制 I_2 标准溶液时,为什么要加过量 KI？可否将称得的 I_2 和 KI 一起加水至一定体积？

（2）溶解样品时,为什么要用新煮沸并冷却的蒸馏水？

（3）以 As_2O_3 为基准试剂标定 I_2 标准溶液时,为什么加入 $NaHCO_3$？

实验 6.8　溴酸钾法测定苯酚的含量

一、实验目的

（1）了解溴酸钾（$KBrO_3$）法测定苯酚的原理及方法；

（2）掌握 $KBrO_3$—KBr 溶液的配制方法。

二、实验原理

苯酚是煤焦油的主要成分之一,广泛应用于消毒、杀菌,并作为高分子材料、医药、农药合成的原料,由于苯酚的生产和应用造成了环境污染,因此它也是常规环境监测的主要项目之一。

$KBrO_3$ 是一种强氧化剂,在酸性溶液中与还原性物质作用被还原为 Br^-,半反应如下：

$$BrO_3^- + 6H^+ + 6e^- \rightleftharpoons Br^- + 3H_2O \qquad E_a^\ominus = 1.44V$$

$KBrO_3$ 法测定苯酚的原理是：基于 $KBrO_3$ 与 KBr 在酸性介质中反应,定量地产生 Br_2,Br_2 与苯酚发生取代反应生成三溴苯酚,剩余的 Br_2 用过量 KI 还原,析出的 I_2 以 $Na_2S_2O_3$ 标准溶液滴定,反应式如下：

$$BrO_3^- + 5Br^- + 6H^+ \rightleftharpoons 3Br_2 + 3H_2O$$

$$C_6H_5OH + 3Br_2 \longrightarrow C_6H_2Br_3OH + 3Br^- + 3H^+$$

$$Br_2 + 2I^- \rightleftharpoons I_2 + 2Br^-$$

$$I_2 + 2S_2O_3^{2-} \rightleftharpoons 2I^- + S_4O_6^{2-}$$

计量关系为：$C_6H_5OH \sim BrO_3^- \sim 3Br_2 \sim 3I_2 \sim 6S_2O_3^{2-}$

计算苯酚含量的公式为

$$\omega_{C_6H_5OH} = \frac{(c_{BrO_3^-} V_{BrO_3^-} - \frac{1}{6} c_{S_2O_3^{2-}} V_{S_2O_3^{2-}}) M_{C_6H_5OH}}{m_s} \times 100\%$$

式中　$c_{BrO_3^-}$——KBrO$_3$—KBr 标准溶液的浓度,mol·L^{-1};

$V_{BrO_3^-}$——KBrO$_3$—KBr 标准溶液的体积,L;

$c_{S_2O_3^{2-}}$——Na$_2$S$_2$O$_3$ 标准溶液的浓度,mol·L^{-1};

$V_{S_2O_3^{2-}}$——Na$_2$S$_2$O$_3$ 标准溶液的体积,L;

$M_{C_6H_5OH}$——C$_6$H$_5$OH 的摩尔质量,g·mol^{-1};

m_s——苯酚试样的质量,g。

通常用 K$_2$Cr$_2$O$_7$ 或纯铜作为基准物质标定 Na$_2$S$_2$O$_3$ 标准溶液,但为了与测定苯酚的实验条件一致,本实验采用 KBrO$_3$—KBr 法标定 Na$_2$S$_2$O$_3$ 标准溶液,标定过程与上述测定过程相同,但是以水代替苯酚试样进行操作。

三、主要试剂与仪器

试剂:KBrO$_3$—KBr 标准溶液(准确称取 0.8350g KBrO$_3$ 置于小烧杯中,加入 4gKBr,用水溶解后,定量转移至 250mL 容量瓶中,以水稀释至刻度,摇匀),0.05mol·L^{-1} Na$_2$S$_2$O$_3$,5g·L^{-1} 的淀粉溶液,1mol·L^{-1} KI 溶液,6mol·L^{-1} HCl,2.0mol·L^{-1} NaOH,苯酚试样。

仪器:电子天平,滴定管,移液管,容量瓶,碘量瓶等。

四、实验步骤

(一)Na$_2$S$_2$O$_3$溶液的标定

准确移取 25.00mL KBrO$_3$—KBr 标准溶液于 250mL 碘量瓶中,加入 25mL 水、10mL HCl 溶液,摇匀,盖上表面皿,暗处放置 5~8min。然后加入 KI 溶液 20mL,摇匀,再放置 5~8min,用 Na$_2$S$_2$O$_3$ 溶液滴定至浅黄色。加入 2mL 淀粉溶液。继续滴定至蓝色消失为终点。平行测定三份。

(二)苯酚试样的测定

于 100mL 烧杯中准确称取 0.2~0.3g 试样,加入 5mL NaOH,用少量蒸馏水溶解后,定量转入 250mL 容量瓶中,稀释至刻度,摇匀。分别准确移取 10.00mL 试样溶液于 250mL 碘量瓶中,再用移液管移取 25.00mL 0.02000mol·L^{-1} 的 KBrO$_3$—KBr 标准溶液,然后加入 10mL 6mol·L^{-1} 的 HCl 溶液,充分摇动 2min,使三溴苯酚沉淀完全分散后,盖上表面皿,再放置 5min,加入 20mL KI 溶液,暗处放置 5~8min 后,用 Na$_2$S$_2$O$_3$ 标准溶液滴定变至浅黄色。加入 2mL 淀粉溶液,继续滴定至蓝色刚好消失为终点。平行测定三份,计算苯酚的含量。

五、实验数据记录与处理

表 6.11　溴酸钾法测定苯酚含量的实验数据记录表

测定次数 项　目	I	II	III
样品 + 称量瓶质量 m_1（倾倒前），g			
样品 + 称量瓶质量 m_2（倾倒后），g			
苯酚样品质量 $m = m_1 - m_2$，g			
$V_{Na_2S_2O_3}$，mL			
$\omega_{C_6H_5OH}$，%			
$\overline{\omega_{C_6H_5OH}}$，%			
相对偏差 d_r，%			
相对平均偏差 $\overline{d_r}$，%			

六、注意事项

（1）加 KI 溶液时，不要完全打开瓶塞，只能稍松开瓶塞，使 KI 溶液沿瓶塞流入，以免 Br_2 挥发损失。

（2）三溴苯酚沉淀易包裹 I_2，故在近终点时，应剧烈振荡碘量。

（3）本实验同时应进行空白实验。

七、思考题

（1）标定 $Na_2S_2O_3$ 及测定苯酚时，能否用 $Na_2S_2O_3$ 溶液直接滴定 Br_2？为什么？

（2）试分析该操作流程中主要的误差来源有哪些？

（3）苯酚试样中加入 $KBrO_3$—KBr 溶液后，要用力摇动锥形瓶，其目的是什么？

（4）除了本方法外，请再设计一种苯酚的分析方法。

第7章 重量分析和沉淀滴定实验

实验 7.1 硝酸银标准溶液浓度的标定

一、实验目的

(1) 掌握用莫尔法进行沉淀滴定的原理和方法；
(2) 掌握 NaCl 标准溶液直接配制的方法。

二、实验原理

莫尔法是在中性或碱性溶液中,以 K_2CrO_4 为指示剂,用 $AgNO_3$ 标准溶液直接滴定 Cl^- 的方法,反应方程式如下:

$$Ag^+ + Cl^- \rightleftharpoons AgCl \downarrow \qquad 2Ag^+ + CrO_4^{2-} \rightleftharpoons Ag_2CrO_4 \downarrow$$
$$\text{(白色)} \qquad\qquad\qquad\qquad \text{(砖红色)}$$

由于 AgCl 的溶解度($8.72 \times 10^{-7} \text{mol} \cdot \text{L}^{-1}$)小于 Ag_2CrO_4 的溶解度($3.94 \times 10^{-7} \text{mol} \cdot \text{L}^{-1}$),根据分步沉淀的原理,在滴定过程中,首先析出 AgCl 沉淀,到达等当点后,稍过量的 Ag^+ 与指示剂 CrO_4^{2-} 生成砖红色的 Ag_2CrO_4 沉淀,指示滴定终点。

滴定必须在中性或弱碱性溶液中进行,最适宜的 pH 范围为 6.5~10.5,因为 CrO_4^{2-} 在溶液中存在下式平衡:

$$2H + 2CrO_4^{2-} \rightleftharpoons 2HCrO_4^- \rightleftharpoons Cr_2O_7^{2-} + H_2O$$

在酸性溶液中,平衡向右移动,CrO_4^{2-} 浓度降低,使 Ag_2CrO_4 沉淀过迟或不出现,从而影响分析结果。

在强碱性或氨性溶液中,滴定剂 $AgNO_3$ 发生下列反应:

$$Ag^+ + OH^- \rightleftharpoons AgOH \downarrow$$
$$2AgOH \rightleftharpoons Ag_2O + H_2O$$
$$Ag^+ + 2NH_3 \rightleftharpoons [Ag(NH_3)_2]^+$$

因此,若被测定的 Cl^- 溶液的酸性太强,应用 $NaHCO_3$ 或 $Na_2B_4O_7$ 中和;碱性太强,则应用稀硝酸中和,调至适宜的 pH 后,再进行滴定。

由于 AgCl 沉淀显著地吸附 Cl^-，导致 Ag_2CrO_4 沉淀过早出现。因此，滴定时必须充分摇荡，使被吸附的 Cl^- 释放出来，以获得准确的终点。

莫尔法的选择性较差。因为要在中性或弱碱性溶液中滴定，故凡能与 CrO_4^{2-} 生成沉淀的阳离子（如 Ba^{2+}、Pb^{2+} 等）和凡能与 Ag^+ 生成沉淀的阴离子（PO_4^{3-}、AsO_4^{3-}、S^{2-} 等）都对测定有一定的干扰。

三、主要试剂与仪器

试剂：$AgNO_3$（分析纯），NaCl（优级纯，使用前在高温炉中在 500~600℃ 下干燥 2~3h，于干燥器中冷却后，备用），K_2CrO_4 的溶液 $50g·L^{-1}$。

仪器：电子天平，容量瓶，移液管，滴定管等。

四、实验步骤

（一）NaCl 标准溶液的配制

准确称取 0.5~0.6g NaCl 基准物质于小烧杯中，用少量蒸馏水溶解后，定量转入 100mL 容量瓶中，以蒸馏水稀释至刻度线，摇匀备用。

（二）$AgNO_3$ 标准溶液的配制及标定

用移液管准确移取 25.00mL NaCl 标准溶液于 250mL 锥形瓶中，加入 25mL 蒸馏水（沉淀滴定中，为了减少沉淀对被测离子的吸附，一般滴定的体积应该大些，故需加蒸馏水稀释试液），加入 1mL $50g·L^{-1}$ 的 K_2CrO_4 溶液，在不断摇动条件下，用待标定的 $AgNO_3$ 标准溶液滴定至溶液由无色变为砖红色，30s 内不褪色，即为终点。平行测定三份，根据 $AgNO_3$ 标准溶液的体积及 NaCl 的质量，计算 $AgNO_3$ 标准溶液的浓度。另外，Ag 为贵重金属，含 AgCl 的废液应回收处理。

五、实验数据记录与处理

表 7.1 $AgNO_3$ 标准溶液浓度的标定的实验数据记录表

测定次数 项目	Ⅰ	Ⅱ	Ⅲ
样品 + 称量瓶质量 m_1（倾倒前），g			
样品 + 称量瓶质量 m_2（倾倒后），g			
NaCl 样品质量 $m = m_1 - m_2$，g			
NaCl 溶液定容体积，mL			
移取 NaCl 溶液体积，mL			
消耗的 $AgNO_3$ 的体积 V，mL			

续表

项 目 测定次数	I	II	III
c_{AgNO_3}, mol·L^{-1}			
$\overline{c_{AgNO_3}}$, mol·L^{-1}			
相对偏差 d_r,%			
相对平均偏差 $\overline{d_r}$,%			

六、思考题

(1) 以 K_2CrO_4 溶液作为指示剂时，其浓度太大或太小对滴定结果的影响如何？
(2) 莫尔法滴定时的 pH 应控制在什么范围？为什么？

实验 7.2　莫尔法测定可溶性氯化物中氯的含量

一、实验目的

(1) 掌握莫尔法测定氯化物的基本原理；
(2) 掌握莫尔法测定的反应条件。

二、实验原理

莫尔法是在中性或弱酸性溶液中，以 K_2CrO_4 为指示剂，用 $AgNO_3$ 标准溶液直接滴定待测试液中的 Cl^-，主要反应如下：

$$Ag^+ + Cl^- =\!=\!= AgCl\downarrow$$

由于 AgCl 的溶解度小于 Ag_2CrO_4，所以当 AgCl 定量沉淀后，微过量的 Ag^+ 即与 CrO_4^{2-} 形成砖红色的 Ag_2CrO_4 沉淀，它与白色的 AgCl 沉淀一起，使溶液略带橙红色即为终点。

三、主要试剂与仪器

试剂：$AgNO_3$（分析纯），NaCl（优级纯，使用前在高温炉中于 500～600℃下干燥 2～3h，贮于干燥器内备用），50g·L^{-1} K_2CrO_4 溶液。
仪器：电子天平，容量瓶，移液管，滴定管等。

四、实验步骤

准确称取含氯试样(含氯质量分数约为60%)1.6g左右于小烧杯中,加水溶解后,定量地转入250mL容量瓶中,稀释至刻度,摇匀。准确移取25.00mL于250mL锥形瓶中,加入蒸馏水20mL、1mL 50g·L^{-1} K$_2$CrO$_4$溶液,在不断摇动下,用AgNO$_3$标准溶液滴定至溶液呈橙红色即为终点。平行测定三次,根据试样质量、AgNO$_3$标准溶液的浓度和滴定时消耗的体积,计算试样中Cl$^-$的含量。

必要时进行空白测定,即取25.00mL蒸馏水按上述同样操作测定,计算时应扣除空白测定所耗AgNO$_3$标准溶液之体积。

五、实验数据记录与处理

表7.2 氯含量测定的实验数据记录表

项目 \ 测定次数	I	II	III
样品+称量瓶质量 m_1(倾倒前),g			
样品+称量瓶质量 m_2(倾倒后),g			
氯试样质量 $m=m_1-m_2$,g			
定容体积,mL			
移取氯试样溶液的体积,mL			
消耗的AgNO$_3$标准溶液体积,mL			
ω_{Cl},%			
$\overline{\omega_{Cl}}$,%			
相对偏差 d_r,%			
相对平均偏差 $\overline{d_r}$,%			

六、注意事项

(1)适宜的pH=6.5~10.5,若有铵盐存在,则pH=6.5~7.2。
(2)AgNO$_3$需保存在棕色瓶中,勿使AgNO$_3$与皮肤接触。
(3)实验结束后,盛装AgNO$_3$的滴定管先用蒸馏水冲洗2~3次,再用自来水冲洗。含银废液予以回收。

七、思考题

(1)配制好的AgNO$_3$溶液要贮于棕色瓶中,并置于暗处,为什么?
(2)空白测定有何意义?K$_2$CrO$_4$溶液的浓度大小或用量多少对测定结果有何影响?
(3)能否用莫尔法以NaCl标准溶液直接滴定Ag$^+$?为什么?

实验 7.3　可溶性钡盐中钡含量的测定

一、实验目的

(1)理解晶形沉淀的沉淀条件和沉淀方法；
(2)学习沉淀的过滤、洗涤、灼烧等操作技术；
(3)掌握 $BaSO_4$ 重量法测定 $BaCl_2$ 中钡含量的原理和方法。

二、实验原理

含 $BaCl_2$ 的试样溶解于水后,用稀 HCl 酸化,加热至近沸,在不断搅动下,缓慢地加入热的、稀的 H_2SO_4 溶液, Ba^{2+} 与 SO_4^{2-} 作用,形成微溶于水的沉淀。所得沉淀经陈化、过滤、洗净、烘干、炭化、灰化和灼烧后,以 $BaSO_4$ 形式称重,即可求得 $BaCl_2$ 中钡的含量。

Ba^{2+} 可生成一系列微溶化合物,如 $BaCO_3$、BaC_2O_4、$BaCrO_4$、$BaHPO_4$、$BaSO_4$ 等,其中以 $BaSO_4$ 溶解度最小。为了防止产生 $BaCO_3$、$BaHPO_4$、$BaHAsO_4$ 沉淀以及防止生成 $Ba(OH)_2$ 共沉淀, $BaSO_4$ 重量法一般在 $0.05mol \cdot L^{-1}$ 左右 HCl 介质中进行沉淀。同时,适当提高酸度,增加 $BaSO_4$ 在沉淀过程中的溶解度,以降低其相对过饱和度,有利于获得较好的晶形沉淀。

用 $BaSO_4$ 重量法测定 Ba^{2+} 时,一般用稀 H_2SO_4 作沉淀剂。为了使 $BaSO_4$ 沉淀完全, H_2SO_4 必须过量。由于 H_2SO_4 在高温下可挥发除去,故沉淀带下的 H_2SO_4 不致引起误差,因此,沉淀剂可过量 50% ~ 100%。但 NO_3^-、ClO_3^-、Cl^- 等阴离子和 K^+、Na^+、Ca^{2+}、Fe^{3+} 等阳离子,均可以引起共沉淀现象,故应严格掌握沉淀条件,减少共沉淀现象,以获得纯净的 $BaSO_4$ 晶形沉淀。 $PbSO_4$ 和 $SrSO_4$ 的溶解度均较小,对钡的测定有干扰。

$BaSO_4$ 重量法还广泛用于试样中 SO_4^{2-} 含量的测定,方法原理相同。但由于是用 Ba^{2+} 为沉淀剂,它在高温下不易挥发除去,因此,要控制 Ba^{2+} 沉淀剂的过量程度,一般只允许过量 20% ~ 30%。

三、主要试剂与仪器

试剂: H_2SO_4 溶液($1mol \cdot L^{-1}$), HCl 溶液($2mol \cdot L^{-1}$), $AgNO_3$ 溶液($0.1mol \cdot L^{-1}$), $BaCl_2 \cdot 2H_2O$(AR)。

仪器:瓷坩埚,马弗炉,淀帚,定量滤纸(中速),玻璃漏斗等。

四、实验步骤

(一)瓷坩埚的准备

洗净瓷坩埚,晾干,然后在 800 ~ 850℃ 马弗炉中灼烧。第一次灼烧 30 ~ 45min,取出稍冷片刻后,转入干燥器中冷至室温后称重。然后再放入同样温度的马弗炉中,进行第二次灼烧

15~20 min,取出稍冷后,转入干燥器中冷至室温,再称重,如此同样操作,直至恒重为止。

(二)试样分析

准确称取 0.4~0.6 g $BaCl_2 \cdot 2H_2O$ 试样,置于 250 mL 烧杯中,加水约 70 mL,加 2~3 mL 2 mol·L^{-1} 盐酸,盖上表面皿,加热至近沸,溶解,但勿使试液沸腾,以防溅失。与此同时,另取 4 mL 1mol·L^{-1} H_2SO_4 溶液,置于小烧杯中,用水稀至 30 mL,加热至近沸。然后将近沸的 H_2SO_4 溶液用小滴管逐滴加入到热的钡盐溶液中,并用玻璃棒不断搅动,直至全部加入为止。

待沉淀下沉后,在上层清液中加入 1~2 滴 1 mol·L^{-1} H_2SO_4,仔细观察沉淀是否完全,如已沉淀完全,盖上表面皿,将玻璃棒靠在烧杯嘴边(切勿将玻璃棒拿出杯外,以免损失沉淀),置于水浴或沙浴上加热,陈化 0.5~1 h,并不时搅动。也可将沉淀在室温下放置过夜,陈化。溶液冷却后,用慢速定量滤纸过滤,先将上层清液倾泻在滤纸上,再以稀 H_2SO_4 洗涤液(洗涤液用 2~4 mL 1mol·L^{-1} H_2SO_4 稀释至 200 mL 配制而成)洗涤沉淀 3~4 次,每次约用 10 mL,洗涤时均用倾泻法过滤。然后,将沉淀小心转移至滤纸上,用淀帚由上至下擦拭烧杯内壁,并用一小片滤纸擦净杯壁(该滤纸片是从折叠滤纸时撕下的小片),将此滤纸片放在漏斗内的滤纸上再用水洗涤沉淀至无 Cl^- 为止(用 $AgNO_3$ 溶液检查,检查方法是:用 10 mL 离心管收集 2 mL 滤液,加 1 滴 HNO_3、2 滴 $AgNO_3$,直到不显浑浊为止)。将沉淀和滤纸置于已恒重的瓷坩埚中,经干燥、炭化、灰化后,在 800~850℃ 下灼烧至恒重。平行测定 2~3 份。

根据称得到的 $BaSO_4$ 的质量计算试样 $BaCl_2 \cdot 2H_2O$ 中 Ba 的百分含量。

五、实验数据记录与处理

表 7.3 钡含量测定的实验数据记录表

项目 \ 测定次数	Ⅰ	Ⅱ	Ⅲ
坩埚+$BaSO_4$ 沉淀质量 m_1(第一次),g			
坩埚+$BaSO_4$ 沉淀质量 m_2(第二次),g			
空坩埚质量 m_3(第一次),g			
空坩埚质量 m_4(第二次),g			
$BaSO_4$ 沉淀质量 $m = m_2 - m_4$,g			
ω_{Ba},%			
$\overline{\omega_{Ba}}$,%			
相对偏差 d_r,%			
相对平均偏差 $\overline{d_r}$,%			

六、注意事项

(1)试液和沉淀剂都要预先稀释,而且试液要预先加热。
(2)必须检查沉淀是否完全以及 Cl^- 是否洗涤干净。
(3)沉淀完全后,保温放置一段时间,陈化后再进行过滤。

(4)洗涤沉淀时,要用洗涤液少量、多次洗涤,要自然冷却后再过滤,不能趁热过滤或者强制冷却过滤。

七、思考题

(1)为什么要在稀 HCl 介质中沉淀 $BaSO_4$？HCl 加入太多有什么影响？
(2)为什么沉淀 $BaSO_4$ 要在热溶液中进行而在冷却后过滤？沉淀后为什么要陈化？
(3)若 $BaCl_2 \cdot 2H_2O$ 称量过多,对测定有何影响？
(4)若 $BaSO_4$ 沉淀未干燥、炭化和灰化时,即将沉淀送至马弗炉中灼烧,有什么坏处？
(5)重量法中灼烧至恒重的意义是什么？

实验7.4 钢铁中镍含量的测定

一、实验目的

(1)掌握丁二酮肟镍重量法测定镍的实验原理和方法；
(2)掌握用玻璃坩埚过滤等重量分析法操作技术。

二、实验原理

丁二酮肟是二元弱酸(以 H_2D 表示),存在二级离解平衡。其分子式为 $C_4H_8O_2N_2$,摩尔质量为 $116.2 g \cdot mol^{-1}$。研究表明,只有 HD^- 状态才能在氨性溶液中与 Ni^{2+} 发生沉淀反应：

$$Ni^{2+} + \begin{array}{c} H_3C-C=NOH \\ H_3C-C=NOH \end{array} + 2NH_3 \cdot H_2O \Longleftrightarrow \begin{array}{c} \text{[Ni(HD)}_2\text{ complex]} \end{array} \downarrow + 2NH_4^+ + 2H_2O$$

沉淀经过滤、洗涤后,在120℃下烘干至恒重,称得丁二酮肟镍沉淀的质量,并进一步计算 Ni 的质量分数。

本法沉淀介质的酸度为 pH = 8~9 的氨性溶液。因为如果酸度过大,丁二酮肟生成 H_2D,使沉淀溶解度增大；如果酸度太小,丁二酮肟生成 D^{2-},同样将增加沉淀的溶解度,都会造成较大的实验误差。另外,如果氨浓度太高,会生成 Ni^{2+} 的氨络合物,也会造成较大的实验误差。

丁二酮肟是一种高选择性的有机沉淀剂,它只与 Ni^{2+}、Pd^{2+}、Fe^{2+} 生成沉淀。Co^{2+}、Cu^{2+} 也能与其生成水溶性络合物,不仅会消耗 H_2D,也会引起共沉淀现象。若 Co^{2+}、Cu^{2+} 含量高时,最好进行二次沉淀或预先分离。

由于 Fe^{3+}、Al^{3+}、Cr^{3+}、Ti^{4+} 等离子在氨性溶液中会生成氢氧化物沉淀,干扰测定,故在溶液中加氨水前,需加入柠檬酸或酒石酸等络合剂,使其生成水溶性的络合物,以消除干扰。

三、主要试剂与仪器

试剂:混合酸 $HCl+HNO_3+H_2O(3+1+2)$,酒石酸或柠檬酸溶液($500g \cdot L^{-1}$),丁二酮肟($10g \cdot L^{-1}$)的乙醇溶液,氨水($6mol \cdot L^{-1}$),HCl($6mol \cdot L^{-1}$),HNO_3($2mol \cdot L^{-1}$),$AgNO_3$($0.1mol \cdot L^{-1}$),氨—氯化铵洗涤液(每100mL水中加入1mL氨水和$1gNH_4Cl$),钢铁试样。

仪器:G_4微孔玻璃坩埚,烧杯,布氏漏斗,玻璃棒,电子天平,电炉,烘箱,坩埚钳等。

四、实验步骤

准确称取试样(含Ni 30~80mg)置于500mL烧杯中,加入20~40mL混合酸,盖上表面皿,低温加热溶解后,煮沸除去氮的氧化物,加入5~10mL酒石酸溶液(每克试样加入10mL)。然后,在不断搅动下,滴加氨水($6mol \cdot L^{-1}$)至溶液pH为8~9,此时溶液转变为蓝绿色。如有不溶物,应将沉淀过滤,并用热的氨—氯化铵洗涤液洗涤沉淀数次(洗涤液与滤液合并)。

滤液用HCl($6mol \cdot L^{-1}$)酸化,用热水稀释至约300mL,加热至70~80℃,在不断搅拌下,加入$10g \cdot L^{-1}$丁二酮肟乙醇溶液沉淀Ni^{2+}(每毫克Ni^{2+}约需1mL $10g \cdot L^{-1}$的丁二酮肟溶液),最后再多加20~30mL。但所加试剂的总量不要超过试液体积的1/3,然后在搅拌条件下,滴加氨水($6mol \cdot L^{-1}$),使溶液的pH为8~9,在60~70℃下保温30~40min。取下,稍冷后,用恒重的G_4微孔玻璃坩埚进行减压过滤,用微氨性的$20g \cdot L^{-1}$酒石酸溶液洗涤烧杯和沉淀8~10次,再用温热水洗涤沉淀至无Cl^-为止(检查Cl^-时,可将滤液以稀HNO_3酸化,再用$AgNO_3$检查)。将带有沉淀的微孔玻璃坩埚置于130~150℃烘箱中烘1h,冷却,称量,然后再烘干,称量,直至恒重为止。平行测定三份。根据计算公式,计算试样中Ni的含量。实验完毕,微孔玻璃坩埚以稀盐酸洗涤干净。

五、实验数据记录与处理

表7.4 镍含量测定的实验数据记录表

测定次数 项 目	Ⅰ	Ⅱ	Ⅲ
坩埚+沉淀质量m_1(第一次),g			
坩埚+沉淀质量m_2(第二次),g			
空坩埚质量m_3(第一次),g			
空坩埚质量m_4(第二次),g			
丁二酮肟镍沉淀质量$m=m_2-m_4$,g			
ω_{Ni},%			
$\overline{\omega_{Ni}}$,%			
相对偏差d_r,%			
相对平均偏差$\overline{d_r}$,%			

六、思考题

(1) 溶解试样时加入 HNO_3 的作用是什么?

(2) 为了得到纯净的丁二酮肟镍沉淀,应选择和控制好哪些实验条件?

(3) 重量法测定镍,也可将丁二酮肟镍灼烧成氧化镍称量(至恒重)。这与本方法相比较,哪种方法较为优越? 为什么?

第8章 吸光光度法实验

实验8.1 邻二氮菲分光光度法测定微量铁

一、实验目的

(1) 掌握邻二氮菲分光光度法测定微量铁含量的实验原理;
(2) 理解绘制吸收曲线的方法,正确选择测定波长;
(3) 熟悉可见分光光度计的正确使用方法;
(4) 熟悉标准曲线的绘制方法及使用。

二、实验原理

利用分光光度法测量微量铁含量,显色剂种类比较多,有邻二氮菲及其衍生物、磺基水杨酸、硫氰酸盐等。邻二氮菲分光光度法测定微量铁,具有灵敏度高、稳定性好、干扰易于消除等优点,是目前普遍采用的分析方法。

在 pH = 2~9 的溶液中,邻二氮菲与 Fe^{2+} 生成稳定的红色配合物,其 $\lg\beta = 21.3$,摩尔吸光系数 $\varepsilon = 1.1 \times 10^4 L \cdot mol^{-1} \cdot cm^{-1}$,反应式如下:

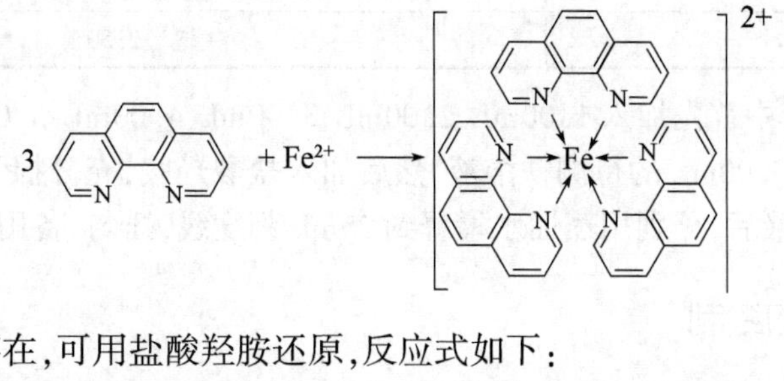

如果有三价铁存在,可用盐酸羟胺还原,反应式如下:

$$2Fe^{3+} + 2NH_2OH = 2Fe^{2+} + 2H^+ + N_2\uparrow + 2H_2O$$

邻二氮菲还能与许多金属离子形成配合物,其中有些是较稳定的配合物,比如与 Cu^{2+}、Co^{2+}、Ni^{2+}、Cd^{2+}、Hg^{2+}、Mn^{2+}、Zn^{2+} 等形成的配合物;有些配合物的颜色不是很深的,比如与 Cu^{2+}、Co^{2+}、Ni^{2+} 等形成的配合物。当这些离子少量存在时,加入足够过量的邻二氮菲,不会影

响 Fe^{2+} 的测定；当这些离子大量存在时，可以加入 EDTA 等掩蔽剂掩蔽或者预先分离。

本方法的选择性很高，相当于含铁量 40 倍的 Sn^{2+}、Al^{3+}、Ca^{2+}、Mg^{2+}、Zn^{2+}、SiO_3^{2-}，20 倍的 Cr^{3+}、Mn^{2+}、$V(V)$、PO_4^{3-}，5 倍的 Co^{2+}、Cu^{2+} 等均不干扰测定。

三、主要试剂与仪器

试剂：$NH_4Fe(SO_4)_2 \cdot 2H_2O$，$HCl(6mol \cdot L^{-1})$，NaAc 溶液（$1mol \cdot L^{-1}$），邻二氮菲溶液（$1.5g \cdot L^{-1}$），盐酸羟胺溶液（$100g \cdot L^{-1}$），铁未知液。

仪器：分光光度计，洗瓶，容量瓶或比色管，分析天平，称量瓶等。

四、实验步骤

（一）$0.1mg \cdot mL^{-1}$ 铁标准溶液配制

准确称取 0.8634g 的 $NH_4Fe(SO_4)_2 \cdot 12H_2O$，置于烧杯中，加入 20mL $6mol \cdot L^{-1}$ HCl 和少量水，溶解后，定量地转移至 1L 容量瓶中，以水稀释至刻度线，摇匀。

用移液管吸取 $0.1mg \cdot mL^{-1}$ 铁标准溶液 10mL 于 100mL 容量瓶中，加入 2mL $2mol \cdot L^{-1}$ 的 HCl，用水稀释至刻度，摇匀。此溶液每毫升含 Fe^{2+} 量为 $10\mu g$。

（二）显色溶液的配制

按表 8.1 配制溶液。

表 8.1　显色溶液配制的数据表

试剂 \ 编号 数量	1	2	3	4	5	6	7
Fe^{3+} 标准溶液（浓度为 $10\mu g \cdot mL^{-1}$），mL	0.00	1.00	2.00	3.00	4.00	5.00	—
待测 Fe^{3+} 试液，mL	—	—	—	—	—	—	5.00
$V_{盐酸羟胺}$，mL	1.00						
$V_{邻二氮菲}$，mL	1.00~2.00						
V_{NaAc}，mL	2.50						

在 2~6 号比色管中首先加入 1.00mL、2.00mL、3.00mL、4.00mL、5.00mL 的铁标准溶液，在 7 号比色管中加入 5.00mL 的待测铁溶液，然后加入盐酸羟胺，充分摇匀后再分别加入邻二氮菲和醋酸钠溶液。最后，分别用蒸馏水稀释到 25mL 刻度线，摇匀，备用。

（三）吸收曲线的绘制

以上述 3 号或 4 号溶液为测试溶液，以试剂空白（即 1 号溶液）为参比溶液，用 1cm 比色皿，测量波长在 440~560nm 之间，每隔 10nm 分别测定溶液的吸光度（A）。在最大吸收峰附近每隔 5nm 测定一次。以波长（λ）为横坐标，吸光度（A）为纵坐标，绘制吸收曲线，确定溶液的最大吸收波长（λ_{max}）。

(四)标准曲线的绘制

在最大吸收波长(λ_{max})处,以试剂空白(即1号溶液)为参比溶液,用1cm比色皿,分别测定上述2~6号比色管中溶液的浓度。然后,以浓度为横坐标,吸光度为纵坐标,绘制标准曲线。

(五)待测试样中铁含量的测定

以上述相同的方法测定待测试样(即7号溶液)的吸光度(A)。根据标准曲线求出试样中铁的含量($\mu g \cdot mL^{-1}$)。

五、实验数据记录与处理

(一)吸收曲线的绘制

表8.2　吸收曲线测定的实验数据记录表

波长(λ),nm	440	450	460	470	480	490	500
吸光度(A)							
波长(λ),nm	505	510	515	520	530	540	550	560
吸光度(A)								

$\lambda_{max} = ?$

(二)标准曲线的绘制

表8.3　标准曲线测定的实验数据记录表

试剂 \ 数量 编号	1	2	3	4	5	6	7
$V_{Fe^{3+}}$(铁标准液浓度为$10\mu g \cdot mL^{-1}$),mL	0.00	1.00	2.00	3.00	4.00	5.00	—
$V_{Fe^{3+}}$(待测试液),mL	—	—	—	—	—	—	5.00
$\rho_{Fe^{3+}}$(标液),$\mu g \cdot mL^{-1}$	0.00	0.40	0.80	1.20	1.60	2.00	—
吸光度(A)							

(三)样品溶液的测定

$V_{试液} = 5.00 mL$,测出 $A_x = ?$

六、注意事项

(1)各种试剂的加入,均使用移液管或吸量管。

(2)首先加入铁试样,然后加入盐酸羟胺,充分摇匀后再分别加入邻二氮菲和醋酸钠溶液。试剂的加入顺序不能颠倒。同时,每加入一种试剂后,都应该充分摇匀。

七、思考题

(1) 本实验中盐酸羟胺、醋酸钠分别是什么作用?
(2) 怎样用吸光光度法测定水样中的全铁(总铁)和亚铁的含量? 试拟出简单的实验步骤。

实验 8.2　磷钼蓝吸光光度法测定钢铁中的磷

一、实验目的

(1) 了解测定钢铁中磷的意义;
(2) 掌握钢铁中磷的测定原理和方法。

二、实验原理

磷是典型的非金属元素,它在钢铁及合金中主要以固熔体的磷化铁(Fe_2P、Fe_3P)形式存在,还有少量的磷酸盐等夹杂物,其来源一般从矿石带入。磷是钢铁的有害元素,它会使钢铁发生冷脆,降低钢铁的冲击韧性并影响其锻接,一般要控制钢材中磷的含量不大于 0.06%,高级的合金钢中磷的含量应在 0.03% 以下,在某些特殊钢中,为提高其耐磨性而只允许磷的含量达到 0.10% 左右。因此,钢铁及合金中磷含量的测定是一项必不可少的项目。

目前,实用的磷含量分析方法有滴定法和吸光光度法两种。吸光光度法又包括钒钼黄法和磷钼蓝法两类。钒钼黄是磷酸与钒酸、钼酸作用形成磷钒钼黄杂多酸后直接进行测定。磷钼蓝法是将磷钼杂多酸还原成钼蓝后再进行测定,所使用的还原剂有氯化亚锡、抗坏血酸、硫酸联胺和亚硫酸盐等。本实验采用磷钼蓝吸光光度法测定磷的含量。

首先用王水溶解试样,高氯酸氧化磷,加钼酸铵使磷转化为磷钼配合离子。然后用氟化物掩蔽铁离子,利用氯化亚锡将其还原成钼蓝。最后用分光光度法测定磷的含量。主要反应:

$$3Fe_3P + 41HNO_3 =\!=\!= 9Fe(NO_3)_3 + 3H_3PO_4 + 14NO\uparrow + 16H_2O$$

$$Fe_3P + 13HNO_3 =\!=\!= 3Fe(NO_3)_3 + 3H_3PO_3 + 4NO\uparrow + 5H_2O$$

$$4H_3PO_3 + HClO_4 =\!=\!= 4H_3PO_4 + HCl$$

$$H_3PO_4 + 12H_2MoO_4 =\!=\!= H_3[P(MoO_{10})_4] + 12H_2O$$

$$H_3[P(MoO_{10})_4] + 8H^+ + 4Sn^{2+} =\!=\!= (2MoO_2 \cdot 4MoO_3)_2 \cdot H_3PO_4 + 4Sn^{4+} + 4H_2$$

生成的磷钼蓝络合物的蓝色深浅与磷的含量成正比,据此也可利用比色法测定磷的含量。

三、主要试剂与仪器

试剂:王水(盐酸:硝酸=3:1),高氯酸(浓),亚硫酸钠溶液(10%),钼酸铵溶液(5%),6% 的 H_2SO_4 溶液,氟化钠—氯化亚锡溶液,磷标准溶液($0.01mg \cdot mL^{-1}$)等。

仪器:分光光度计,分析天平,移液管(10mL、5mL、2mL、1mL),吸耳球,烧杯,容量瓶,玻璃棒,电炉,量筒,滤纸等。

四、实验步骤

(一)样品的消化

准确称取约 0.5g 的试样,置于 100mL 小烧杯中,加入 10mL 王水,完全溶解(可稍加热促使其溶解)后加入 5mL 浓高氯酸,电炉上加热至棕色气泡冒尽后,然后冒白烟 2min,取下快速搅拌冷却,用 6% H_2SO_4 溶解并定量转移至 100mL 容量瓶中。

(二)样品的测定

分别准确移取 10.00mL 样品液于 4 个小烧杯中,再分别加入 $0.01mg \cdot mL^{-1}$ 磷标准溶液 0.00mL、1.00mL、2.00mL、3.00mL,然后加入 1.5mL 10% 的亚硫酸钠溶液后,置于电炉加热至沸腾。立即加入 5mL 钼酸铵并摇匀,再加入 20mL 氟化钠—氯化亚锡溶液摇匀,放置 1~2min,冷却后,用 6% 的 H_2SO_4 溶液定容至 50mL 容量瓶。

以试剂空白为参比溶液,用 1cm 比色皿,波长为 680nm,测定溶液的吸光度,绘制标准曲线,并计算样品中磷的含量。

五、数据记录与处理

(一)实验数据

表 8.4 样品测定的实验数据记录表

组 号	1	2	3	4
外加磷标准溶液体积,mL				
外加磷标准溶液浓度,$mg \cdot mL^{-1}$				
吸光度(A)				

(二)数据图表

以外加磷标准溶液的浓度($mg \cdot mL^{-1}$)为横坐标,吸光度为纵坐标,绘制标准曲线,求出线性关系式,然后外延标准曲线,与横坐标 X 轴相交,相交点与原地的距离即为所求的待测元素浓度 C_x。从而计算出磷的含量。

六、实验注意事项

(1)测定磷所用的小烧杯,必须专用且不接触磷酸,因磷酸在高温时(100~150℃)能侵蚀玻璃而形成 $SiO_2·P_2O_5$ 或是 $SiO(PO_3)_2$,用水及清洁剂不易洗净,并会使测定磷的结果增大。

(2)可以加入氟化钠掩蔽铁、钛、锆的干扰;当有高价铬、钒存在时,加入亚硫酸钠将铬、钒还原为低价态的形式,从而消除其影响。

(3)消化条件的控制:

①应该使用氧化性的酸,不得单独使用盐酸或硫酸,必须使用具有氧化性的硝酸或硝酸与其他酸的混合酸。否则会生成气态 PH_3 挥发,从而造成损失。

②必须将亚磷酸转化成正磷酸。因为亚磷酸不能和钼酸生成磷钼杂多酸混合物。

③消化操作时,一定注意不能让溶液蒸干,同时边加热边摇动溶液,使其变为淡黄色固状物,否则会变成不易溶解的黑褐色多磷化物。

(4)温度对测定吸光度也有影响,温度高会使测定的吸光度偏低。一般控制温度在90~100℃之间,温度太低时会影响测定的结果。为了消除温度的影响,一般应在显色反应完成后,冷却至室温后,再进行测定。

七、思考题

(1)在什么情况下用标准加入法进行样品的测定?它和常用的标准曲线法有什么不同?

(2)在溶解钢铁样品时,是否可以单独使用盐酸或高氯酸?

(3)样品在酸溶解后,为什么要用6% H_2SO_4 转移定容而不用蒸馏水?

(4)处理好的样品溶液在进行反应时,为什么要控制温度?

实验8.3　水样中六价铬含量的测定

一、实验目的

(1)学习用二苯碳酰二肼光度法测定水中六价铬的方法;

(2)进一步熟悉分光光度计和吸量管的使用方法。

二、实验原理

铬能以六价和三价两种形式存在于水体中。电镀、制革、制铬酸盐或铬酐等工业废水中含有大量的铬,排入水体后,会污染水源,使水中铬含量超标。医学研究发现,六价铬具有致癌性,六价铬的毒性比三价铬强100倍。根据国家标准(GB 5749—2006),生活饮用水中铬(Ⅵ)不得超过 $0.05\ mg·L^{-1}$,地面水中铬(Ⅵ)含量不得超过 $0.1\ mg·L^{-1}$(GB 3838—2002),污水中铬(Ⅵ)和总铬最高允许排放量分别为 $0.5\ mg·L^{-1}$ 和 $1.5\ mg·L^{-1}$(GB 8978—1996)。

测定微量铬的方法有很多,其中最常用的方法有原子吸收分光光度法和吸光光度法。在吸光光度法中,选择合适的显色剂,可以测定六价铬,将三价氧化为六价,可以测定总铬。用 5-Br-PADAP作显色剂,可以直接测定三价铬。

吸光光度法测定六价铬,国家标准采用二苯碳酰二肼[$CO(NH·NH·C_6H_5)_2$,DPCI]作为显色剂。在酸性条件下,六价铬与DPCI反应生成紫红色化合物,可以直接用吸光光度法测定,也可以用萃取光度法测定,最大吸收波长为540nm左右,摩尔吸光系数 ε 为 $2.6×10^4 \sim 4.17×10^4 L·mol^{-1}·cm^{-1}$。

铬(Ⅵ)与DPCI的显色酸度为 $0.1 mol·L^{-1} H_2SO_4$ 介质。最适宜的显色温度为15℃,温度过低,显色慢;温度过高,稳定性较差。显色反应在2~3min内可以完成,有色化合物在1.5h内稳定。

低价汞离子和高价汞离子与DPCI试剂作用生成蓝色或蓝紫色化合物而产生干扰,但在所控制的酸度下,反应不灵敏。铁的浓度大于 $1 mg·L^{-1}$ 时,将与试剂生成黄色化合物而引起干扰,可加入 H_3PO_4 与 Fe^{3+} 络合而消除。钒(Ⅴ)的干扰与铁相似,但与试剂形成的棕黄色化合物很不稳定,颜色会很快褪去(约20min),故可不予考虑。少量 Cu^{2+}、Ag^+、Au^{3+} 等在一定程度上会产生干扰。钼与试剂生成紫红色化合物,但灵敏度低,钼低于 $0.2 mg·mL^{-1}$ 时不干扰。适量中性盐不干扰。还原性物质干扰测定。

用此法测定水中六价铬,当取样体积为50mL时,使用3cm的比色皿,方法的最小检出限量为0.2μg,最低检出浓度为 $0.004 mg·L^{-1}$。

三、主要试剂与仪器

试剂:

(1)铬标准贮备溶液。准确称取于120℃下干燥2h的 $K_2Cr_2O_7$ 基准物0.2830g于50mL烧杯中,用水溶解后转至1000mL容量瓶中,稀至刻度,摇匀。此Cr(Ⅵ)溶液的浓度为 $0.1000 mg·mL^{-1}$。

(2)铬标准溶液。用吸量管移取铬贮备液5mL于500mL容量瓶中,用水稀至刻度,摇匀。得到 $1.00 μg·mL^{-1}$ 铬(Ⅵ)溶液。临用时新配。

(3) $2 g·L^{-1}$ 的DPCI溶液。称取0.1g DPCI,溶于25mL丙酮后,用水稀至50mL,摇匀。贮于棕色瓶中,放入冰箱中保存,颜色变深后不能使用。

(4) $H_2SO_4(1+1)$ 溶液。

仪器:分光光度计,吸量管,比色管,吸耳球,烧杯,棕色试剂瓶。

四、实验步骤

(一)标准曲线的绘制

在7支50mL比色管中,用吸量管分别加入0.00mL、0.50mL、1.00mL、2.00mL、4.00mL、7.00mL和10.00mL的 $1.00 μg·mL^{-1}$ 铬标准溶液,分别加入 $0.60mL(1+1)H_2SO_4$ 溶液、2.00mL DPCI溶液,用蒸馏水稀释至刻度线,摇匀。静置5min,用3cm比色皿,以试剂空白为参比溶液,在540nm下测量吸光度。绘制吸光度(A)对六价铬溶液的标准曲线。

（二）水样中铬含量的测定

取适量水样于 50mL 比色管中，加入 0.60mL(1+1) H_2SO_4 溶液，摇匀，再加入 2.00mL DPCI 溶液，用水稀释至标线，然后按照上述步骤，测量吸光度，从标准曲线上查得六价铬的含量，计算水样中六价铬的含量（单位为 $mg \cdot L^{-1}$）。

五、数据记录与处理

表 8.5 铬含量测定的实验数据记录表

组号	1	2	3	4	5	6	7	水样
加入铬标液的体积 V,mL								—
$\rho_{Cr^{6+}}$, $mg \cdot L^{-1}$								
吸光度(A)								

六、注意事项

（1）本实验的所有玻璃器皿不能用铬酸洗液洗涤。
（2）本方法适合测定低浓度的六价铬，高浓度的六价铬可以用硫酸亚铁铵滴定法和重铬酸钾法，其中硫酸亚铁铵滴定法适用于总铬的测定，而重铬酸钾法适用于六价铬的测定。
（3）DPCI 试剂应贮于棕色瓶中，置于冰箱中保存，颜色变深后不能再使用。
（4）水样采集后，应加入氢氧化钠使其 pH 在 8 左右，并且尽快测定，放置时间不能超过 24h。
（5）除了本方法外，还有其他测定方法，如催化光度法、催化荧光法及共振光散射光谱等。

七、思考题

（1）如果实验中水样所测得的吸光度值不在标准曲线的范围内，怎么办？
（2）怎样测定水样中六价铬和三价铬的含量？

实验 8.4 水样中铜的吸光光度法测定

一、实验目的

（1）掌握双环己酮草酰双腙分光光度法测铜的原理和方法；
（2）熟悉分光光度计的正确使用方法；
（3）熟悉标准曲线的绘制方法及使用。

二、实验原理

双环己酮草酰双腙($C_{14}H_{22}N_4O_2$,简称 BCO)是一种常见的络合剂(显色剂)。在 pH 为 9~9.5的溶液中,BCO 可与二价铜离子形成稳定的蓝色络合物。该络合物对黄色光具有较好的吸收,其吸光度(A)与铜离子的浓度存在一定的线性关系,可用于水样中铜含量的测定。

水样中存在的铁离子会产生干扰,可用柠檬酸掩蔽。

三、主要试剂与仪器

试剂:

(1)柠檬酸(50%)。

(2)$NH_3 \cdot H_2O(1+1)$。

(3)双环己酮草酰双腙(0.05%)。用分析天平称取约0.5g BCO 于烧杯中,加入400mL 乙醇,搅拌,并用玻璃棒压碎颗粒或用超声波粉碎。加入约200mL 热水,搅拌促使其溶解(若溶解不完全可用水浴加热促溶),完全溶解后将其定量转移至1L 的容量瓶中,加入蒸馏水稀释至刻度线。

(4)Cu^{2+}标准溶液($5\mu g \cdot mL^{-1}$)。用分析天平准确称取优级纯 $CuSO_4 \cdot 5H_2O$ 0.3939g 于小烧杯中,加入少量蒸馏水和稀硫酸溶解后,定量转移至1L 的容量瓶中,加水稀释至刻度线,摇匀。移取5.00mL 上述标准溶液于100mL 的容量瓶中,加水稀释至刻度线,摇匀备用。

仪器:分光光度计,容量瓶,电子天平,烧杯等。

四、实验步骤

取7个50mL 的容量瓶,分别加入0.00、1.00mL、3.00mL、5.00mL、7.00mL、9.00mL 的 Cu^{2+}标准溶液($5\mu g \cdot mL^{-1}$)以及10.00mL 水样,分别加入2.00mL 50% 的柠檬酸,放置3~5min 后,再加入4.00mL $NH_3 \cdot H_2O$ 溶液,使溶液 pH 为9~9.5,加入10.00mL 0.05% 的 BCO 溶液,放置5min 后,加入蒸馏水稀释至刻度线,摇匀。

以试剂空白为参比溶液,在620nm 下测量各溶液的吸光度。绘制吸光度(A)对 Cu^{2+}标准溶液的标准曲线。从标准曲线上查得铜的含量,计算水样中铜的含量(单位为 $mg \cdot L^{-1}$)。

五、思考题

(1)实验中为何要加入$6mol \cdot L^{-1} NH_3 \cdot H_2O$ 溶液调节溶液的 pH 为9~9.5?

(2)本实验中哪些试剂需要准确配制和准确加入?

(3)根据实验结果,计算 Cu^{2+}—BCO 配合物的摩尔吸光系数。

第9章 综合性设计实验

一、综合性设计实验的目的

为了激发学生学习积极性、启发探索与创新精神、培养学生理论联系实际以及独立分析问题和解决问题的能力,在完成一部分基础实验之后,安排若干个设计实验,由学生针对选定的实验题目,运用理论知识和实验知识,适当查阅有关的参考资料,独立地设计实验方案并进行实验。实验结束后,由教师组织学生进行交流和讨论。

设计实验与前面已做过的基础实验有截然不同的目的和要求。做基础实验时,要求学生按照给定的实验方法和步骤进行操作,对实验结果的准确度和精密度要求很高。而设计实验的主要目的是放手给学生一个自由发挥的机会,希望学生充分运用所学的理论知识和实验技术,自己选择分析方法、设计实验步骤,并在实验过程中进行实验、改进和完善。在实验过程中,提倡对不同的实验条件(例如不同的指示剂、酸度、温度、试剂用量、样品的用量及处理方法等)进行实验、对比,以便确定最佳实验方案。设计实验对结果的要求并不是最主要的,在能达到一定的准确度要求的前提下,以简便、经济、可行的实验方案为最佳方案。

二、综合性设计实验的要求

在设计方案和实验过程中要注意以下几点要求:

(1)首先要选定分析方法,包括滴定方式等。

(2)若液体试样待测组分的大致浓度及溶液的酸度都是未知的,要设法进行粗测后再决定如何取样和处理。固体试样一般由教师提供来源及大致含量。对测定结果有效数字的要求,除在"实验题目注释"中另有说明外,均应保留四位有效数字。

(3)要考虑如何消除样品中的干扰因素。

(4)在能满足测定准确度要求的情况下,要尽量节约试剂及样品的使用量。对所用标准溶液的浓度,一般不要高于下列限制:HCl 和 NaOH,$0.2\,mol\cdot L^{-1}$;EDTA 和 Zn,$0.02\,mol\cdot L^{-1}$;$AgNO_3$ 和 $Na_2S_2O_3$,$0.05\,mol\cdot L^{-1}$。

(5)初步方案包括下列内容:①分析方法的选择;②测定原理、定量测定的理论依据、选择的标准溶液、指示剂选择的依据、选择的指示剂、测定的条件和干扰的消除等;③主要仪器和试剂;④实验步骤,包括标准溶液的配制与标定、试样的测定等;⑤计算公式;⑥注意事项;⑦误差分析;⑧主要参考文献等。

(6)实验结束后要整理实验报告,其中除预习报告中的基本内容外,还应写明以下内容:①实验原始数据;②实验数据记录与处理以及实验结果;③如果实际实验方法与预习报告中的设计方案不一致,应重新写明操作步骤,改动不多的可加以说明;④对所设计的实验方案和实验结果进行评价,并对实验问题的进行讨论,包括对分析方法或实验条件可进一步改进的设想等。

实验 9.1　HCl—NH_4Cl 混合液中各组分含量的测定

一、实验目的

(1)设计 HCl—NH_4Cl 各组分含量测定的分析方案以及具体实施步骤;
(2)进一步掌握配制与标定 NaOH 标准溶液的方法;
(3)理解甲醛法进行弱酸强化的原理;
(4)掌握分步滴定的原理与实验条件;
(5)进一步巩固酸碱滴定基本原理和操作技能。

二、实验原理

混合溶液中 HCl 为一元强酸,NH_4Cl 为强酸弱碱盐,也是一元弱酸,两者离解常数 K_a 的比值大于 10^5,因此可分步进行滴定。根据混合酸连续滴定的原理,HCl 是强酸,第一步可直接利用 NaOH 标准溶液对其进行滴定,以甲基红为指示剂。NH_4Cl 是弱酸,而且其 $cK_a \leq 10^{-8}$,不能利用 NaOH 标准溶液对其进行直接滴定。但可用甲醛将其强化,加入酚酞指示剂,再用 NaOH 标准溶液进行滴定。通过两次滴定可分别求出 HCl 与 NH_4Cl 的浓度。该方法简便易行且准确度高,符合实验要求。

(一)$0.1 mol \cdot L^{-1}$ NaOH 标准溶液浓度的标定

NaOH 溶液浓度的标定采用邻苯二甲酸氢钾(KHP)作基准物质。该物质易制得纯品,空气中不吸水,容易保存,摩尔质量大。

反应产物为是二元弱碱,其水溶液显微碱性(即计量点时溶液显微碱性),可以选用酚酞作指示剂。

(二)HCl—NH_4Cl 混合液中各组分含量测定原理

HCl—NH_4Cl 混合液中的 HCl 是强酸,可以用标准 NaOH 溶液滴定,当滴定到 HCl 的计量点时,溶液中剩余的 NH_4Cl 呈弱酸性。

NH_4^+ 的 $K_a = 5.6 \times 10^{-10}$,$cK_a > 20K_w$,$c/K_a > 400$,得
$$pH = 5.3$$
故应用甲基红(pH = 4.4~6.2)作为滴定 HCl 的指示剂。

甲醛与一定量的铵盐反应,生成相当量的酸(H^+)和质子化的六亚甲基四胺盐($K_a = 7.1 \times 10^{-6}$),反应如下:

$$4NH_4^+ + 6HCHO \Longrightarrow (CH_2)_6N_4H^+ + 3H^+ + 6H_2O$$

生成的 H^+ 和质子化的六亚甲基四胺盐,均可被 NaOH 标准溶液准确滴定(弱酸 NH_4^+ 被强化)。

$$(CH_2)_6N_4H^+ + 3H^+ + 4NaOH \Longrightarrow 4H_2O + (CH_2)_6N_4 + 4Na^+$$

化学计量点时,溶液呈弱碱性,可选用酚酞作指示剂。终点溶液颜色由无色变为微红色(30s 内不褪色)。

三、主要试剂与仪器

试剂:试样溶液(HCl 和 NH_4Cl 的浓度均约 $0.1mol \cdot L^{-1}$),甲醛(20%,中性),甲基红溶液($2g \cdot L^{-1}$),酚酞溶液($1g \cdot L^{-1}$),NaOH($0.1mol \cdot L^{-1}$,待标定)。

仪器:分析天平、称量瓶、烧杯、试剂瓶、碱式滴定管、移液管、锥形瓶、吸耳球等。

四、实验步骤

(一)混合溶液的制备

用量筒量取 20mL $1mol \cdot L^{-1}$ HCl 于 100mL 烧杯中,再往其中加入 20mL $0.5mol \cdot L^{-1}$ $NH_3 \cdot H_2O$,使其充分混合,冷却至室温后,定量转移至 100mL 容量瓶中定容至刻度线得到 $0.1mol \cdot L^{-1}$ HCl 与 NH_4Cl 混合溶液。

(二)HCl—NH_4Cl 混合液中各组分含量测定

用移液管准确量取 25.00mL 混合液于 250mL 锥形瓶中,加入 2 滴甲基红(MR)指示剂,用 NaOH 标准溶液滴定至溶液由红色变成橙色,30s 内不褪色即为终点,记录消耗的 NaOH 标准溶液的体积 V_1。

向滴定的锥形瓶中加入 10mL 中性甲醛溶液(20%)、2 滴酚酞(PP)指示剂,摇匀,静置 1min 后,用 NaOH 标准溶液滴定。由于此时溶液中有两种指示剂存在,终点时,酚酞显浅红色,甲基红显黄色,所以终点显橙黄色。当溶液显橙黄色时,即为滴定终点,记录第二次滴定消耗的 NaOH 标准溶液的体积 V_2。

平行测定三次,计算 HCl 和 NH_4Cl 的浓度。

五、数据记录与处理

表 9.1　HCl 和 NH_4Cl 含量测定的实验数据记录表

测定次数 项　目	I	II	III
$V_{试样}$, mL			
V_1, mL			
V_2, mL			
ρ_{HCl}, g·L^{-1}			
$\overline{\rho_{HCl}}$, g·L^{-1}			
相对偏差 d_r, %			
相对平均偏差 $\overline{d_r}$, %			
ρ_{NH_4Cl}, g·L^{-1}			
$\overline{\rho_{NH_4Cl}}$, g·L^{-1}			
相对偏差 d_r, %			
相对平均偏差 $\overline{d_r}$, %			

六、注意事项

(1)滴定前必须将碱式滴定管内的气泡排尽。
(2)加入的指示剂不应过多,以免影响滴定终点的判断。
(3)甲醛有毒,量取时注意在通风处进行。
(4)确定滴定终点时,要注意滴定过程中溶液颜色的变化,正确判断终点的达到,从而减小实验误差,颜色 30 s 内不褪色即可读数。
(5)第二次滴定过程中溶液颜色的变化情况为:红色(MR)→橙色(MR,pH≈5.28)→亮黄色(MR)→橙黄色(MR + PP,黄色 + 微红色,pH≈8.53)。
(6)整个实验过程中用到了分析天平和滴定管,这两种仪器都属于较精密的仪器,因此,要注意分析天平的操作步骤,减小误差至最小。另外,要熟练掌握滴定操作的三步骤,即渐滴成线、逐滴加入、半滴加入。

七、思考题

(1)加入甲醛的目的是什么?
(2)实验能否用甲基橙作指示剂?
(3)滴定到化学计量点时,第一个化学计量点和第二个化学计量点的 pH 分别是多少?

实验 9.2 HCl—H_3BO_3 混合液中各组分含量的测定

一、实验目的

(1) 设计 HCl—H_3BO_3 混合液中各组分含量测定的分析方案以及具体实施步骤；
(2) 掌握用多羟基化合物强化弱酸的原理；
(3) 掌握分步滴定的实验原理与条件。

二、实验原理

采用双指示剂法进行滴定分析，测定各组分的含量。

在混合酸的试液中先加入甲基橙指示剂，用 NaOH 标准溶液滴定至溶液呈黄色。此时试液中所含 HCl 完全被中和(忽略 H_3BO_3 的微略损失)。反应如下：

$$HCl + NaOH =\!=\!= NaCl + H_2O$$

设此时滴定消耗的 NaOH 标准溶液的体积为 V_1(mL)。

由于 H_3BO_3 的酸性太弱($K_a = 5.3 \times 10^{-10}$)，无法用 NaOH 标准溶液直接滴定。但 H_3BO_3 可与某些多羟基化合物(乙二醇、丙三醇、甘露醇)反应，生成络合酸，产物的 $K_a \approx 10^{-6}$，从而强化了 H_3BO_3 的酸性。反应如下：

$$\begin{array}{c}OH\\|\\B-OH\\|\\OH\end{array} + 2CH\begin{array}{c}CH_2-OH\\|\\|\\CH_2-OH\end{array} =\!=\!= \left[\begin{array}{c}CH_2-O \quad O-CH_2\\\diagdown\;\diagup\\HO-CH\quad B\quad HC-OH\\\diagup\;\diagdown\\CH_2-O \quad O-CH_2\end{array}\right]^- + 3H_2O + H^+$$

$$H^+ + OH^- =\!=\!= H_2O$$

然后加入一定量的甘露醇，待甘露醇与 H_3BO_3 充分反应后，再加入酚酞指示剂，继续用 NaOH 标准溶液滴定变为粉红色。此时消耗 NaOH 标准溶液的体积为 V_2(mL)。

根据 V_1 和 V_2 可以求出混合酸各组分的含量(以质量浓度 ρ，g·L^{-1} 表示)，可由下式计算它们各自的含量：

$$\rho_{HCl} = \frac{V_1 c_{NaOH} M_{HCl}}{V} \qquad \rho_{H_3BO_3} = \frac{V_2 c_{NaOH} M_{H_3BO_3}}{V}$$

甘露醇理论用量可按以下公式：

$$n(H_3BO_3) = n(2C_6H_{14}O_6)$$

$$c_{H_3BO_3} V = \frac{m}{M(2C_6H_{14}O_6)} \times 1000$$

本次实验以 $n(H_3BO_3):n(2C_6H_{14}O_6)=1:4$ 的物质的量比来量取甘露醇。

三、主要试剂与仪器

试剂：NaOH($0.1mol \cdot L^{-1}$)，浓 HCl，无水硼酸，酚酞，甲基橙，甘露醇(s)，邻苯二甲酸氢钾(KHP)。

仪器：分析天平，称量瓶，玻璃棒，洗瓶，药匙，烧杯，试剂瓶，碱式滴定管，移液管，锥形瓶，吸耳球等。

四、实验步骤

(一) 溶液的配制

(1) HCl 溶液配制。在通风橱内量取市售浓 HCl 约 4.5mL，倒入 500mL 试剂瓶中，加水稀释至 500mL 左右，盖上玻璃塞，摇匀。

(2) H_3BO_3 溶液的配制。在分析天平上称取 3.1g 固体 H_3BO_3 于烧杯中，加蒸馏水 50mL，使其全部溶解后，转入 500mL 试剂瓶中，用少量蒸馏水刷洗烧杯数次，将洗涤液一并转入试剂瓶中，再加水至总体积约 500mL，盖上橡皮塞，摇匀。

(3) 混合酸的配制。各取 250mL HCl 溶液和 H_3BO_3 溶液置于试剂瓶中并贴上标签，备用。

(二) 混合酸的分析

用移液管移取 20.00mL 或 25.00mL 混合酸试液于 250mL 锥形瓶中，加 1 滴甲基橙，以 NaOH 标准溶液滴定至溶液由橙色恰变成为黄色，为第一滴定终点，记下消耗的 NaOH 标准溶液的体积 V_1。然后加入 1.8g 甘露醇，再加入 2~3 滴酚酞，继续用 NaOH 标准溶液滴定至溶液变为粉红色，为第二滴定终点，记下第二次消耗的 NaOH 标准溶液的体积 V_2。平行测定三次，计算各组分的含量。

五、数据记录与处理

表 9.2 混合酸含量测定的实验数据记录表

测定次数 项目	Ⅰ	Ⅱ	Ⅲ
$V_{试样}$, mL			
V_1, mL			
V_2, mL			
ρ_{HCl}, $g \cdot L^{-1}$			
$\overline{\rho}_{HCl}$, $g \cdot L^{-1}$			
相对偏差 d_r, %			
相对平均偏差 $\overline{d_r}$, %			

续表

项目 测定次数	Ⅰ	Ⅱ	Ⅲ
$\rho_{H_3BO_3}$,g·L^{-1}			
$\overline{\rho_{H_3BO_3}}$,g·L^{-1}			
相对偏差 d_r,%			
相对平均偏差 $\overline{d_r}$,%			

六、注意事项

H_3BO_3 比较容易水解，即使它溶解速度慢，也不能加热或用温水溶解。

七、思考题

(1) 混合酸分析中为什么需要加入甘露醇？
(2) 为什么选择甲基橙和酚酞两种指示剂？

实验9.3　石灰石或白云石中钙、镁含量的测定

一、实验目的

(1) 学习酸溶法溶解样品的实验方法；
(2) 掌握配位滴定法测定钙、镁含量的实验原理和方法；
(3) 了解沉淀分离法的应用；
(4) 练习沉淀分离中的一些基本操作技术。

二、实验原理

石灰石或白云石的主要成分是 $CaCO_3$ 和 $MgCO_3$，另外，还含有其他碳酸盐、石英、FeS_2、黏土、硅酸盐和磷酸盐等成分。石灰石或白云石中钙、镁含量测定的原理包括：

(1) 试样的溶解。一般的石灰石或白云石，用盐酸就能使其溶解，其中钙、镁等以 Ca^{2+}、Mg^{2+} 等形式转入溶液中。但有些试样经盐酸处理后仍不能全部溶解，则需用碳酸钠熔融或用高氯酸处理，也可将试样先在 950~1050℃ 高温下灼烧成氧化物，同时在灼烧中，黏土和其他难于被酸分解的硅酸盐会变成可被酸分解的硅酸镁等，这样处理后试样就容易被酸分解。

(2) 干扰的去除。石灰石或白云石试样中常含有铁、铝等干扰组分，但其含量不多，可在 pH 为 5.5~6.5 的条件下使之沉淀为氢氧化物而除去。在这样的条件下，由于沉淀少，因此吸附现象极微，不影响分析结果。

(3)钙、镁含量的测定。石灰石或白云石经溶解并除去干扰元素后,调节溶液使其pH≥12,以钙指示剂为指示剂,用EDTA标准溶液滴定至溶液由酒红色变为纯蓝色,根据消耗的EDTA标准溶液的体积V_1,此时测得的是钙的含量。

钙指示剂(H_3In)在水溶液中按下式电离:

$$H_3In \rightleftharpoons 2H^+ + HIn^{2-}$$

在pH≥12的溶液中,Ca^{2+}与HIn^{2-}形成比较稳定的配离子:

$$HIn^{2-} + Ca^{2+} \rightleftharpoons CaIn^- + H^+$$

$$CaIn^- + H_2Y + OH^- \rightleftharpoons CaY + HIn^{2-} + H_2O$$

酒红色　　　　　　　　无色　纯蓝色

再取另一份试液,调节其酸度至pH≈10,以K—B指示剂作指示剂,用EDTA标准溶液滴定至溶液由酒红色变为纯蓝色,记下滴定所用的EDTA的体积V_2,此时得到钙和镁的总量。根据滴定所消耗的EDTA标准溶液的体积差($V_2 - V_1$),即可以求镁的含量。

三、主要试剂与仪器

试剂:EDTA标准溶液(0.02mol·L^{-1}),HCl溶液(6mol·L^{-1}),氨水(6mol·L^{-1}),NH_3—NH_4Cl缓冲液(pH≈10),NaOH溶液(10%),钙指示剂,K—B指示剂,三乙醇胺溶液(1+4)。
仪器:酸式滴定管,锥形瓶,电子天平,称量瓶等。

四、实验步骤

(一)试液的制备

准确称取石灰石或白云石试样0.2~0.3g于250mL烧杯中,加入数滴蒸馏水将试样润湿,盖上表面皿,从烧杯嘴处逐滴滴加6mol·L^{-1}HCl溶液至试样刚好溶解,加适量蒸馏水后定量转移到250mL容量瓶中,备用。

(二)钙含量的测定

(1)初步滴定:准确移取25.00mL试液,加入3mL三乙醇胺溶液,并加入25mL蒸馏水稀释,然后加入10mL10% NaOH溶液,摇匀,使溶液pH达到12~14之间,再加约0.01g钙指示剂(米粒大小即可),用EDTA标准溶液滴定至溶液由酒红色变为纯蓝色(在快至终点时,必须充分振摇),记录所消耗的EDTA标准溶液的体积。

(2)正式滴定:准确移取25.00mL试液于锥形瓶中,加入3mL三乙醇胺溶液,并加入25mL蒸馏水稀释,然后再加入10mL 10% NaOH溶液,再加入比初步滴定时少1mL左右的EDTA标准溶液后,最后再加入0.01g钙指示剂(米粒大小即可),继续以EDTA标准溶液滴定至溶液由酒红色变为纯蓝色,记下滴定所用的EDTA溶液的体积V_1。平行测定三次。

（三）钙、镁总量的滴定

准确移取试液 25.00mL 于锥形瓶中，加入 3mL 三乙醇胺，并加入 25mL 蒸馏水稀释，然后加入 5mL NH_3—NH_4Cl 缓冲溶液，使溶液酸度保持在 pH≈10 左右，摇匀，最后再加入 3~4 滴 K—B 指示剂，以 EDTA 标准溶液滴定至溶液由酒红色变为纯蓝色，记下滴定所消耗的 EDTA 标准溶液的体积 V_2。平行测定三次。

五、实验数据

表 9.3　钙、镁含量测定的实验数据记录表

项　目 　　　　测定次数	I	II	III
样品 + 称量瓶质量 m_1（倾倒前），g			
样品 + 称量瓶质量 m_2（倾倒后），g			
样品质量 $m = m_1 - m_2$，g			
定量体积，mL			
移取试液体积，mL			
消耗的 EDTA 体积 V_1，mL			
ω_{Ca}，%			
$\overline{\omega_{Ca}}$，%			
相对偏差 d_r，%			
相对平均偏差 $\overline{d_r}$，%			
移取试液体积，mL			
滴定消耗的 EDTA 的体积 V_2，mL			
$\omega_{Ca、Mg}$，%			
$\overline{\omega_{Ca、Mg}}$，%			
ω_{Mg}，%			
相对偏差 d_r，%			
相对平均偏差 $\overline{d_r}$，%			

六、注意事项

（1）钙指示剂的用量一定要控制好，即米粒大小即可。
（2）注意两次滴定选择不同的指示剂，终点颜色变化也不一样。
（3）试样必须充分完全溶解后，才能定容在容量瓶中。

七、思考题

（1）测定钙含量时，在正式实验前，进行初步实验，这样的目的或优势是什么？

(2)如果石灰石试样不能被浓 HCl 溶解,还可以采用哪些措施促使其溶解?

实验 9.4　黄铜中铜、锌含量的测定

一、实验目的

(1)学习黄铜样品的溶解方法;
(2)掌握络合滴定法测定黄铜中铜、锌含量的实验原理;
(3)掌握黄铜试样中干扰离子的掩蔽方法;
(4)掌握用 $Na_2S_2O_3$ 掩蔽 Cu^{2+} 后,分别滴定 Cu 和 Zn 的实验原理和方法。

二、实验原理

黄铜的主要成分是铜、铅、锡、锌,还可能有少量铁、铝等杂质。在实验条件下 Cu^{2+}、Pb^{2+}、Sn^{4+}、Fe^{3+}、Al^{3+} 等离子会干扰锌的测定。可以选择在适当的 pH 条件下,用配位掩蔽、沉淀掩蔽、氧化还原掩蔽等方法,将待测离子之外的其他干扰离子进行化学掩蔽。可以采用的掩蔽方法包括有:

(1)沉淀掩蔽法掩蔽 Pb^{2+}。在微酸性溶液中,加入适量的氯化钡和硫酸钾溶液,使其生成硫酸钡沉淀,当 Ba^{2+} 的量超过 Pb^{2+} 量 10 倍以上时,Pb^{2+} 即会全部渗入硫酸钡晶格中,形成硫酸铅钡混晶沉淀,这种沉淀比单纯的硫酸铅沉淀稳定得多,从而可以有效地掩蔽 Pb^{2+}。

(2)氧化还原掩蔽法、配位掩蔽法掩蔽 Cu^{2+}。首先 Cu^{2+} 与硫脲发生氧化还原反应,使其变为 Cu^+。然后 Cu^+ 再与硫脲形成配合物而被掩蔽,该反应如下:
$$8Cu^{2+} + CS(NH_2)_2 + 5H_2O \Longrightarrow 8Cu^+ + CO(NH_2)_2 + SO_4^{2-} + 10H^+$$

(3)掩蔽 Sn(Ⅳ)、Fe^{3+}、Al^{3+}。用氟化钾(或氟化铵)将 Sn(Ⅳ)、Fe^{3+}、Al^{3+} 形成氟的配合物(SnF_6^{2-}、FeF_6^{3-}、AlF_6^{3-})而加以掩蔽。

本实验具体内容包括:

(1)试样溶解:试样以硝酸或 HCl(6mol·L^{-1}) + H_2O_2(30%)溶液溶解。
$$Cu + H_2O_2 + 2HCl \Longrightarrow CuCl_2 + 2H_2O$$

(2)除杂质:用 6mol·L^{-1} $NH_3·H_2O$ 溶液调至 pH 为 8~9,沉淀分离 Fe^{3+}、Al^{3+}、Mn^{2+}、Pb^{2+}、Sn^{4+}、Cr^{3+}、Bi^{3+} 等干扰离子,Cu^{2+}、Zn^{2+} 则以络氨离子形式存在于溶液中,过滤沉淀。

(3)将一等份滤液调至微酸性,用 $Na_2S_2O_3$(或硫脲)掩蔽 Cu^{2+},在 pH 为 5.5 的 HAc—NaAc 缓冲溶液中,用二甲酚橙作为指示剂,用标准 EDTA 直接络合滴定 Zn^{2+}。而在另一等份滤液中,调节溶液 pH 为 5.5,加热至 70~80℃,加入 10mL 乙醇,以 PAN 为指示剂,用 EDTA 标准溶液直接滴定 Cu^{2+}、Zn^{2+} 含量,差减法得到 Cu^{2+} 的含量。

三、主要试剂与仪器

试剂:EDTA 标准溶液(0.02mol·L^{-1}),HCl 溶液(6mol·L^{-1}),$NH_3·H_2O$(6mol·L^{-1}),

H_2O_2(30%),$(NH_4)_2S_2O_8$(固体),$Na_2S_2O_3$(10%),HAC—NaAc 缓冲液(pH 为 5.5),二甲酚橙指示剂,PAN 指示剂。

仪器:酸式滴定管,锥形瓶,电子天平,称量瓶等。

四、实验步骤

(一)黄铜样品处理

准确称取 0.3g 黄铜试样于 150mL 烧杯中,加 10mL 4mol·L^{-1} HNO_3,加热溶解。也可以加入 10mL 6mol·L^{-1}HCl,盖上表面皿,分批滴加 2mL 30% 的 H_2O_2,加热溶液使试样溶解。再加入 0.5g $(NH_4)_2S_2O_8$,摇匀。然后小心分次加入 10mL $NH_3·H_2O$(6mol·L^{-1})溶液后,再多加 15mL 浓氨水。加热微沸 1min(在通风橱里操作),冷却后,将沉淀与溶液一起转入 250mL 容量瓶中,以蒸馏水稀至刻度,摇匀,干过滤(滤纸、漏斗、接滤液的烧杯都应是干的)。

(二)锌含量的测定

吸取滤液 25.00mL 于锥形瓶中,加入 6mol·L^{-1}HCl 酸化(加至出现沉淀又溶解,即溶液蓝色褪去,留意能否观察到有沉淀产生后又溶解),此时 pH 在 1~2(也有控制在 pH 为 5~6)。加 6mL 的 10% $Na_2S_2O_3$(或加 $Na_2S_2O_3$ 至无色后再多加 1mL),摇匀后立即加 10mL HAc—NaAc 缓冲液。加入 4 滴二甲酚橙指示剂,用 0.02mol·L^{-1}EDTA 标准溶液滴定至溶液颜色由紫红色变为亮黄,记下滴定消耗的 EDTA 的体积 V_1,平行测定三次。

(三)铜含量的测定

吸取滤液 25.00mL 于锥形瓶中,加入 6mol·L^{-1}HCl 酸化,再加入 pH 为 5.5 的 HAc—NaAc 缓冲液 10mL,加热至近沸后,再加 10mL 乙醇,然后加入 8 滴 PAN 指示剂,最后用 EDTA 标准溶液滴定至溶液由蓝紫变为草绿色,记下消耗的 EDTA 体积 V_2,平行测定三次。

五、实验数据记录与处理

表9.4 铜、锌含量测定的实验数据记录表

项目 \ 测定次数	Ⅰ	Ⅱ	Ⅲ
样品+称量瓶质量 m_1(倾倒前),g			
样品+称量瓶质量 m_2(倾倒后),g			
样品质量 $m=m_1-m_2$,g			
定量体积,mL			
移取体积,mL			
滴定消耗的 EDTA 的体积 V_1,mL			
$\omega_{Zn^{2+}}$,%			

续表

项目 \ 测定次数	I	II	III
$\overline{\omega}_{Zn^{2+}}, \%$			
相对偏差 $d_r, \%$			
相对平均偏差 $\overline{d_r}, \%$			
移取体积, mL			
滴定消耗的 EDTA 的体积 V_2, mL			
$\omega_{Cu、Zn}, \%$			
$\overline{\omega}_{Cu、Zn}, \%$			
$\overline{\omega}_{Cu}, \%$			
相对偏差 $d_r, \%$			
相对平均偏差 $\overline{d_r}, \%$			

六、注意事项

(1) 掩蔽 Cu^{2+} 需在弱酸性介质中进行。因 $Na_2S_2O_3$ 遇酸分解而析出 S：

$$S_2O_3^{2-} + 2H^+ = H_2SO_3 + S\downarrow$$

故酸性不能过强，并且在加入 $Na_2S_2O_3$ 摇匀后，立即加入 HAc—NaAc 缓冲液就可避免上述反应发生。$Na_2S_2O_3$ 掩蔽 Cu^{2+} 的反应如下：

$$2Cu^{2+} + 2S_2O_3^{2-} = 2Cu + S_4O_6^{2-}$$

Cu^+ 与过量的 $S_2O_3^{2-}$ 络合生成无色可溶性 $[Cu_2(S_2O_3)_2]^{2-}$ 络合物，此络合物在 pH > 7 时不稳定。

(2) 在 pH = 5.5 时，用 XO 作指示剂比用 PAN 作指示剂终点变色敏锐。这是因 Zn—XO 的条件稳定常数（$\lg K' = 5.7$）比 Zn—PAN 的大。滴定至终点后几分钟，会由亮黄转为橙红，这可能是 Cu^+ 被慢慢氧化为 Cu^{2+} 后与 XO 络合的原因，对滴定结果无影响。

(3) PAN 与 Cu^{2+} 络合为红色，游离 PAN 为黄色，Cu—EDTA 络合物为蓝色，故终点变化不是从红色变为黄色，而是蓝紫（蓝 + 红）变草绿（蓝 + 黄）。又由于 Cu—PAN 络合物水溶性较差，终点时 Cu—PAN 与 EDTA 交换较慢，故临终点时滴定速度要慢下来。

七、思考题

(1) 试样处理时，加热的目的是什么？加热的注意事项有哪些？

(2) 实验试样中可能存在的干扰组分有哪些？如何除去？

实验9.5 化工厂污水中化学需氧量的测定(高锰酸钾法)

一、实验目的

(1) 初步了解环境分析的重要性及水样的采集和保存方法;
(2) 了解水样中化学需氧量与水体污染程度之间的关系;
(3) 掌握高锰酸钾法测定水中化学需氧量的原理及方法。

二、实验原理

化学需氧量(COD)是量度水体受还原性物质(主要是有机物)污染程度的综合性指标。它是指水体中易被强氧化剂氧化的还原性物质所消耗的氧化剂的量,换算成氧的含量(以 $mg \cdot L^{-1}$ 计)。测定时,在水样中加入 H_2SO_4 及一定量的 $KMnO_4$ 溶液,置沸水浴中加热,使其中的还原性物质充分氧化后,剩余的 $KMnO_4$ 用一定量过量的 $Na_2C_2O_4$ 还原,再以 $KMnO_4$ 标准溶液返滴定剩余的 $Na_2C_2O_4$。由于 Cl^- 对此法测定有干扰,因而本法仅适合于地表水、地下水、饮用水和生活污水中 COD 的测定,含 Cl^- 较高的工业废水则应采用 $K_2Cr_2O_7$ 法测定。

本方法反应式如下:

$$4MnO_4^- + 5C + 12H^+ == 4Mn^{2+} + 5CO_2 \uparrow + 6H_2O$$

$$2MnO_4^- + 5C_2O_4^{2-} + 16H^+ == 2Mn^{2+} + 10CO_2 \uparrow + 8H_2O$$

测定结果计算式为

$$COD = \frac{\left[\frac{5}{4}c_{MnO_4^-}(V_1 + V_2 - V_{空白}) - \frac{2}{5}(cV)_{C_2O_4^{2-}}\right] \times M_{O_2} \times 1000}{V_{水样}}$$

式中 $c_{MnO_4^-}$ ——$KMnO_4$ 溶液的浓度,$mol \cdot L^{-1}$;

V_1 ——第一次加入的 $KMnO_4$ 溶液的体积,mL;

V_2 ——第二次滴定消耗的 $KMnO_4$ 溶液的体积,mL;

$V_{空白}$ ——空白实验消耗的 $KMnO_4$ 溶液体积,mL;

$(cV)_{C_2O_4^{2-}}$ ——加入的 $Na_2C_2O_4$ 的浓度和体积的乘积;

M_{O_2} ——O_2 的相对分子质量,$g \cdot mol^{-1}$;

$V_{水样}$ ——水样体积,mL。

三、主要试剂与仪器

试剂:$KMnO_4$ 标准溶液($0.02 mol \cdot L^{-1}$),$Na_2C_2O_4$($0.005 mol \cdot L^{-1}$),H_2SO_4($3 mol \cdot L^{-1}$)。

仪器:滴定管,锥形瓶,移液管,电子天平等。

四、实验步骤

视水质污染程度准确移取水样 10～100mL，置于 250mL 锥形瓶中，加 10mL 3mol·L^{-1} H_2SO_4，再准确加入 10.00mL $KMnO_4$ 标准溶液，立即加热至沸，若此时红色褪去，说明水样中有机物含量较多，应补加适量准确体积的 $KMnO_4$ 溶液至试样溶液呈现稳定的红色。从冒第一个大泡开始计时，以小火煮沸溶液 10min，取下锥形瓶，趁热加入 10.00mL 浓度约为 0.005mol·L^{-1} $Na_2C_2O_4$ 标准溶液，摇匀，此时溶液应当由红色转为无色。用 $KMnO_4$ 标准溶液滴定至稳定的淡红色即为终点。平行测定三份取平均值。

另取 100.0mL 蒸馏水代替水样，同样操作，求得空白值，计算耗氧量时将空白值减去。

五、实验数据记录与处理

表 9.5　COD 含量测定的实验数据记录表

测定次数 项　目	Ⅰ	Ⅱ	Ⅲ
水样体积 V，mL			
第一次加入的 $KMnO_4$ 体积 V_1，mL	10.00	10.00	10.00
加入的 $Na_2C_2O_4$ 体积，mL	10.00	10.00	10.00
滴定消耗的 $KMnO_4$ 体积 V_2，mL			
空白实验滴定消耗的 $KMnO_4$ 体积 $V_{空白}$，mL			
ρ_{COD}，mg·L^{-1}			
$\overline{\rho_{COD}}$，mg·L^{-1}			
相对偏差 d_r，%			
相对平均偏差 $\overline{d_r}$，%			

六、注意事项

(1)水样采集后，应加入 H_2SO_4 使 pH 小于 2，抑制微生物繁殖。水样尽快分析，必要时在 0～5℃ 保存，应在 48h 内测定。

(2)在水浴上加热完毕后，溶液仍应保持淡红色，如果红色很浅或者全部褪去，说明高锰酸钾的用量不够。此时，应将水样稀释倍数加大后再测定。

(3)取水样的量由外观可初步判断：洁净透明的水样取 100mL，污染严重、浑浊的水样取 10～30mL，补加蒸馏水至 100mL。

(4)在酸性条件下，草酸钠和高锰酸钾的反应温度应保持在 75～85℃，所以滴定操作必须趁热进行，若溶液温度过低，需适当加热再滴定。

七、思考题

(1) 水样的采集及保存应当注意哪些事项？
(2) 水样加入 $KMnO_4$ 煮沸后，若紫红色消失说明什么？应采取什么措施？
(3) 当水样中 Cl^- 含量高时，能否用该法测定？为什么？
(4) 测定水中 COD 的意义何在？有哪些测定 COD 的方法？

实验 9.6　三草酸合铁(Ⅲ)酸钾的合成及其组成与性质测定

一、实验目的

(1) 掌握合成三草酸合铁(Ⅲ)酸钾的基本原理和操作技术；
(2) 加深对铁(Ⅲ)和铁(Ⅱ)化合物性质的了解；
(3) 掌握滴定分析等基本操作。

二、实验原理

三草酸合铁(Ⅲ)酸钾（$K_3Fe[(C_2O_4)_3] \cdot 3H_2O$）为翠绿色单斜晶体，易溶于水且难溶于乙醇，受光易分解。

本实验以硫酸亚铁铵为原料，与草酸在酸性溶液中先制得草酸亚铁沉淀，然后再用草酸亚铁在草酸钾和草酸的存在下，以过氧化氢为氧化剂，得到铁(Ⅲ)草酸配合物，主要反应如下：

$$(NH_4)_2Fe(SO_4)_2 + H_2C_2O_4 + 2H_2O \Longrightarrow FeC_2O_4 \cdot 2H_2O \downarrow + (NH_4)_2SO_4 + H_2SO_4$$
$$2FeC_2O_4 \cdot 2H_2O + H_2O_2 + 3K_2C_2O_4 + H_2C_2O_4 \Longrightarrow 2K_3Fe[(C_2O_4)_3] \cdot 3H_2O$$

改变溶剂的极性并加少量盐析剂，或者在乙醇溶液中，可析出绿色单斜晶体的三草酸合铁(Ⅲ)酸钾，通过化学分析确定配离子的组成。用 $KMnO_4$ 标准溶液在酸性介质中滴定测得草酸根的含量。Fe^{3+} 含量可先用过量锌粉将其还原为 Fe^{2+}，然后再用 $KMnO_4$ 标准溶液滴定而测得，其反应式如下：

$$Zn + 2Fe^{3+} \Longrightarrow 2Fe^{2+} + Zn^{2+}$$
$$5Fe^{2+} + MnO_4^- + 8H^+ \Longrightarrow 5Fe^{3+} + Mn^{2+} + 4H_2O$$
$$2MnO_4^- + 5C_2O_4^{2-} + 16H^+ \Longrightarrow 2Mn^{2+} + 10CO_2 + 8H_2O$$

三、主要试剂与仪器

试剂：铁屑，Na_2CO_3（$0.1\ mol \cdot L^{-1}$），H_2SO_4（$3\ mol \cdot L^{-1}$），硫酸铵，H_2SO_4（$1\ mol \cdot L^{-1}$），$H_2C_2O_4$（饱和），$K_2C_2O_4$（饱和），乙醇（95%），乙醇—丙酮混合液（1∶1），$K_3[Fe(CN)_6]$（5%），H_2O_2（3%），锌粉，$Na_2C_2O_4$。

仪器：托盘天平，分析天平，抽滤装置，烧杯，电炉，移液管，容量瓶，锥形瓶，量筒，试管，表面皿，玻璃棒，滤纸，点滴板，恒温水浴槽，恒温干燥箱等。

四、实验步骤

（一）三草酸合铁（Ⅲ）酸钾的制备

（1）硫酸亚铁铵的制备。准确称量4.20g铁屑于锥形瓶中，加20mL 0.1mol·L^{-1} Na$_2$CO$_3$溶液，缓慢加热10min。用倾析法除去碱液，并用水把铁屑洗净。往盛着铁屑的锥形瓶内加入25mL 3mol·L^{-1} H$_2$SO$_4$溶液，水浴或电热板80℃加热，并常取出摇匀，同时补充少量水分，直至反应体系中气泡冒出速度很慢为止。再加入1mL 3mol·L^{-1} H$_2$SO$_4$溶液，趁热常压过滤，滤液转移入200mL烧杯中，得到硫酸亚铁溶液。

称固体硫酸铵9.50g，溶于装有12.6mL微热蒸馏水的烧杯中（20℃饱和溶液）。将上述饱和溶液加入到硫酸亚铁溶液中，搅拌均匀，小火加热，在蒸发皿中蒸发浓缩至溶液表面出现晶膜为止。溶液静置，冷却至室温，抽滤，用少量乙醇洗涤晶体两次，晾干，得硫酸亚铁铵晶体。

（2）草酸亚铁的制备。称取5g硫酸亚铁铵固体于250mL烧杯中，加15mL蒸馏水和5~6滴1mol·L^{-1} H$_2$SO$_4$。加热溶解，再加入25mL饱和草酸溶液，加热搅拌至沸。维持微沸5min，将溶液静置。待FeC$_2$O$_4$·2H$_2$O沉淀析出后，用倾析法倒出上层清液，用总量20mL蒸馏水分三次用倾析法洗涤晶体，搅拌并温热，静置，弃去上层清液，以除去可溶性杂质，如SO$_4^{2-}$等，得到黄色晶体FeC$_2$O$_4$·2H$_2$O沉淀。

（3）三草酸合铁（Ⅲ）酸钾的制备。向草酸亚铁沉淀中加入15mL饱和K$_2$C$_2$O$_4$溶液（364g·L^{-1}），水浴加热至40℃，滴加25mL 3%的H$_2$O$_2$溶液，不断搅拌溶液并维持温度在40℃左右，沉淀变为深棕色。边加边搅拌，取一滴悬浊液于点滴板中，加一滴K$_3$[Fe(CN)$_6$]溶液，若有蓝色再加入H$_2$O$_2$，至检测不到Fe^{2+}为止。溶液加热至沸腾，除去过量的H$_2$O$_2$。再加入20mL饱和草酸溶液，沉淀立即溶解，溶液变为翠绿色。趁热过滤于100mL烧杯中，加入25mL 95%乙醇，冷却，有晶体析出。完全析出后，抽滤，用乙醇—丙酮混合液10mL淋洗滤饼，抽干。将固体产品暗处晾干，称重，计算产率。

（二）三草酸合铁（Ⅲ）酸钾组分的测定

（1）KMnO$_4$标准溶液的标定。称取三份0.15~0.20g基准物质Na$_2$C$_2$O$_4$于250mL锥形瓶中，分别加入50mL蒸馏水溶解，再加入10mL 3mol·L^{-1}的H$_2$SO$_4$溶液，水浴加热到75~85℃，趁热用待标定的KMnO$_4$标准溶液滴定，滴定至溶液呈微红色且持续30s不褪色。根据每份滴定中Na$_2$C$_2$O$_4$的质量和消耗的KMnO$_4$溶液体积计算KMnO$_4$溶液浓度。

（2）草酸根含量的测定。将K$_3$Fe[(C$_2$O$_4$)$_3$]·3H$_2$O在50~60℃恒温干燥箱中干燥1h，冷却至室温。准确称取样品0.2~0.3g于250mL小烧杯中加水溶解后定量转移至250mL容量瓶中，稀释至刻度，摇匀备用。

分别取三份25.00mL试液于三个锥形瓶中，加25mL蒸馏水和10mL 3mol·L^{-1} H$_2$SO$_4$，水浴加热到75~85℃，趁热用已标定的KMnO$_4$标准溶液滴定至溶液呈微红色且持续30s不褪色。根据消耗KMnO$_4$溶液体积，计算K$_3$Fe[(C$_2$O$_4$)$_3$]·3H$_2$O中草酸根的质量分数，并换算成物质的量,滴定后的溶液保留待用。

(3)铁含量的测定。在上述滴定过草酸根的保留溶液中加锌粉还原Fe^{3+},至溶液黄色消失。加热3min,使Fe^{3+}完全转变为Fe^{2+},抽滤,用温水洗涤沉淀。滤液转入250mL锥形瓶中,再用$KMnO_4$标准溶液滴定至溶液由无色变为微红色,30s内不褪色,根据消耗的$KMnO_4$标准溶液的体积,计算$K_3Fe[(C_2O_4)_3] \cdot 3H_2O$中铁的质量分数。

五、实验数据记录与处理

表9.6 $KMnO_4$标准溶液标定的实验数据记录表

测定次数 项目	I	II	III
样品+称量瓶质量m_1(倾倒前),g			
样品+称量瓶质量m_2(倾倒后),g			
样品质量$m=m_1-m_2$,g			
滴定消耗的$KMnO_4$体积V,mL			
c_{KMnO_4},$mol \cdot L^{-1}$			
$\overline{c_{KMnO_4}}$,$mol \cdot L^{-1}$			
相对偏差d_r,%			
相对平均偏差$\overline{d_r}$,%			

表9.7 草酸根含量测定的实验数据记录表

测定次数 项目	I	II	III
样品+称量瓶质量m_1(倾倒前),g			
样品+称量瓶质量m_2(倾倒后),g			
样品质量$m=m_1-m_2$,g			
滴定消耗的$KMnO_4$体积V,mL			
$\omega_{C_2O_4^{2-}}$,%			
$\overline{\omega_{C_2O_4^{2-}}}$,%			
相对偏差d_r,%			
相对平均偏差$\overline{d_r}$,%			

表9.8 铁含量测定的实验数据记录表

测定次数 项目	I	II	III
滴定消耗$KMnO_4$体积V,mL			
ω_{Fe},%			
$\overline{\omega_{Fe}}$,%			
相对偏差d_r,%			
相对平均偏差$\overline{d_r}$,%			

六、注意事项

(1)水浴40℃下加热,慢慢滴加 H_2O_2,同时边滴加边搅拌,以防止 H_2O_2 分解。
(2)生成 $K_3Fe[(C_2O_4)_3]\cdot 3H_2O$ 的同时,可能还有 $Fe(OH)_3$ 沉淀生成。
(3)若 Fe(Ⅱ)未氧化完全,则后一步加入再多的草酸溶液都不能使溶液完全变透明,既不能完全转化为 $K_3Fe[(C_2O_4)_3]$ 溶液,而仍会产生难溶的 FeC_2O_4,此时应采取趁热过滤,或往沉淀上再加 H_2O_2 等补救措施。
(4)在抽滤过程中,勿用水冲洗黏附在烧杯和布氏漏斗上的绿色产品。
(5)制备三草酸合铁(Ⅲ)酸钾时,温度不能高于60℃,否则草酸易分解:
$$H_2C_2O_4 = H_2O + CO_2\uparrow + CO\uparrow$$
(6) $KMnO_4$ 滴定 Fe^{2+} 或 $C_2O_4^{2-}$ 时,滴定速度不能太快,否则部分 $KMnO_4$ 在热溶液中分解:
$$4KMnO_4 + 2H_2SO_4 = 4MnO_2\downarrow + 2K_2SO_4 + 2H_2O + 3O_2\uparrow$$

七、思考题

(1)能否用 $FeSO_4$ 代替硫酸亚铁铵来合成 $K_3Fe[(C_2O_4)_3]$?此时可用 HNO_3 代替 H_2O_2 作氧化剂,写出用 HNO_3 作氧化剂的主要反应式。你认为用哪个作氧化剂较好?为什么?
(2)根据三草酸合铁(Ⅲ)酸钾的合成过程,你认为该化合物应如何保存?
(3)在三草酸合铁(Ⅲ)酸钾的制备过程中,加入15mL饱和草酸溶液后,沉淀溶解,溶液转为绿色。若向此溶液中加入25mL 95%乙醇或将此溶液过滤后再向滤液中加入25mL 95%的乙醇,现象有何不同?为什么?并说明对产品质量有何影响?

实验9.7 吸光光度法测定天然水和废水中总磷含量

一、实验目的

(1)理解用过硫酸钾消解水样的原理和方法;
(2)掌握天然水和废水中总磷的吸光光度测定原理和方法。

二、实验原理

在天然水和废水中,磷几乎都以各种磷酸盐的形式存在。它们分别为正磷酸盐、缩合磷酸盐(焦磷酸盐、偏磷酸盐和多磷酸盐)等,存于溶液和悬浮物中。化肥、冶炼、合成洗涤剂等行业的工业废水及生活污水中常含有大量磷。
磷是生物生长必需的元素之一,但水体中磷含量过高(如超过 $0.2mg\cdot L^{-1}$)时,可能会造成藻类的过度繁殖,直至数量上达到有害的程度(称为富营养化),造成湖泊、河流透明度降低,水质变坏。为了保护水质,控制危害,在环境监测中,总磷已列入正式的监测项目。

总磷分析方法由两个步骤组成:第一步可用氧化剂过硫酸钾、硝酸—高氯酸或硝酸—硫酸等,将水样中不同形态的磷转化成正磷酸盐。第二步测定正磷酸(常用钼锑抗钼蓝光度法、氯化亚锡钼蓝光度法或者离子色谱法等),从而求得总磷含量。

本实验采用过硫酸钾氧化—钼锑抗钼蓝光度法测定总磷。在微沸(最好在高压釜内经120℃加热)条件下,过硫酸钾将试样中不同形态的磷氧化为磷酸根。磷酸根在硫酸介质中同钼酸铵生成磷钼杂多酸,反应式如下:

$$K_2S_2O_8 + H_2O =\!=\!= 2KHSO_4 + 1/2O_2$$

$$P(缩合磷酸盐或有机磷中的磷) + 2O_2 =\!=\!= PO_4^{3-}$$

$$PO_4^{3-} + 12MoO_4^{2-} + 24H^+ + 3NH_4^+ =\!=\!= (NH_4)_3PO_4 \cdot 12MoO_3 + 12H_2O$$

生成的磷钼杂多酸立即被抗坏血酸还原,生成蓝色的低价钼的氧化物即钼蓝,生成钼蓝的多少与磷含量成正相关,以此测定水样中总磷。

过硫酸钾消解法具有操作简单、结果稳定的优点,适用于绝大多数的地表水和一部分工业废水,对于严重污染的工业废水和贫氧水,则要采用更强的氧化剂 HNO_3—$HClO_4$ 或 HNO_3—H_2SO_4 等才能消解完全。

钼锑抗钼蓝光度法灵敏度高,采用中等强度还原剂抗坏血酸,可避免还原游离的钼酸铵,因而显色稳定,重现性好。酒石酸锑钾可催化钼蓝反应,在室温下显色可较快完成。本法最低检出浓度为 $0.01mg \cdot L^{-1}$,测定上限为 $0.6mg \cdot L^{-1}$。砷大于 $2.0mg \cdot L^{-1}$ 干扰测定,可用硫代硫酸钠去除。硫化物大于 $2mg \cdot L^{-1}$ 干扰测定,通氮气可以去除。铬大于 $50mg \cdot L^{-1}$ 干扰测定,用亚硫酸钠去除。

三、主要试剂与仪器

试剂:过硫酸钾溶液($50g \cdot L^{-1}$),H_2SO_4($2mol \cdot L^{-1}$,$9mol \cdot L^{-1}$),NaOH($1mol \cdot L^{-1}$,$6mol \cdot L^{-1}$),酚酞($10g \cdot L^{-1}$),钼酸铵[$(NH_4)_6Mo_7O_{24} \cdot 4H_2O$],抗坏血酸,酒石酸锑钾($KSbC_4H_4O_7 \cdot H_2O$),磷酸二氢钾($KH_2PO_4$)。

仪器:分光光度计,容量瓶,锥形瓶等。

四、实验步骤

(一)溶液的配制

(1)$100g \cdot L^{-1}$ 的抗坏血酸溶液。溶解 10g 抗坏血酸于蒸馏水中,并稀释至 100mL,储存于棕色玻璃瓶中。在冷处可稳定几周,如颜色变黄,应弃去重配。

(2)钼酸盐溶液。溶解 13g 钼酸铵[$(NH_4)_6Mo_7O_{24} \cdot 4H_2O$]于 100mL 水中。溶解 0.35g 酒石酸锑钾($KSbC_4H_4O_7 \cdot H_2O$)于 100mL 水中。不断搅拌下,将钼酸铵溶液缓慢加到 300mL $9mol \cdot L^{-1}$ 的 H_2SO_4 中,再加入酒石酸锑钾溶液,混匀,储存于棕色玻璃瓶中,于冷处保存。

(3)磷标准贮备溶液。称取约 0.2g 于 110℃干燥 2h 并在干燥器中放冷的磷酸二氢钾(KH_2PO_4),用水溶解后定量转移至 1000mL 容量瓶中,加入大约 800mL 水,再加入 5mL $9mol \cdot L^{-1}$ 的 H_2SO_4 中,用水稀释至标线并摇匀。吸取 10.00mL 磷标准贮备溶液于 250mL 容量瓶中,用水稀释至刻度线并混匀。1.00mL 此标准溶液含 $2.0\mu g$ 磷,使用当天配制。

(二)水样预处理

从水样瓶中准确吸取适量摇匀水样(含磷不超过 30μg)于 150mL 锥形瓶中,加水至 50mL,加数粒玻璃珠,加 1mL 6mol·L^{-1} 的 H_2SO_4 溶液、5mL 50g·L^{-1} 过硫酸钾溶液。加热至沸,保持微沸 30~40min,挥发后至体积约 10mL 为止,冷却。加 1 滴酚酞指示剂,边摇边滴加 NaOH 溶液至刚呈微红色,再滴加 1mol·L^{-1} 硫酸溶液使红色刚好褪去。如溶液不澄清,则用滤纸过滤于 50mL 比色管中,用蒸馏水洗涤锥形瓶和滤纸,洗涤液并入比色管中,加蒸馏水至刻度线,供分析用。

(三)标准曲线的绘制

取 7 支 50mL 比色管,分别加入磷标准溶液 0.00mL、0.50mL、1.00mL、3.00mL、5.00mL、10.00mL、15.00mL,然后在每支比色管中加入 1.00mL 抗坏血酸溶液,30s 后加 2.00mL 钼酸盐溶液,加蒸馏水定容至 50mL,摇匀。放置 15min 后,用 30mm 比色皿,于 700nm 波长处,以试剂空白溶液为参比,测量吸光度。绘制标准曲线。

(四)试样测定

将消解后并稀释至刻度线的水样,按标准曲线绘制步骤进行测量。从标准曲线上查出含磷量,计算水样中总磷的含量(以 mg·L^{-1} 表示)。

五、数据记录与处理

表 9.9 水样中总磷含量测定的实验数据记录表

组号	1	2	3	4	5	6	7	水样
加入磷标液的体积,mL								
总磷含量,mg·L^{-1}								
吸光度(A)								

六、思考题

(1)考虑到一般教学实验室的条件,本实验绘制标准曲线时,省略了预处理的步骤,这样对试样的测定结果可能会有什么影响?

(2)本实验测量吸光度时,以零浓度溶液为参比,这同以蒸馏水做参比时比较,在扣除试剂空白方面,做法有何不同?

(3)如果只需测定水样中可溶性正磷酸盐或可溶性总磷酸盐,应如何进行测定?

实验 9.8　铅矿中铅含量的测定

一、实验目的

(1) 掌握铅矿石试样的分解方法及 EDTA 滴定法测定铅的原理和方法；
(2) 掌握硫酸铅沉淀法分离干扰元素的方法；
(3) 了解用乙酸—乙酸钠溶液从硫酸铅中提取铅的方法。

二、实验原理

铅元素在地壳中的含量约为 0.0016%，多以硫化物等矿物形态存在，其中硫化物占 90% 以上。主要矿物有方铅矿(PbS)、白铅矿($PbCO_3$)、铅矾($PbSO_4$)等。由于铅的矿床成因与锌相似，所以方铅矿与闪锌矿(ZnS)常共生，简称铅锌矿。铅锌矿中还常伴生有铜、银、金、锡、锑、钼、钨、汞、钴、镉、铟、镓、硒、铊、铷等元素。

大部分铅矿石试样易被酸分解。方铅矿及白铅矿试样可直接用盐酸和硝酸联合分解。先用盐酸加热分解，使大量硫以硫化氢、碳酸根以二氧化碳气体逸出，再用硝酸加热使试样分解完全。

为了分离铅，试样用盐酸—硝酸分解后，再用硫酸蒸发到冒三氧化硫白烟，赶尽盐酸和硝酸，使铅生成难溶的硫酸铅沉淀，过滤与大部分干扰元素分离。铅矾及含硅量较高的铅矿石试样较难用酸分解完全，应先用酸分解后，滤出残渣，再用碱熔融分解。

铅矿石中铅含量常在百分之一至百分之几十，目前生产上多用 EDTA 滴定法及铬酸铅滴定法测量。

在 pH = 5.5 的介质中，Pb^{2+} 与 EDTA 定量配位：

$$Pb^{2+} + H_2Y \Longrightarrow PbY + 2H^+$$

除碱土金属及砷外，其他重金属离子如铜、锌、铁、钴、镍、铋、锑、锡及钛等都干扰测定，为此，必须使铅生成 $PbSO_4$ 沉淀与大量干扰元素分离，然后将 $PbSO_4$ 转化为 $Pb(Ac)_2$。在 pH 为 5.5~6.0 的乙酸—乙酸钠缓冲溶液中以二甲酚橙为指示剂，用 EDTA 标准溶液滴定。

试样中含大量二氧化硅时，可在硫酸铅沉淀前将溶液蒸干脱水去硅，或在分解试样时加入 NaF，使硅以 SiF_4 逸出。

夹杂在硫酸铅沉淀中的少许 Fe^{3+} 和 Cu^{2+}，可分别加入少许抗坏血酸和硫脲掩蔽除去。

三、主要试剂与仪器

试剂：浓 HCl；浓 HNO_3，H_2SO_4(1+1)、5%，硫脲固体(AR)，抗坏血酸(AR)，二甲酚橙溶液(0.2%)，HAc—NaAc 溶液，EDTA 溶液($0.02\,mol\cdot L^{-1}$)。

仪器：电子天平，烧杯，漏斗，酸式滴定管，表面皿等。

四、测定步骤

准确称取 0.15～0.20g 试样于 250mL 烧杯中,加 10mL 浓 HCl,盖上表面皿,低温加热溶解,并蒸发至 3mL 左右,取下稍冷,加 5mL 浓 HNO_3,继续加热至试样分解完全,加 20mL(1+1) H_2SO_4,蒸发至冒 SO_3 浓白烟,冷却。用水吹洗表面皿及杯壁,加水 50mL,煮沸使可溶性盐类溶解,取下放置 4h 或过夜。

用慢速滤纸过滤,用 5% 的 H_2SO_4 溶液洗涤烧杯及沉淀 5～8 次,将滤纸连同沉淀转入原烧杯中,将滤纸展开平铺杯底,加 30mL 缓冲溶液,盖上表面皿,低温煮沸 15min,使 $PbSO_4$ 全部溶解,吹洗表面皿及杯壁,用水稀释至 100mL 左右,挑起滤纸贴在杯壁上,加入抗坏血酸、硫脲各 0.2～0.3g,搅拌溶解。加二甲酚橙 3 滴,用 EDTA 标准溶液滴定至溶液呈亮黄色,将滤纸拨下,吹洗杯壁,继续用 EDTA 滴定溶液至亮黄色为终点。计算铅锌矿中铅的百分含量。

五、数据记录及结果处理

表 9.10　铅锌矿中铅含量测定的实验数据记录表

项　　目　＼　测定次数	Ⅰ	Ⅱ	Ⅲ
样品 + 称量瓶质量(倾倒前,m_1),g			
样品 + 称量瓶质量(倾倒后,m_2),g			
样品质量 $m = m_1 - m_2$,g			
滴定消耗 EDTA 的体积 V,mL			
$\omega_{Pb^{2+}}$,%			
$\overline{\omega_{Pb^{2+}}}$,%			
相对偏差 d_r,%			
相对平均偏差 $\overline{d_r}$,%			

六、思考题

(1) 分解试样时为什么先加 HCl 后加 HNO_3？H_2SO_4 冒烟的作用是什么？冒烟过度有何影响？

(2) $PbSO_4$ 沉淀为何要用慢速滤纸过滤？

(3) 加抗坏血酸、硫脲的作用是什么？

实验 9.9 硅酸盐水泥中主成分分析

一、实验目的

(1)学习复杂物质分析的方法；
(2)掌握均匀沉淀法的分离技术；
(3)掌握硅酸盐中 SiO_2、Fe_2O_3、Al_2O_3、CaO、MgO 的测定原理及方法。

二、实验原理

水泥是用途十分广泛的建筑材料,主要由硅酸盐组成,一般含有硅、铁、铝、钙、镁等元素。按我国规定,水泥分为硅酸盐水泥(熟料水泥)、普通硅酸盐水泥(普通水泥)、矿渣硅酸盐水泥(矿渣水泥)、火山灰质硅酸盐水泥(火山灰水泥)、粉煤灰硅酸盐水泥(煤灰水泥)等。水泥熟料是由水泥生料经 1400℃ 以上高温煅烧而成。硅酸盐水泥由水泥熟料加入适量石膏而成,其成分与水泥熟料相似,可按水泥熟料化学分析法进行测定。

硅酸盐水泥分析的常规项目主要有 SiO_2、Fe_2O_3、Al_2O_3、CaO、MgO。硅酸盐水泥分析的主要目的在于检验硅酸盐水泥成品中所含氧化物成分是否符合要求。硅酸盐水泥成品中各氧化物含量要求如下: SiO_2 20%～24%、Fe_2O_3 2%～4%、Al_2O_3 2%～7%、CaO 64%～68%、MgO 0%～4%。

水泥熟料、未掺混合材料的硅酸盐水泥、碱性矿渣硅酸盐水泥,可采用酸分解法。不溶物含量较高的水泥熟料、酸性矿渣硅酸盐水泥、火山灰质硅酸盐水泥等酸性氧化物较高的物质,可采用碱熔融法。本实验采用的硅酸盐水泥,一般较易为酸所分解。

普通硅酸盐水泥用 HCl 分解时,其反应如下:

$$(CaO)_2 \cdot SiO_2 + 4HCl = 2CaCl_2 + H_2SiO_3 \downarrow + H_2O$$
$$(CaO)_3 \cdot SiO_2 + 6HCl = 3CaCl_2 + H_2SiO_3 \downarrow + H_2O$$
$$(CaO)_4 \cdot Al_2O_3 + 12HCl = 4CaCl_2 + 2AlCl_3 + 6H_2O$$
$$(CaO)_4 \cdot Al_2O_3 \cdot Fe_2O_3 + 20HCl = 4CaCl_2 + 2AlCl_3 + 2FeCl_3 + 10H_2O$$
$$MgO + 2HCl = MgCl_2 + H_2O$$

试样中若含有 FeO,应加数滴 HNO_3,使 Fe^{2+} 氧化成 Fe^{3+}。

SiO_2 的测定可分成容量法和重量法。重量法又可根据使硅酸凝聚所用物质的不同分为盐酸干涸法、动物胶法、氯化铵法等。本实验采用动物胶法,加入 HCl 溶液分解试样,HNO_3 氧化 Fe^{2+} 为 Fe^{3+}。经沉淀分离、过滤洗涤后的 $SiO_2 \cdot nH_2O$ 在瓷坩埚中于 950℃ 灼烧至恒重。本方法测定结果较标准方法约偏高 0.2%。若改用铂坩埚在 1100℃ 灼烧恒重,经氢氟酸处理后,测定结果与标准方法结果比较,误差小于 0.1%。生产上 SiO_2 的快速分析常采用氟硅酸钾容量法。

如果不测定 SiO_2,则试样经 HCl 溶液分解和 HNO_3 氧化后,用均匀沉淀法使 $Fe(OH)_3$、$Al(OH)_3$ 与 Ca^{2+}、Mg^{2+} 分离。以磺基水杨酸为指示剂,用 EDTA 络合滴定法滴定 Fe;以 PAN

为指示剂,用 $CuSO_4$ 标准溶液返滴定法测定 Al。Fe、Al 含量高时,对 Ca^{2+}、Mg^{2+} 测定有干扰。用尿素均匀沉淀法分离 Fe、Al 后,Ca^{2+}、Mg^{2+} 分别以钙指示剂、铬黑 T(EBT)为指示剂,用 EDTA 络合滴定法测定。若试样中含 Ti 时,则 $CuSO_4$ 回滴法所测得的实际上是 Al 和 Ti 的合量。若要测定 TiO_2 的含量可加入苦杏仁酸解蔽剂,TiY 可转变为 Ti^{4+},再用标准 $CuSO_4$ 滴定释放出来的 EDTA,如 Ti 含量较低时可用比色法测定。

(一)SiO_2 的测定原理

SiO_2 的测定采用动物胶法。将试样加 HCl 分解后,用动物胶使硅酸沉淀,经过滤分离洗涤后的 $SiO_2 \cdot nH_2O$,在瓷坩埚中于 1000℃ 灼烧至恒重。根据灼烧后沉淀的质量和试样的质量,即求得 SiO_2 的质量分数。

(二)Fe_2O_3 的测定原理

在 pH = 2 的溶液中,以磺基水杨酸(简写为 ssal)为指示剂进行滴定。
滴定前:Fe^{3+} + ssal ══ Fe—ssal
    (无色) (紫红色)
滴定过程中:Fe^{3+} + Y ══ FeY
滴定终点时:Fe—ssal + Y ══ FeY + ssal
    (紫红色) (淡黄色) (无色)

(三)Al_2O_3 的测定原理——$CuSO_4$ 返滴定法

在已测定 Fe^{3+} 的溶液中,加入一定量过量的 EDTA 标准溶液,调节溶液的 pH = 3.5,加热煮沸使 Al^{3+} 与 EDTA 定量完全络合。然后以 PAN 为指示剂,用 $CuSO_4$ 标准溶液返滴定过量的 EDTA。
      Al^{3+} + Y ══ AlY(无色)
滴定过程中: Cu^{2+} + Y ══ CuY(蓝色)
滴定终点时: Cu^{2+} + PAN ══ Cu—PAN
      (黄色) (紫红色)

(四)CaO 的测定原理

由于 Fe^{3+} 和 Al^{3+} 干扰 Ca^{2+} 和 Mg^{2+} 的测定,须将它们预先分离后再测定 Ca^{2+} 和 Mg^{2+}。吸取部分滤液,用 KOH 溶液调整溶液的 pH 为 12~13,Mg^{2+} 形成 $Mg(OH)_2$ 沉淀,以钙指示剂(NN)为指示剂,用 EDTA 标准溶液滴定至试液由酒红色变为纯蓝色,即为终点。
显色反应:Ca^{2+} + NN ══ Ca—NN(酒红色)
滴定过程反应:Ca^{2+} + Y ══ CaY
滴定终点反应:Ca—NN + Y ══ CaY + NN
    (酒红色)   (蓝色)

(五)MgO 的测定原理

吸取与滴定 Ca^{2+} 等量的滤液,在 pH = 10 的 NH_3—NH_4Cl 缓冲溶液中,以铬黑 T(EBT)为

指示剂,用 EDTA 标准溶液滴定至溶液由酒红色变为纯蓝色,即为终点。滴定所耗 EDTA 标准溶液用量减去滴定 CaO 的用量即为滴定 MgO 所消耗的 EDTA 标准溶液的体积,据此计算 MgO 的含量。

显色反应: $Mg^{2+} + EBT \Longrightarrow Mg—EBT$ (酒红色)

滴定反应: $Ca^{2+} + Y \Longrightarrow CaY$

$Mg^{2+} + Y \Longrightarrow MgY$

终点反应: $Mg—EBT + Y \Longrightarrow MgY + EBT$

(酒红色) (纯蓝色)

三、主要试剂与仪器

试剂:

(1)盐酸:相对密度为 1.91,(5+95)。

(2)硝酸:相对密度为 1.42。

(3)动物胶:1%。1g 动物胶溶于 100mL 70~80℃ 热水中,加甲基橙 2 滴,以 HCl(1+1) 中和至红色。

(4)$AgNO_3$:1% 水溶液以硝酸酸化。

(5)pH 为 4.7 的缓冲溶液:无水醋酸钠 82g 溶于水中,加冰醋酸 60mL 稀释至 500mL 摇匀。

(6)EDTA 标准溶液:$0.02 mol \cdot L^{-1}$(待标定)。

(7)$CuSO_4$ 标准溶液:$0.02 mol \cdot L^{-1}$(待标定)。

(8)二甲酚橙:0.2% 水溶液。

(9)PAN:0.1% 乙醇溶液。

(10)磺基水杨酸:10%。

(11)氨水:1+1。

(12)六亚甲基四胺:$200 g \cdot L^{-1}$。

(13)铜试剂:2.5% 水溶液。

(14)K—B 指示剂:0.25g 酸性铬兰 K 和 0.5g 萘酚绿 B,溶于 100mL 水中,混匀。

(15)三乙醇胺:$200 g \cdot L^{-1}$。

(16)KOH:30%。

(17)pH=10 缓冲溶液:67.5g 氯化铵溶于 200mL 水中,加氨水 570mL,用水稀到 1000mL。

仪器:分析天平、称量瓶、烧杯、滴定管、容量瓶、移液管等。

四、实验步骤

(一)SiO_2 含量的测定

准确称取试样约 2g(准确至 0.0001g)于 250mL 烧杯中,用几滴水使样品分散,在不断搅拌之下慢慢加入浓 HCl 20mL(为防止试样包裹,分三次加入),加热溶解,加入浓

HNO_3 2~3mL,于低温电炉上蒸至湿盐状(玻璃棒搅不动)。然后再加 20mL 浓 HCl,用玻璃棒压碎固体,加热至 60~70℃,加动物胶 10mL,搅拌 3~5min,并在 60~70℃ 保温 5~10min 后,用热水冲洗杯壁使可溶性盐类溶解。

用快速滤纸趁热过滤,滤液用 250mL 容量瓶承接,用热 HCl(5+95) 洗涤烧杯及沉淀数次(滤纸及沉淀无黄色),将杯内沉淀全部转入漏斗中,再以热水洗涤沉淀至滤液无 Cl^- 为止。

容量瓶中试液冷却至室温后,稀释至刻度,摇匀后备用,供其他组分测定。

将沉淀及滤纸打包后放入已恒重瓷坩埚中,低温烘干、炭化、灰化,在 1000℃ 灼烧 1h,取出放干燥器中冷却至室温,称重,再反复灼烧,称量直至恒重。计算 SiO_2 的含量。

(二)Al_2O_3 和 Fe_2O_3 的测定

1. EDTA 标准溶液浓度的标定

方法 A:称取纯锌 0.4~0.5g(准确至 0.0001g)至 250mL 烧杯中,加入少量 HCl(1+1),盖上表面皿,低温加热至溶解完毕,移入 500mL 容量瓶中,冷至室温后,稀释至刻度摇匀。

准确移取上述溶液 10.00mL 于 250mL 锥形瓶中,加水 30~50mL,加 2 滴二甲酚橙指示剂,滴加 $200g·L^{-1}$ 六亚甲基四胺至溶液呈现稳定的紫红色,再加 5mL,以待标定的 EDTA 标准溶液滴定至溶液由红色变黄色即为终点,记下消耗 EDTA 标准溶液的体积,计算 EDTA 标准溶液的浓度。平行测定三次。

方法 B:称取高纯试剂 $CaCO_3$ 0.20~0.25g(准确至 0.0001g)至 250mL 烧杯中,加水 20mL,盖上表面皿,滴加 HCl(1+1) 使其溶解,加热煮沸 1~2min,冷却后移入 100mL 容量瓶中,稀释至刻度,摇匀。

准确移取上述溶液 20.00mL 于 250mL 锥形瓶中,加水 50mL、三乙醇胺 2mL、30% KOH 10mL,加钙指示剂少许(约 0.1g),以待标定的 EDTA 标准溶液滴定至溶液由红色变为纯蓝色即为终点,记下消耗 EDTA 标准溶液的体积,计算 EDTA 标准溶液的浓度。平行测定三次。

2. $CuSO_4$ 标准溶液与 EDTA 标准溶液比值的测定

准确移取 EDTA 标准溶液 20.00mL 于 250mL 烧杯中,加水约 150mL 左右,加 pH 为 4.7 的 HAc—NaAc 缓冲液 20mL,加热至 80~90℃,取下加入 PAN 指示剂 10 滴,用 $CuSO_4$ 标准溶液滴定至溶液由黄色变成稳定紫红色即为终点。计算 1mL $CuSO_4$ 标准溶液相当于 EDTA 标准溶液的体积。平行测定三次。

3. Fe_2O_3 和 Al_2O_3 含量的测定

准确移取分离 SiO_2 后的滤液 25.00mL 于 250mL 锥形瓶中,加入磺基水杨酸 10 滴,滴加氨水(1+1)至深紫红色,加热至 50~60℃,用 EDTA 标准溶液滴定至溶液由紫红色变成浅黄色即为终点,记下消耗 EDTA 标准溶液的体积数,计算 Fe_2O_3 的含量。

测 Fe_2O_3 后的溶液,准确加入 EDTA 标准溶液 25.00mL,加热近沸,取下,加入甲基橙 1 滴,氨水(1+1)调节至黄色,加入 pH 为 4.7 的 HAc—NaAc 缓冲液 20mL,加水至体积约 150mL,加热煮沸 3min,取下,加入 PAN 指示剂 10 滴,用 $CuSO_4$ 标准溶液滴定至溶液呈稳定的紫红色即为终点,记下消耗 $CuSO_4$ 标准溶液的体积数,计算 Al_2O_3 含量。

(三)CaO 和 MgO 的测定

由于 Fe^{3+}、Al^{3+} 干扰 Ca^{2+}、Mg^{2+} 测定,须将它们预先分离。

准确移取分离 SiO_2 后滤液 50.00mL 于 500mL 烧杯中,加热近沸,取下,滴加 20% NaOH 中和到刚产生沉淀,滴加 HCl(1+1)到沉淀刚好溶解,加入20%六亚甲基四胺 30mL,煮沸,取下稍冷,加入2.5%铜试剂20mL,搅拌,静置2h 左右,移入 250mL 容量瓶中,并稀释到刻度,摇匀。干过滤(漏斗预先烘干,用干滤纸,承接滤液的烧杯也应预先烘干),滤液供测 CaO 和 MgO 含量用。

1. CaO 测定

移取滤液 50.00mL 于 250mL 锥形瓶中,加 2mL 200g·L^{-1}乙醇胺、10mL 30% KOH,加钙指示剂少许(约0.1g,约黄豆粒大小),用 EDTA 标准溶液滴定至溶液由红色变成纯蓝色即为终点,记下消耗 EDTA 标准溶液的体积数,计算 CaO 的含量。

2. MgO 的测定

移取滤液 50.00mL 于锥形瓶中,加 2mL 200g·L^{-1}三乙醇胺、15mL pH 为 10 的缓冲溶液,加 K-B 指示剂 4~5 滴,用 EDTA 标准溶液滴定至溶液由红色变成纯蓝色即为终点,记下消耗 EDTA 标准溶液的体积数。此体积数减去滴定钙消耗的 EDTA 标准溶液的体积数,即为滴定镁消耗 EDTA 标准溶液的体积数,计算 MgO 含量。

五、数据记录及结果处理

(一)SiO_2 含量测定

表 9.11 水泥中 SiO_2 含量测定的实验数据记录表

项目\测定次数	Ⅰ	Ⅱ	Ⅲ
样品 + 称量瓶质量(倾倒前,m_1),g			
样品 + 称量瓶质量(倾倒后,m_2),g			
水泥样品质量 $m = m_1 - m_2$,g			
空坩埚质量(m_3),g			
SiO_2 样品 + 坩埚质量(m_4),g			
SiO_2 样品 + 坩埚质量(m_5),g			
SiO_2 样品 + 坩埚质量(m_6),g			
SiO_2 样品质量 $m = m_6 - m_3$,g			
$\omega_{(SiO_2)}$,%			
$\overline{\omega}_{(SiO_2)}$,%			
相对偏差 d_r,%			
相对平均偏差 $\overline{d_r}$,%			

(二)Fe_2O_3 和 Al_2O_3 含量测定

表 9.12　水泥中 Fe_2O_3 和 Al_2O_3 含量测定的实验数据记录表

测定次数 项　目	Ⅰ	Ⅱ	Ⅲ
移取试液体积, mL			
滴定消耗的 EDTA 的体积 V_2, mL			
$\omega_{Fe_2O_3}$, %			
$\overline{\omega_{Fe_2O_3}}$, %			
相对偏差 d_r, %			
相对平均偏差 $\overline{d_r}$, %			
滴定消耗的 $CuSO_4$ 的体积 V_2, mL			
$\omega_{Ca、Mg}$, %			
$\overline{\omega_{Ca、Mg}}$, %			
$\overline{\omega_{Mg}}$, %			
相对偏差 d_r, %			
相对平均偏差 $\overline{d_r}$, %			

(三)CaO 和 MgO 含量测定

表 9.13　水泥中 CaO 和 MgO 含量测定的实验数据记录表

测定次数 项　目	Ⅰ	Ⅱ	Ⅲ
移取试液体积, mL			
滴定消耗 EDTA 的体积 V_3, mL			
ω_{CaO}, %			
$\overline{\omega_{CaO}}$, %			
相对偏差 d_r, %			
相对平均偏差 $\overline{d_r}$, %			
移取体积, mL			
滴定消耗 EDTA 的体积 V_4, mL			
$\omega_{CaO、MgO}$, %			
$\overline{\omega_{CaO、MgO}}$, %			
$\overline{\omega_{MgO}}$, %			
相对偏差 d_r, %			
相对平均偏差 $\overline{d_r}$, %			

六、注意事项

(1) Fe_2O_3、Al_2O_3、CaO、MgO 含量的测定中,溶解水泥试样时应充分搅拌、仔细混匀,否则试样溶解不完全,将严重影响接下来的测定。

(2) Fe_2O_3 含量的测定中,滴定终点颜色和试样成分与 Fe 含量有关,终点一般为无色或淡黄色。

(3) Al_2O_3 含量的测定中,$CuSO_4$ 返滴定时,随着 Cu^{2+} 的滴入,由络合物 Cu-EDTA 的蓝色和 PAN 的黄色转变为绿色,终点时生成 Cu – PAN 红色络合物,使终点呈茶红色。

(4) CaO 和 MgO 含量的测定中,一般用尿素均匀沉淀法处理 Fe^{3+} 和 Al^{3+},也可用氨水法直接沉淀,但 $Fe(OH)_3$ 对 Ca^{2+}、Mg^{2+} 吸附较为严重。

七、思考题

(1) 在 Fe^{3+}、Al^{3+}、Ca^{2+}、Mg^{2+} 共存时,能否用 EDTA 标准溶液控制酸度法滴定 Fe^{3+}?滴定 Fe^{3+} 的介质酸度范围为多大?

(2) EDTA 滴定 Al^{3+} 时,为什么采用返滴定法?

(3) EDTA 滴定 Ca、Mg 时,怎样消除 Fe^{3+}、Al^{3+} 的干扰?

(4) 用浓 HCl 分解硅酸盐水泥试样时,为什么还要加入浓 HNO_3 和固体 NH_4Cl?

实验 9.10 硫酸四氨合铜(Ⅱ)的制备及组成分析

一、实验目的

(1) 了解硫酸四氨合铜(Ⅱ)的制备方法和步骤;
(2) 掌握硫酸四氨合铜(Ⅱ)组成成分的测定方法;
(3) 掌握蒸馏法测定氨的方法和技术。

二、实验原理

硫酸四氨合铜(Ⅱ)($[Cu(NH_3)_4]SO_4 \cdot H_2O$) 为深蓝色晶体,主要用于印染、纤维、杀虫剂及制备某些含铜的化合物。本实验以硫酸铜为原料与过量的 $NH_3 \cdot H_2O$ 反应来制备:

$$CuSO_4 + 4NH_3 + H_2O \Longrightarrow [Cu(NH_3)_4]SO_4 \cdot H_2O$$

硫酸四氨合铜溶于水,不溶于乙醇,因此在 $[Cu(NH_3)_4]SO_4$ 溶液中加入乙醇,即可析出 $[Cu(NH_3)_4]SO_4 \cdot H_2O$ 晶体。

$[Cu(NH_3)_4]SO_4 \cdot H_2O$ 中的 Cu^{2+}、SO_4^{2-} 及 NH_3 含量可以用吸光光度法、重量分析法、酸碱滴定法分别测定。

$[Cu(NH_3)_4]SO_4 \cdot H_2O$ 在酸性介质中被破坏为 Cu^{2+} 及 NH_4^+，加入过量 NH_3 可以形成稳定的深蓝色配离子 $[Cu(NH_3)_4]^{2+}$。根据朗伯—比尔定律：

$$A = kbc$$

式中　A——吸光度；

k——有色溶液的摩尔吸收系数，$L \cdot mol^{-1} \cdot cm^{-1}$；

b——液层的厚度，cm；

c——试液中有色物质的浓度，$mol \cdot L^{-1}$。

配制一系列已知铜浓度的标准溶液，在一定波长下用分光光度计测定 $[Cu(NH_3)_4]^{2+}$ 溶液的吸光度，绘制标准曲线。由标准曲线法求出 Cu^{2+} 的浓度，从而可以计算出样品中的铜含量。

$[Cu(NH_3)_4]SO_4 \cdot H_2O$ 在碱性介质中被破坏为 $Cu(OH)_2$ 和 NH_3。在加热条件下把氨蒸入过量的酸标准溶液中，再用碱标准溶液滴定剩余的酸标准溶液，从而准确测定样品中的 NH_3 的含量。

SO_4^{2-} 含量的测定应用重量分析法，加入稀的 $BaCl_2$ 溶液，生成 $BaSO_4$ 沉淀，根据 $BaSO_4$ 沉淀的量计算 SO_4^{2-} 的含量。

三、主要试剂与仪器

试剂：$NH_3 \cdot H_2O(1:1)$，$CuSO_4 \cdot 5H_2O$ 固体，$H_2SO_4(3mol \cdot L^{-1})$，HCl 标准溶液 $(0.1mol \cdot L^{-1})$，NaOH$(10\%\ 0.1mol \cdot L^{-1})$，$NH_3 \cdot H_2O(2mol \cdot L^{-1})$，铜标准溶液 $(0.0500mol \cdot L^{-1})$，乙醇(95%)，酚酞(0.2%)。

仪器：研钵，布氏漏斗，抽滤瓶，电子天平，722 分光光度计，吸量管，容量瓶，比色皿，滴定管(酸式、碱式)，锥形瓶。

四、实验步骤

(一)硫酸四氨合铜(Ⅱ)的制备

在小烧杯中加入 $NH_3 \cdot H_2O(1:1)$ 30mL，在不断搅拌下慢慢加入精制 $CuSO_4 \cdot 5H_2O$ 10g，继续搅拌，使其完全溶解成深蓝色溶液。待溶液冷却后，缓慢加入 35mL 乙醇(95%)，即有深蓝色晶体析出。盖上表面皿，静置约 15min，抽滤，并用 1:1 $NH_3 \cdot H_2O$—乙醇混合液(1:1 $NH_3 \cdot H_2O$ 与乙醇等体积混合)淋洗晶体两次，每次用量约 2~3mL，将其在 60℃左右烘干，称量。

按 $CuSO_4 \cdot 5H_2O$ 的量计算 $[Cu(NH_3)_4]SO_4 \cdot H_2O$ 的产率。评价产品的质量和形状等，并进一步分析原因。

(二)硫酸四氨合铜(Ⅱ)的组成测定

1. 铜含量测定

(1)溶液的配制。用吸量管分别吸取 $50\mu mol \cdot L^{-1}$ 铜标准溶液 0.00mL、1.00mL、2.0mL、

3.0mL、4.00mL、5.0mL 于六个 50mL 容量瓶中(容量瓶编号分别为 1,2,…,6),分别加入 10mL 2.0mol·L⁻¹ NH₃·H₂O 溶液后,用蒸馏水稀释至刻度,摇匀,备用。

(2) [Cu(NH₃)₄]²⁺ 的吸收曲线的绘制。以试剂空白溶液(即不加标准铜溶液)为参比溶液,即 1 号容量瓶里面的溶液为参比溶液,3 号和 5 号容量瓶中的溶液为测试溶液,于 2cm 比色皿,于分光光度计在波长 500~680nm 处分别测定其吸光度 A。每隔 10nm 测定一次,在最大吸收波长附近,每隔 5nm 测定一次。以吸光度为纵坐标、波长为横坐标,绘制吸收曲线,求出 [Cu(NH₃)₄]²⁺ 的最大吸收波长(λ_{max})。

(3) 标准曲线的绘制。以试剂空白溶液为参比溶液,用 2cm 比色皿,在 [Cu(NH₃)₄]²⁺ 的最大吸收波长(λ_{max})下,分别测定容量瓶中各溶液的吸光度。以吸光度为纵坐标,相应的 Cu^{2+} 含量为横坐标,绘制标准曲线。

(4) 样品中 Cu^{2+} 含量的测定。准确称取样品 0.2~0.3g 于小烧杯中,加 5mL 水溶解后,滴加 6mol·L⁻¹ H₂SO₄ 至溶液从深蓝色变至蓝色(表示络合物已离解),将溶液定量转移至 100mL 容量瓶中,加入蒸馏水稀释至刻度,摇匀。准确吸取样品 10.00mL 置于 50mL 容量瓶(记作 7 号容量瓶)中,加 10.00mL 2.0mol·L⁻¹ NH₃·H₂O,用蒸馏水稀释至刻度,摇匀。以试剂空白溶液为参比溶液,用 2cm 比色皿,在 [Cu(NH₃)₄]²⁺ 最大吸收波长(λ_{max})下测定其吸光度。从标准曲线上求出 Cu^{2+} 含量,并计算样品中铜的含量。

2. NH₃ 含量的测定

NH₃ 含量的测定在简易的定氮装置中进行,如图 9.1 所示。测定时先准确称取 0.25~0.30g 样品置于锥形瓶中,加入 80mL 水溶解,然后加入 10.00mL 10% NaOH 溶液。在另一锥形瓶中准确加入 30~35mL 0.5mol·L⁻¹ HCl 溶液。按图安装装置,漏斗下端固定于一小试管,试管中注入 3~5mL 10% NaOH 溶液,使漏斗柄插入液面下 2~3cm,整个操作过程中漏斗下端不能露出液面。小试管的橡皮塞要切去一个缺口,使试管内与锥形瓶相通。加热样品溶液,开始时用大火加热,溶液开始沸腾时改为小火,保持微沸状态。蒸出的 NH₃ 通过导管被标准 HCl 溶液吸收。约 1h 可将 NH₃ 全部蒸除。取出并拔掉插入 HCl 溶液中的导管,用少量水将导管内外可能沾附的溶液洗入锥形瓶内。用标准 NaOH 溶液滴定过量的 HCl(以甲基红为指示剂)。根据加入的 HCl 溶液体积及浓度和滴定所用 NaOH 溶液体积及浓度,计算样品中 NH₃ 的含量。

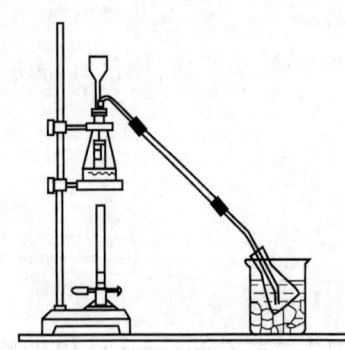

图 9.1 测定氮的简易装置示意图

3. SO_4^{2-} 的测定——重量法

准确称取在 100~200℃ 干燥过的试样 0.3g 左右,置于 400mL 烧杯中,用水 50mL 溶解,加入 2mol·L⁻¹ 盐酸 6mL,加水稀释到约 200mL,盖上表面皿加热近沸。

另取 10% BaCl₂ 溶液 10mL,置于 100mL 烧杯中,加水 40mL,加热至沸。在不断搅拌下,趁热用滴管吸取稀 BaCl₂ 溶液,逐滴加入试液中,沉淀作用完毕后,静置 2min,待 BaSO₄ 沉淀下沉后,于上层清液中加 1~2 滴 BaCl₂ 溶液,仔细观察有无浑浊出现,以检验沉淀是否完全,盖上表面皿微沸 10min,在室温下陈化 12h,以使试液上面悬浮微小晶粒完全沉下,溶液澄清。

取中速定量滤纸两张,按漏斗的大小折好滤纸使其与漏斗很好地贴合,以去离子水润湿,并使漏斗颈内留有水柱,将漏斗置于漏斗架上,漏斗下面各放一只清洁的烧杯,利用倾泻法小心地把上层清液沿玻璃棒慢慢倾入已准备好的漏斗中,尽可能不让沉淀倒入漏斗滤纸上,以免妨碍过滤和洗涤。当烧杯中清液已经倾泻完后,用热水洗沉淀 4 次(倾泻法),然后将沉淀定量转移到滤纸上,再用热水洗涤 7~8 次,用硝酸银检验不显浑浊(表示无 Cl^-)为止。沉淀洗净后,将盛有沉淀的滤纸折叠成小包,移入已在 800℃ 灼烧至恒重的瓷坩埚中烘干,灰化后再置于 800℃ 的马弗炉中灼烧 1h,取出,置于干燥器内冷却至室温、称量至恒重。根据所得硫酸钡量,计算试样中 $\omega_{SO_4^{2-}}$。平行测定两份或三份。

五、实验数据记录及结果处理

(一)铜含量测定

1. 吸收曲线的绘制

表 9.14　吸收曲线测定的实验数据记录表

波长(λ),nm	500	510	520	530	540	550	……	670	680
吸光度(A)(3号)									
波长(λ),nm	500	510	520	530	540	550	……	670	680
吸光度(A)(5号)									

$\lambda_{max} = ?$

2. 标准曲线的绘制

表 9.15　标准曲线测定的实验数据记录表

试剂 \ 编号 数量	1	2	3	4	5	6	7
$V_{Cu^{2+}}$ 标液(Cu^{2+} 标液浓度为 $50\mu mol \cdot L^{-1}$),mL	0.00	1.00	2.00	3.00	4.00	5.00	—
$V_{Cu^{2+}}$ 待测试液,mL	—	—	—	—	—	—	10.00
$c_{Cu^{2+}}$ 标液,$\mu mol \cdot L^{-1}$	0.00	1.00	2.00	3.00	4.00	5.00	—
吸光度(A)							

表 9.16　试样中 Cu^{2+} 含量测定的实验数据记录表

项目 \ 测定次数	Ⅰ	Ⅱ	Ⅲ
样品+称量瓶质量(倾倒前,m_1),g			
样品+称量瓶质量(倾倒后,m_2),g			
样品质量 $m = m_1 - m_2$,g			
标准曲线上求得 Cu^{2+} 的浓度,$\mu mol \cdot L^{-1}$			

续表

测定次数　　　项　目	I	II	III
$\omega_{Cu^{2+}}$,%			
$\overline{\omega_{Cu^{2+}}}$,%			
相对偏差 d_r,%			
相对平均偏差 $\overline{d_r}$,%			

(二) NH_3 含量的测定

表 9.17　试样中 NH_3 含量测定的实验数据记录表

测定次数　　　项　目	I	II	III
样品 + 称量瓶质量(倾倒前, m_1), g			
样品 + 称量瓶质量(倾倒后, m_2), g			
样品质量 $m = m_1 - m_2$, g			
准确加入的 HCl 溶液的体积, mL			
准确加入的 HCl 溶液的浓度, mol·L^{-1}			
滴定消耗的 NaOH 溶液的体积, mL			
滴定消耗的 NaOH 溶液的浓度, mol·L^{-1}			
$\omega_{(NH_3)}$,%			
$\overline{\omega_{(NH_3)}}$,%			
相对偏差 d_r,%			
相对平均偏差 $\overline{d_r}$,%			

(三) SO_4^{2-} 的测定

表 9.18　试样中 SO_4^{2-} 含量测定的实验数据记录表

测定次数　　　项　目	I	II	III
样品 + 称量瓶质量(倾倒前, m_1), g			
样品 + 称量瓶质量(倾倒后, m_2), g			
试样质量 $m = m_1 - m_2$, g			
空坩埚质量 m_3, g			
$BaSO_4$ 样品 + 坩埚质量 m_4, g			
$BaSO_4$ 样品 + 坩埚质量(m_5 恒重测定), g			
$BaSO_4$ 样品 + 坩埚质量(m_6 恒重测定), g			
$BaSO_4$ 样品质量 $m = m_6 - m_3$, g			
$\omega_{SO_4^{2-}}$,%			

续表

项目 \ 测定次数	I	II	III
$\overline{\omega}_{SO_4^{2-}}$,%			
相对偏差 d_r,%			
相对平均偏差 $\overline{d_r}$,%			

六、注意事项

(1)要制得比较纯的[Cu(NH$_3$)$_4$]SO$_4$·H$_2$O 晶体,必须注意操作顺序,CuSO$_4$要尽量研细,且应充分搅拌,否则可能局部生成 Cu$_2$(OH)$_2$SO$_4$,影响产品质量(反应后溶液应无沉淀,透明)。

(2)[Cu(NH$_3$)$_4$]SO$_4$·H$_2$O 生成时放热,在加入乙醇前必须充分冷却,并静置足够时间。如能放置过夜,则能制得较大颗粒的晶体。

(3)废液和固体废弃物倒入指定容器中。

七、思考题

(1)测定硫酸四氨合铜中铜与氨的配位比的方法有哪些?拟定其测定的实验步骤。

(2)硫酸四氨合铜中 Cu^{2+}、NH$_3$ 和 SO$_4^{2-}$ 还可以用哪些方法测定?

第10章 研究性设计实验

实验10.1 阿司匹林药片中乙酰水杨酸含量的测定

一、实验导读

阿司匹林是常用的具有解热镇痛作用的一种药品,对缓解轻度或中度疼痛,如牙痛、头痛、神经痛、肌肉酸痛、风湿痛等效果良好,也用于流感等发热疾病的退热等。同时,阿司匹林对血小板聚集有抑制作用,能阻止血栓形成,临床上用于预防短暂脑缺血发作、心肌梗死、人工心脏瓣膜、静脉瘘及其他手术后血栓的形成。因此,阿司匹林是日常生活中常用的药品之一。阿司匹林的主要成分是乙酰水杨酸,结构式如下:

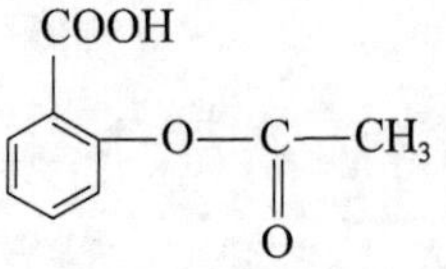

医学上常需要测定阿司匹林药片中乙酰水杨酸的含量,以检查药片的质量。

乙酰水杨酸是有机弱酸($K_a = 1 \times 10^{-3}$),微溶于水,易溶于乙醇。在强碱性溶液中发生如下反应:

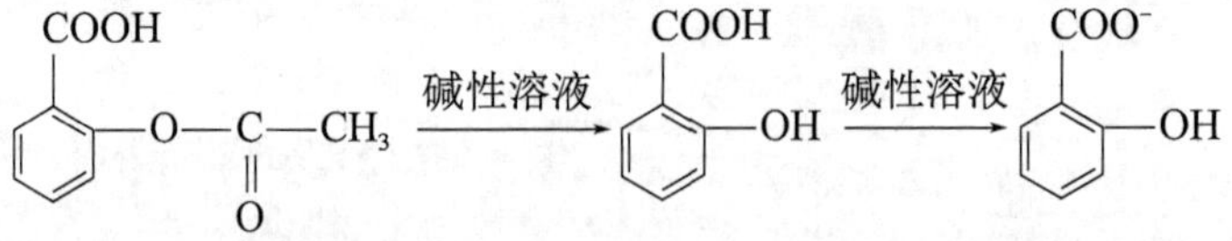

由于药片中一般都添加一定量的赋形剂(如硬脂酸镁、淀粉等),因此不宜直接滴定,可用返滴定法进行滴定。将药片磨成粉状后加入过量的NaOH标准溶液,加热一段时间使乙酰基水解完全后,再用HCl标准溶液返滴定剩余的NaOH溶液。

二、实验要求

设计测定阿司匹林药片中乙酰水杨酸含量的实验方案,应写明实验原理、方法、步骤等,列出所需要的实验药品和仪器,计算药片中乙酰水杨酸的质量分数(%)及每片药剂中乙酰水杨酸的质量(g/片)。

三、思考题

(1)为保证所取的样品具有代表性,片剂药品应如何取样?
(2)如何保证阿司匹林药片中乙酰水杨酸充分水解?
(3)如果测定的是乙酰水杨酸纯品(晶体),可否采用直接滴定法?
(4)如何消除其他成分可能产生的干扰?

实验 10.2　NH_3—NH_4Cl 混合液中各组分含量的测定

一、实验导读

氨水是较弱的碱($K_b = 1.8 \times 10^{-5}$),可用 HCl 标准溶液直接滴定,指示剂的选择可根据化学计量点产物的 pH 来决定。NH_4Cl 是非常弱的酸,需要加入甲醛强化,再用 NaOH 标准溶液来滴定。

二、实验要求

设计测定 NH_3—NH_4Cl 混合液中各组分含量的实验方案,应写明实验原理、方法、步骤等,列出所需要的实验药品和仪器,计算出 NH_3—NH_4Cl 混合液中各组分含量($g \cdot mL^{-1}$)。

三、思考题

(1)NH_4Cl 被强化的反应方程式是什么?
(2)用 NaOH 标准溶液滴定 HCl 溶液时选择何种指示剂指示终点?滴定被甲醛处理后的 NH_4Cl 时应选择何种指示剂指示终点?

实验 10.3　补钙制剂中钙含量的测定

一、实验导读

钙是人体内最普遍的元素之一,被称为"生命中的钢筋混凝土"。人体中钙的含量占总体重的 1.5%~2%,其中骨骼和牙齿约占 99%,体液和软组织占 1%。钙在人体代谢、细胞功能、神经系统运作、蛋白激素合成等方面具有非常重要的作用。补钙制剂的主要成分为碳酸钙、淀粉等，用 $6mol \cdot L^{-1}$ HCl 将其溶解即可。而含钙乳饮料、奶粉等样品处理则需用马福炉高温灼烧后，再用 $6mol \cdot L^{-1}$ HCl 溶解。钙含量的测定可以采用络合滴定法和氧化还原滴定法两种方法。

络合滴定法主要应用 EDTA 滴定法测定钙含量。在 pH = 10 条件下，以铬黑 T 为指示剂，并加入少量三乙醇胺来掩蔽样品中的 Fe^{3+} 等干扰离子，再用 EDTA 标准溶液来滴定钙离子。而氧化还原滴定法利用间接滴定法，钙离子与草酸根生成草酸钙沉淀，沉淀在硫酸溶液中溶解后，用高锰酸钾标准溶液滴定溶解的草酸根离子，从而计算出钙的含量。

二、实验要求

设计测定补钙制剂中钙含量的实验方案，应写明实验原理、方法、步骤等，列出所需要的实验药品和仪器，计算药片中钙的质量分数(%)及每片药剂中钙的质量(g/片)。

三、思考题

(1) 如何保证补钙制剂完全溶解？
(2) 如果应用氧化还原滴定法测定钙含量，可否采用直接滴定法？
(3) 如何消除其他成分可能产生的干扰？

实验 10.4　白酒中糠醛含量的测定

一、实验导读

糠醛的化学名称是 α-呋喃甲醛，以农业原料如米糠、玉米芯等通过水解制得，为浅黄至琥珀色透明液体，储存过程中色泽逐渐加深，直至变为棕褐色，具有苦杏仁气味。纯净的糠醛为无色液体，沸点为 160℃。

白酒中的糠醛主要来源于酿酒所用的各种原辅料，如粮食、稻皮、米糠等。糠醛是白酒中的一种香味物质，对酒体的构成起着重要的作用，含量在 $300mg \cdot L^{-1}$ 时，能赋予酒以特有的香味。

糠醛与具有芳香性的呋喃环相连，形成大共轭体系，从而在紫外区有吸收。糠醛在紫外区 276nm 处有最大吸收，白酒中其他成分在该波长下吸收非常小，可以忽略不计。因此，可以采用分光光度法测定白酒中糠醛的含量。

二、实验要求

设计报告，主要内容包括蒸馏精制糠醛、储备液的配制、标准溶液的配制、糠醛的测定等研究方案，也包括实验原理、方法、步骤、试剂和仪器、实验结果的计算方法等。

三、思考题

(1) 为什么必须蒸馏精制糠醛？
(2) 白酒中的其他成分对糠醛的测定有无影响，为什么？

实验10.5 洗衣粉中含磷量与碱度的测定

一、实验导读

洗衣粉中的磷酸盐是理想的助洗剂，具有螯合作用，能够起到软化水、分散、乳化等作用，从而使洗衣粉具有一定的去污能力，同时也能够防止洗衣粉结块。但是洗衣粉中配用的大量磷酸盐是导致河流湖泊中藻类疯长、产生"过肥化"的原因之一。目前，洗涤用品中磷酸盐是立法限制的对象，粉状洗涤剂中总五氧化二磷含量是一个重要指标，其常用的检测方法有分光光度法、重量法和酸碱滴定法(表10.1)。

表10.1 五氧化二磷含量测定的方法

方法名称	测定原理	注意事项或特点
分光光度法	试样酸分解后氧化磷转为正磷酸，然后与相应试剂(钼酸铵)显色后测定计算磷的含量	显色方法、选择性好
重量法	在一定酸度下，磷钼酸与无机或有机沉淀剂沉淀后，灼烧称量测定磷含量	介质、酸度、温度等条件
酸碱滴定法	在有或无铵根存在下，生成磷钼酸沉淀，沉淀溶于氢氧化钠后用酸返滴定剩余的氢氧化钠	干扰少

洗衣粉的pH一般为9.5~10.5，若大于11，则碱性太强，易损害织物的纤维；若小于9.5，碱性太弱，使它渗入织物纤维间的能力减弱，从而影响洗涤效能。因此，洗衣粉碱度的测定也非常重要。

二、实验要求

设计包括洗衣粉中含磷量的测定和碱度测定两部分方案，包括实验原理、方法、步骤、试剂和仪器、实验结果的计算方法等。

三、思考题

(1) 如何测定洗衣粉中的含磷量？
(2) 分光光度法测定含磷量时，显色条件如何控制？
(3) 重量法测定含磷量时，如何选择沉淀剂？
(4) 如何测定洗衣粉的pH？

实验 10.6 煤样中全硫的测定

一、实验导读

煤中的硫主要有三种存在形式,即有机硫、硫化物、硫酸盐。硫化物和硫酸盐中的硫在石灰石的分解温度下可转化为硫酸钙。目前各企业采取的测定方法不完全一致:有的直接采用碘量法测定,但常由于反应瓶底黏结成糊而失败;有的将煤燃烧后测煤灰中的硫含量,但由于燃烧过程中煤中的部分硫变成气体逸出而损失,从而使结果偏低。因此测定方法选择不当会造成煤中全硫测定的结果产生较大偏差,失去指导生产的意义。煤中全硫的测定方法有艾士卡法、库仑滴定法和高温燃烧中和法。

艾士卡法也称重量法,是煤中全硫测定的仲裁方法,方法经典,设备简单,结果准确。

库仑滴定法是煤样在三氧化钨催化作用下,于空气流中在1150℃高温中燃烧分解,使煤中硫生成二氧化硫,被电解池中的碘化钾溶液吸收,并被电解碘化钾所产生的碘滴定,根据电解所消耗的电量计算煤中全硫的含量。此法快速准确,但需专用仪器设备。

高温燃烧中和法是煤样在三氧化钨催化作用下,于空气流中在1200℃高温中燃烧分解,生成硫的氧化物并捕集在过氧化氢溶液中形成硫酸,最后用氢氧化钠滴定硫酸,从而计算全硫的含量。此法准确,但需高温燃烧设备。

二、实验要求

设计煤样中全硫的检测方案,包括实验原理、方法、步骤、试剂和仪器、实验结果的计算方法等。

三、思考题

(1)煤中的硫有什么危害?测定煤中全硫的方法有哪些?
(2)什么是艾士卡试剂?在测定中如何应用?

实验 10.7 水中亚硝酸盐氮的测定

一、实验导读

在水质监测中,亚硝酸盐氮的测定是一个非常重要的指标,水中的亚硝酸盐氮是氮循环的中间产物,很不稳定。在不同条件的水环境下,可氧化成硝酸盐氮,也可被还原成氨。亚硝酸盐氮在水中可受微生物作用,很不稳定,因此采集后应立即分析或者冷藏从而抑制微生物的影响。亚硝酸盐氮可以采用分光光度法进行分析测定。

二、实验要求

设计亚硝酸盐氮测定的实验方案，包括水样的采集与保存、水中亚硝酸盐氮测定的研究方案，以及实验原理、方法、步骤、试剂和仪器、实验结果的计算方法等。

三、思考题

(1) 测定水中亚硝酸盐氮时应该在什么介质中进行实验？
(2) 如何消除水中亚硝酸盐氮分析的干扰？
(3) 实验中的显色条件如何控制？

参 考 文 献

[1] 武汉大学. 分析化学实验[M]. 5版. 北京:高等教育出版社,2011.
[2] 李巧云,张钱丽. 无机及分析化学实验[M]. 2版. 南京:南京大学出版社,2016.
[3] 郭伟强. 分析化学手册(一)基础知识与安全知识[M]. 3版. 北京:化学工业出版社,2016.
[4] 武汉大学. 分析化学[M]. 5版. 北京:高等教育出版社,2016.
[5] Meloan C E. Chemical Separations: Principles, Techniques and Experiments[M]. New York: Wiley, 1999.
[6] 华中师范大学,东北师范大学,陕西师范大学. 分析化学[M]. 5版. 北京:高等教育出版社,2015.
[7] 华东理工大学、四川大学. 分析化学[M]. 6版. 北京:高等教育出版社,2012.
[8] 中国实验室国家认可委员会. 实验室认可准则(CNACL201-2001). 北京:中国标准出版社,2001.
[9] 唐晓燕. 分析方法标准化[M]. 北京:中国建材工业出版社,1998.
[10] Christian G D. Analytical Chemistry[M]. 6th ed. New York: Willy and Sons, 2004.
[11] Harris D C. Quantitative Chemical Analysis[M]. 6th ed. New York: Free-man, 2003.
[12] 陈兴国,何疆,陈宏丽,等. 分析化学[M]. 北京:高等教育出版社,2012.
[13] 中国实验室国家认可委员会. 实验室认可与管理基础知识[M]. 北京:中国计量出版社,2003.
[14] 杭州大学化学系分析化学教研室. 分析化学手册[M]. 2版. 北京:化学工业出版社,1997.
[15] 霍冀川. 化学综合设计实验[M]. 北京:化学工业出版社,2007.
[16] 张寒琦,徐家宁. 综合和设计化学实验[M]. 北京:高等教育出版社,2006.
[17] 王尊本. 综合化学实验[M]. 北京:科学出版社,2003.
[18] 高职高专化学教材编写组. 分析化学实验[M]. 4版. 北京:高等教育出版社,2014.
[19] 马全红,邱凤仙. 分析化学实验[M]. 2版. 南京:南京大学出版社,2015.
[20] 武汉大学化学与分子科学学院实验中心. 分析化学实验[M]. 2版. 武汉:武汉大学出版社,2013.
[21] 关淑霞,刘继伟,张志秋. 分析化学实验[M]. 北京:石油工业出版社,2015.
[22] Angela D, Daniel V. Design and Analysis of Experiments[M]. 北京:世界图书出版公司,2010.
[23] 武汉大学. 无机及分析化学实验[M]. 2版. 武汉:武汉大学出版社,1991.

附　录

附录1　某些离子和化合物的颜色

离子或化合物	颜色	离子或化合物	颜色
Ag^+	无	$BaCrO_4$	黄
$AgBr$	淡黄	$BaHPO_4$	白
$AgCl$	白	$Ba_3(PO_4)_2$	白
$AgCN$	白	$BaSO_3$	白
Ag_2CO_3	白	$BaSO_4$	白
$Ag_2C_2O_4$	白	BaS_2O_3	白
Ag_2CrO_4	砖红	Bi^{3+}	无
$Ag_3[Fe(CN)_6]$	橙	$BiOCl$	白
$Ag_4[Fe(CN)_6]$	白	Bi_2O_3	黄
AgI	黄	$Bi(OH)_3$	白
$AgNO_3$	白	$BiO(OH)$	灰黄
Ag_2O	褐	$Bi(OH)CO_3$	白
Ag_3PO_4	黄	$BiONO_3$	白
$Ag_4P_2O_7$	白	Bi_2S_3	黑
Ag_2S	黑	Ca^{2+}	无
$AgSCN$	白	$CaCO_3$	白
Ag_2SO_3	白	CaC_2O_4	白
Ag_2SO_4	白	CaF_2	白
$Ag_2S_2O_3$	白	CaO	白
As_2S_3	黄	$Ca(OH)_2$	白
Ba^{2+}	无	$CaHPO_4$	白
$BaCO_3$	白	$Ca_3(PO_4)_2$	白
BaC_2O_4	白	$CaSO_3$	白
$CaSiO_3$	白	$CaSO_4$	白
Cd^{2+}	无	$Cu_2[Fe(CN)_6]$	红棕
$CdCO_3$	白	CuI	白
CdC_2O_4	白	$Cu(IO_3)_2$	淡蓝
$Cd_3(PO_4)_2$	白	$[Cu(NH_3)_4]^{2+}$	深蓝
CdS	黄	$[Cu(NH_3)_2]^+$	无
Co^{2+}	粉红	CuO	黑
$CoCl_2$	蓝	Cu_2O	暗红
$CoCl_2 \cdot 2H_2O$	紫红	$Cu(OH)_2$	浅蓝
$CoCl_2 \cdot 6H_2O$	粉红	$[Cu(OH)_4]^{2-}$	蓝

续表

离子或化合物	颜色	离子或化合物	颜色
$[Co(CN)_6]^{3-}$	紫	$Cu_2(OH)_2CO_3$	淡蓝
$[Co(NH_3)_6]^{2+}$	黄	$Cu_3(PO_4)_2$	淡蓝
$[Co(NH_3)_6]^{3+}$	橙黄	CuS	黑
CoO	灰绿	Cu_2S	深棕
Co_2O_3	黑	CuSCN	白
$Co(OH)_2$	粉红	$CuSO_4 \cdot 5H_2O$	蓝
$Co(OH)_3$	棕褐	Fe^{2+}	浅蓝
Co(OH)Cl	蓝	Fe^{3+}	淡蓝
$Co_2(OH)_2CO_3$	红	$FeCl_3 \cdot 6H_2O$	黄棕
$Co_3(PO_4)_2$	紫	$[Fe(CN)_6]^{4-}$	黄
CoS	黑	$[Fe(CN)_6]^{3-}$	红棕
$[Co(SCN)_4]^{2-}$	蓝	$FeCO_3$	白
$CoSiO_3$	紫	$FeC_2O_4 \cdot 2H_2O$	淡黄
$CoSO_4 \cdot 7H_2O$	红	$[FeF_6]^{3-}$	无
Cr^{2+}	蓝	$[Fe(HPO_4)_2]^-$	无
Cr^{3+}	蓝紫	FeO	黑
$CrCl_3 \cdot 6H_2O$	绿	Fe_2O_3	砖红
Cr_2O_3	绿	Fe_3O_4	黑
CrO_3	橙红	$Fe(OH)_2$	白
CrO_2^-	绿	$Fe(OH)_3$	红棕
CrO_4^{2-}	黄	$FePO_4$	浅黄
$Cr_2O_7^{2-}$	橙	FeS	黑
$Cr(OH)_3$	灰绿	Fe_2S_3	黑
$Cr_2(SO_4)_3$	桃红	$[Fe(SCN)]^{2+}$	血红
$Cr_2(SO_4)_3 \cdot 6H_2O$	绿	$Fe_2(SiO_3)_3$	棕红
$Cr_2(SO_4)_3 \cdot 18H_2O$	蓝紫	Hg^{2+}	无
Cu^{2+}	蓝	Hg_2^{2+}	无
CuBr	白	$[HgCl_4]^{2-}$	无
CuCl	白	Hg_2Cl_2	白
$[CuCl_2]^-$	无	HgI_2	红
$[CuCl_4]^{2-}$	黄	$[HgI_4]^{2-}$	无
CuCN	白	Hg_2I_2	黄
HgO	红或黄	$HgNH_2Cl$	白
HgS	黑或红	Pb^{2+}	无
Hg_2S	黑	$PbBr_2$	白
Hg_2SO_4	白	$PbCl_2$	白

续表

离子或化合物	颜色	离子或化合物	颜色
I_2	紫	$[PbCl_4]^{2-}$	无
I_3^-	棕黄	$PbCO_3$	白
$K[Fe(CN)_6Fe]$	蓝	PbC_2O_4	白
$KHC_4H_4O_6$	白	$PbCrO_4$	黄
$K_2Na[Co(NO_2)_6]$	黄	PbI_2	黄
$K_3[Co(NO_2)_6]$	黄	PbO	黄
$K_2[PtCl_6]$	黄	PbO_2	棕褐
$MgCO_3$	白	Pb_3O_4	红
MgC_2O_4	白	$Pb(OH)_2$	白
MgF_2	白	$Pb_2(OH)_2CO_3$	白
$MgNH_4PO_4$	白	PbS	黑
$Mg(OH)_2$	白	$PbSO_4$	白
$Mg_2(OH)_2CO_3$	白	$[SbCl_6]^{3-}$	无
Mn^{2+}	肉色	$[SbCl_6]^-$	无
$MnCO_3$	白	Sb_2O_3	白
MnC_2O_4	白	Sb_2O_5	淡黄
MnO_4^{2-}	绿	$SbOCl$	白
MnO_4^-	紫红	$Sb(OH)_3$	白
MnO_2	棕	$[SbS_3]^{3-}$	无
$Mn(OH)_2$	白	$[SbS_4]^{3-}$	无
MnS	肉色	SnO	黑或绿
$NaBiO_3$	黄	SnO_2	白
$Na[Sb(OH)_6]$	白	$Sn(OH)_2$	白
$NaZn[UO_2]_3(Ac)_9·9H_2O$	黄	$Sn(OH)_4$	白
$(NH_4)_2Fe(SO_4)_2·6H_2O$	蓝绿	$Sn(OH)Cl$	白
$NH_4Fe(SO_4)_2·12H_2O$	浅紫	SnS	棕
$(NH_4)_3PO_4·12MoO_3·6H_2O$	黄	SnS_2	黄
Ni^{2+}	亮绿	$[SnS_3]^{2-}$	无
$[Ni(CN)_4]^{2-}$	黄	$SrCO_3$	白
$NiCO_3$	绿	SrC_2O_4	白
$[Ni(NH_3)_6]^{2+}$	蓝紫	$SrCrO_4$	黄
NiO	暗绿	$SrSO_4$	白
Ni_2O_3	黑	Ti^{3+}	紫
$Ni(OH)_2$	淡绿	TiO^{2+}	无
$Ni(OH)_3$	黑	$[Ti(H_2O)]^{2+}$	橘黄
$Ni_2(OH)_2CO_3$	浅绿	V^{2+}	蓝紫
$Ni_3(PO_4)_2$	绿	V^{3+}	绿

续表

离子或化合物	颜色	离子或化合物	颜色
NiS	黑	VO^{2+}	蓝紫
VO_3^-	无	VO_2^+	黄
V_2O_5	红棕	$[Zn(OH)_4]^{2-}$	无
ZnC_2O_4	白	$Zn(OH)_2$	白
$[Zn(NH_3)_4]^{2+}$	无	$Zn_2(OH)_2CO_3$	白
ZnO	白	ZnS	白

附录2 常用浓酸、浓碱的密度和常数

试剂名称	密度 ρ, g·mL^{-1}	质量分数 ω, %	浓度 c, mol·L^{-1}
盐酸	1.18～1.19	36～38	11.6～12.4
硝酸	1.39～1.40	65.0～68.0	14.4～15.2
硫酸	1.83～1.84	95～98	17.8～18.4
磷酸	1.69	85	14.6
高氯酸	1.68	70.0～72.0	11.7～12.0
冰醋酸	1.05	99.8(优级纯) 99.0(分析纯、化学纯)	17.4
氢氟酸	1.13	40	22.5
氢溴酸	1.49	47	8.6
氨水	0.88～0.90	25.0～28.0	13.3～14.8

附录3 常用基准物质的干燥条件和应用

基准物质 名称	基准物质 化学式	干燥后的组成	干燥条件	标定对象
碳酸氢钠	$NaHCO_3$	Na_2CO_3	270～300℃	酸
十水合碳酸钠	$Na_2CO_3·10H_2O$	Na_2CO_3	270～300℃	酸
硼砂	$NaB_4O_7·10H_2O$	$Na_2B_4O_7·10H_2O$	放在装有 NaCl 和蔗糖饱和溶液的密闭器皿中	酸
碳酸氢钾	$KHCO_3$	K_2CO_3	270～300℃	酸
二水合草酸	$H_2C_2O_4·2H_2O$	$H_2C_2O_4·2H_2O$	室温空气干燥	碱或 $KMnO_4$
邻苯二甲酸氢钾	$KHC_8H_4O_4$	$KHC_8H_4O_4$	110～120℃	碱
重铬酸钾	$K_2Cr_2O_7$	$K_2Cr_2O_7$	140～150℃	还原剂
溴酸钾	$KBrO_3$	$KBrO_3$	130℃	还原剂
碘酸钾	KIO_3	KIO_3	130℃	还原剂
铜	Cu	Cu	室温干燥器保存	还原剂
三氧化二砷	As_2O_3	As_2O_3	室温干燥器保存	还原剂
草酸钠	$Na_2C_2O_4$	$Na_2C_2O_4$	130℃	$KMnO_4$
碳酸钙	$CaCO_3$	$CaCO_3$	110℃	EDTA

续表

基准物质		干燥后的组成	干燥条件	标定对象
名称	化学式			
锌	Zn	Zn	室温干燥器中保存	EDTA
氧化锌	ZnO	ZnO	900~1000℃	EDTA
氯化钠	NaCl	NaCl	500~600℃	$AgNO_3$
氯化钾	KCl	KCl	500~600℃	$AgNO_3$
硝酸银	$AgNO_3$	$AgNO_3$	220~250℃	氯化物
氟化钠	NaF	NaF	坩埚中500~550℃下保存40~50min后,H_2SO_4干燥器中冷却	

附录4 常用各种指示剂
(一)酸碱指示剂(18~25℃)

指示剂名称	pH变色范围	颜色变化	溶液配制方法
甲基紫(第一变色范围)	0.13~0.5	黄~绿	$1g·L^{-1}$或$0.5g·L^{-1}$的水溶液
甲酚红(第一变色范围)	0.2~1.8	红~黄	0.04g指示剂溶于100mL 50%乙醇
甲基紫(第二变色范围)	1.0~1.5	绿~蓝	$1g·L^{-1}$水溶液
百里酚蓝(麝香草酚蓝)(第一变色范围)	1.2~2.8	红~黄	0.1g指示剂溶于100mL 20%乙醇
甲基紫(第三变色范围)	2.0~3.0	蓝~紫	$1g·L^{-1}$水溶液
甲基橙	3.1~4.4	红~黄	$1g·L^{-1}$水溶液
溴酚蓝	3.0~4.6	黄~蓝	0.1g指示剂溶于100mL 20%乙醇
刚果红	3.0~5.2	蓝紫~红	$1g·L^{-1}$水溶液
溴甲酚绿	3.8~5.4	黄~蓝	0.1g指示剂溶于100mL 20%乙醇
甲基红	4.4~6.2	红~黄	0.1或0.2g指示剂溶于100mL 60%乙醇
溴酚红	5.0~6.8	黄~红	0.1或0.04g指示剂溶于100mL 20%乙醇
溴百里酚蓝	6.0~7.6	黄~蓝	0.05g指示剂溶于100mL 20%乙醇
中性红	6.8~8.0	红~亮黄	0.1g指示剂溶于100mL 60%乙醇
酚红	6.8~8.0	黄~红	0.1g指示剂溶于100mL 20%乙醇
甲酚红	7.2~8.8	亮黄~紫红	0.1g指示剂溶于100mL 50%乙醇
百里酚蓝(麝香草酚蓝)(第二变色范围)	8.0~9.6	黄~蓝	0.1g指示剂溶于100mL 20%乙醇
酚酞	8.2~10.0	无色~紫红	0.1g指示剂溶于100mL 60%乙醇
百里酚酞	9.3~10.5	无色~蓝	0.1g指示剂溶于100mL 90%乙醇

(二)酸碱混合指示剂

指示剂溶液的组成	变色点 pH	颜色 酸色	颜色 碱色	备注
三份 $1g·L^{-1}$ 溴甲酚绿酒精溶液 一份 $2g·L^{-1}$ 甲基红酒精溶液	5.1	酒红	绿	
一份 $1g·L^{-1}$ 甲基红酒精溶液 一份 $1g·L^{-1}$ 次甲基蓝酒精溶液	5.4	红紫	绿	pH=5.2 红紫 pH=5.4 暗蓝 pH=5.6 绿
一份 $1g·L^{-1}$ 溴甲酚绿钠盐水溶液 一份 $1g·L^{-1}$ 氯酚红钠盐水溶液	6.1	黄绿	蓝紫	pH=5.4 蓝绿 pH=5.8 蓝 pH=6.2 蓝紫
一份 $1g·L^{-1}$ 中性红酒精溶液 一份 $1g·L^{-1}$ 次甲基蓝酒精溶液	7	蓝紫	绿	pH=7.0 蓝紫
一份 $1g·L^{-1}$ 溴百里酚蓝钠盐水溶液 一份 $1g·L^{-1}$ 酚红钠盐水溶液	7.5	黄	绿	pH=7.2 暗绿 pH=7.4 淡紫 pH=7.6 深紫
一份 $1g·L^{-1}$ 甲酚红钠盐水溶液 三份 $1g·L^{-1}$ 百里酚蓝钠盐水溶液	8.3	黄	紫	pH=8.2 玫瑰色 pH=8.4 紫色

(三)金属离子指示剂

指示剂名称	溶液配制方法	元素	颜色变化	测定条件
酸性铬蓝 K	0.1% 乙醇溶液	Ca	红~蓝	pH=12
		Mg	红~蓝	pH=10(氨性缓冲溶液)
钙指示剂	与 NaCl 配成 1:100 的固体混合物	Ca	酒红~蓝	pH>12(KOH 或 NaOH)
铬黑 T	0.5% 水溶液;与 NaCl 配成 1:100 的固体混合物	Al	蓝~红	pH=7~8,吡啶存在下,以 Zn^{2+} 回滴
		Bi	蓝~红	pH=9~10,以 Zn^{2+} 回滴
		Ca	红~蓝	pH=10,加入 EDTA-Mg
		Cd	红~蓝	pH=10(氨性缓冲溶液)
		Mg	红~蓝	pH=10(氨性缓冲溶液)
		Mn	红~蓝	氨性缓冲溶液,加羟胺
		Ni	红~蓝	氨性缓冲溶液
		Pb	红~蓝	氨性缓冲溶液,加酒石酸钾
		Zn	红~蓝	pH=6.8~10(氨性缓冲溶液)
o-PAN	0.1% 乙醇(或甲醇)溶液	Cd	红~黄	pH=6(醇缓冲溶液)
		Co	黄~红	乙醇缓冲溶液,70~80℃ 以 Cu^{2+} 回滴
		Cu	紫~黄	pH=10(氨性缓冲溶液)
		Zn	红~黄 粉红~黄	pH=6(乙酸缓冲溶液) pH=5~7(乙酸缓冲溶液)

续表

指示剂名称	溶液配制方法	用于测定		
		元素	颜色变化	测定条件
磺基水杨酸	1%～2%水溶液	Fe(Ⅲ)	红紫～黄	pH=1.5～3
二甲基橙	0.5%乙醇(或水)溶液	Bi	红～黄	pH=1～2(HNO₃)
		Cd	粉红～黄	pH=5～6(六亚甲基四胺)
		Pb	红紫～黄	pH=5～6(乙酸缓冲溶液)
		Th(Ⅳ)	红～黄	pH=1.6～3.5(HNO₃)
		Zn	红～黄	pH=5～6(乙酸缓冲溶液)
紫脲酸胺	与NaCl配成1:100的固体混合物	Ca	红～紫	pH>12(25%乙醇)
		Cu	黄～紫	pH=7～8
		Ni	黄～紫红	pH=8.5～11.5

(四) 氧化还原指示剂

指示剂名称	$E^{\ominus}$,V $[H^+]=1mol \cdot L^{-1}$	颜色变化		溶液配制方法
		氧化态	还原态	
二苯胺	0.76	紫	无色	$10g \cdot L^{-1}$的浓H_2SO_4溶液
二苯胺磺酸钠	0.85	紫红	无色	$5g \cdot L^{-1}$的水溶液
N-邻苯氨基苯甲酸	1.08	紫红	无色	0.1g指示剂加20mL $50g \cdot L^{-1}$的Na_2CO_3溶液,用水稀至100mL
邻二氮菲-Fe(Ⅱ)	1.06	浅蓝	红	1.485g邻二氮菲加0.965g $FeSO_4$,溶解,稀至100mL($0.025mol \cdot L^{-1}$水溶液)
5-硝基邻二氮菲-Fe(Ⅱ)	1.25	浅蓝	紫红	1.608g 5-硝基邻二氮菲加0.695g $FeSO_4$,溶解,稀至100mL($0.025mol \cdot L^{-1}$水溶液)

(五) 吸附指示剂

指示剂名称	溶液配制方法	用于测定		
		可测元素(括号内为滴定剂)	颜色变化	测定条件
荧光黄	1%钠盐水溶液	Cl^-、Br^-、I^-、SCN^-(Ag^+)	黄绿～粉红	中性或弱碱性
二氯荧光黄	1%钠盐水溶液	Cl^-、Br^-、I^-(Ag^+)	黄绿～粉红	pH=4.4～7.2
四溴荧光黄(曙红)	1%钠盐水溶液	Br^-、I^-(Ag^+)	橙红～红紫	pH=1～2

附录5 常用缓冲溶液的配制

缓冲溶液组成	pK_a	缓冲液pH	缓冲溶液配制方法
氨基乙酸—HCl	2.35	2.3	取氨基乙酸150g溶于500mL水中后,加浓HCl溶液80mL,水稀至1L
H_3PO_4—柠檬酸盐	—	2.5	取$Na_2HPO_4 \cdot 12H_2O$ 113g溶于200mL水后,加柠檬酸387g,溶解,过滤后,稀至1L
一氯乙酸—NaOH	2.86	2.8	取200g一氯乙酸溶于200mL水中,加NaOH 40g,溶解后,稀至1L

续表

缓冲溶液组成	pK_a	缓冲液 pH	缓冲溶液配制方法
邻苯二甲酸氢钾—HCl	2.95	2.9	取 500g 邻苯二甲酸氢钾溶于 500mL 水中,加浓 HCl 溶液 80mL,稀至 1L
甲酸—NaOH	3.76	3.7	取 95g 甲酸和 NaOH 40g 于 500mL 水中,溶解,稀至 1L
NaAc—HAc	4.74	4.7	取无水 NaAc 83g 溶于水中,加冰醋酸 60mL,稀至 1L
六亚甲基四胺—HCl	5.15	5.4	取六亚甲基四胺 40g 溶于 200mL 水中加浓 HCl 10mL,稀至 1L
Tris—HCl [三羟甲基氨基甲烷 $NH_2C(CH_2OH)_3$]	8.21	8.2	取 25g Tris 试剂溶于水中,加浓 HCl 溶液 8mL,稀至 1L
NH_3—NH_4Cl	9.26	9.2	取 NH_4Cl 54g 溶于水中,加浓氨水 63mL,稀至 1L

注:(1)缓冲液配制后可用 pH 试纸检查。如 pH 不正确,可用共轭酸或碱调节。pH 欲调节精确时,可用 pH 计调节。
(2)若需增加或减少缓冲液的缓冲容量时,可相应增加或减少共轭酸碱对物质的量,再进行调节。

附录 6 弱酸及其共轭碱在水中的离解常数($25℃, I=0$)

弱酸	分子式	K_a	pK_a	共轭碱 pK_b	共轭碱 K_b
砷酸	H_3AsO_4	$6.31 \times 10^{-3}(K_{a1})$	2.20	11.80	$1.6 \times 10^{-12}(K_{b1})$
		$1.00 \times 10^{-7}(K_{a2})$	7.00	7.00	$1.00 \times 10^{-7}(K_{b2})$
		$3.16 \times 10^{-12}(K_{a3})$	11.50	2.50	$3.1 \times 10^{-3}(K_{b3})$
亚砷酸	H_3AsO_3	6.03×10^{-10}	9.22	4.78	1.7×10^{-5}
硼酸	H_3BO_3	5.75×10^{-10}	9.24	4.76	1.7×10^{-5}
焦硼酸	$H_2B_4O_7$	$1.00 \times 10^{-4}(K_{a1})$	4.00	10.00	$1 \times 10^{-10}(K_{b1})$
		$1.00 \times 10^{-9}(K_{a2})$	9.00	5.00	$1 \times 10^{-5}(K_{b2})$
碳酸	H_2CO_3 (CO_2+H_2O)	$4.17 \times 10^{-7}(K_{a1})$	6.38	7.62	$2.4 \times 10^{-8}(K_{b1})$
		$5.62 \times 10^{-11}(K_{a2})$	10.25	3.75	$1.8 \times 10^{-8}(K_{b2})$
氢氰酸	HCN	6.17×10^{-10}	9.21	4.79	1.6×10^{-5}
铬酸	H_2CrO_4	$1.82 \times 10^{-1}(K_{a1})$	0.74	13.26	$5.6 \times 10^{-14}(K_{b1})$
		$3.16 \times 10^{-7}(K_{a2})$	6.50	7.50	$3.1 \times 10^{-8}(K_{b2})$
氢氟酸	HF	6.61×10^{-4}	3.18	10.82	1.5×10^{-11}
亚硝酸	HNO_2	5.13×10^{-4}	3.29	10.71	1.2×10^{-11}
过氧化氢	H_2O_2	1.78×10^{-12}	11.75	2.25	5.6×10^{-3}
磷酸	H_3PO_4	$7.59 \times 10^{-3}(K_{a1})$	2.12	11.88	$1.3 \times 10^{-12}(K_{b1})$
		$6.31 \times 10^{-8}(K_{a2})$	7.20	6.80	$1.6 \times 10^{-7}(K_{b2})$
		$4.37 \times 10^{-13}(K_{a3})$	12.36	1.64	$2.3 \times 10^{-2}(K_{b3})$

续表

弱酸	分子式	K_a	pK_a	共轭碱	
				pK_b	K_b
焦磷酸	$H_4P_2O_7$	$3.02 \times 10^{-2}(K_{a1})$	1.52	12.48	$3.3 \times 10^{-13}(K_{b1})$
		$4.37 \times 10^{-3}(K_{a2})$	2.36	11.64	$2.3 \times 10^{-12}(K_{b2})$
		$2.51 \times 10^{-7}(K_{a3})$	6.60	7.40	$4.0 \times 10^{-8}(K_{b3})$
		$5.62 \times 10^{-10}(K_{a4})$	9.25	4.75	$1.8 \times 10^{-5}(K_{b4})$
亚磷酸	H_3PO_3	$5.01 \times 10^{-2}(K_{a1})$	1.30	12.70	$2.0 \times 10^{-13}(K_{b1})$
		$2.51 \times 10^{-7}(K_{a2})$	6.60	7.40	$4.0 \times 10^{-8}(K_{b2})$
氢硫酸	H_2S	1.32×10^{-7}	6.88	7.12	7.7×10^{-8}
硫酸	H_2SO_4	1.02×10^{-2}	1.99	12.01	1.0×10^{-12}
亚硫酸	H_2SO_3	$1.26 \times 10^{-2}(K_{a1})$	1.90	12.10	$7.7 \times 10^{-13}(K_{b1})$
		$6.31 \times 10^{-8}(K_{a2})$	7.20	6.80	$1.6 \times 10^{-7}(K_{b2})$
偏硅酸	H_2SiO_3	$1.70 \times 10^{-10}(K_{a1})$	9.77	4.23	$5.9 \times 10^{-5}(K_{b1})$
		$1.58 \times 10^{-12}(K_{a2})$	11.80	2.20	$6.2 \times 10^{-3}(K_{b2})$
甲酸	HCOOH	1.82×10^{-4}	3.74	10.26	5.5×10^{-11}
乙酸	CH_3COOH	1.82×10^{-5}	4.74	9.26	5.5×10^{-10}
一氯乙酸	$CH_2ClCOOH$	1.38×10^{-3}	2.86	11.14	6.9×10^{-12}
二氯乙酸	$CHCl_2COOH$	5.01×10^{-2}	1.30	12.70	2.0×10^{-13}
三氯乙酸	CCl_3COOH	2.29×10^{-1}	0.64	13.36	4.3×10^{-14}
氨基乙酸盐	$^+NH_3CH_2COOH$	$4.47 \times 10^{-3}(K_{a1})$	2.35	11.65	$2.2 \times 10^{-12}(K_{b1})$
		$2.5 \times 10^{-10}(K_{a2})$	9.60	4.40	$4.0 \times 10^{-5}(K_{b2})$
乳酸	$CH_3CHOHCOOH$	1.38×10^{-4}	3.86	10.14	7.2×10^{-11}
苯甲酸	C_6H_5COOH	6.17×10^{-5}	4.21	9.79	1.61×10^{-10}
草酸	$H_2C_2O_4$	$6.03 \times 10^{-2}(K_{a1})$	1.22	12.78	$1.7 \times 10^{-13}(K_{b1})$
		$6.46 \times 10^{-5}(K_{a2})$	4.19	9.81	$1.6 \times 10^{-10}(K_{b2})$
d-酒石酸	CHOHCOOH CHOHCOOH	$9.12 \times 10^{-4}(K_{a1})$	3.04	10.96	$1.1 \times 10^{-11}(K_{b1})$
		$4.27 \times 10^{-5}(K_{a2})$	4.37	9.63	$2.3 \times 10^{-10}(K_{b2})$
邻苯二甲酸	C₆H₄(COOH)₂	$1.12 \times 10^{-3}(K_{a1})$	2.95	11.05	$9.1 \times 10^{-12}(K_{b1})$
		$3.89 \times 10^{-6}(K_{a2})$	5.41	8.59	$2.6 \times 10^{-9}(K_{b2})$
柠檬酸	CH_2COOH $COHCOOH$ CH_2COOH	$7.41 \times 10^{-4}(K_{a1})$	3.13	10.87	$1.4 \times 10^{-11}(K_{b1})$
		$1.74 \times 10^{-5}(K_{a2})$	4.76	9.24	$5.9 \times 10^{-10}(K_{b2})$
		$3.98 \times 10^{-7}(K_{a3})$	6.40	7.60	$2.5 \times 10^{-8}(K_{b3})$
苯酚	C_6H_5OH	1.12×10^{-10}	9.95	4.05	9.1×10^{-5}
乙二胺四乙酸	H_6-EDTA^{2+}	1.26×10^{-1}	0.90	13.10	7.7×10^{-14}
	H_5-EDTA^+	2.51×10^{-2}	1.60	12.40	3.3×10^{-13}
	H_4-EDTA	1.00×10^{-2}	2.00	12.00	1×10^{-12}
	H_3-EDTA^-	2.14×10^{-3}	2.67	11.33	4.8×10^{-12}
	H_2-EDTA^{2-}	6.92×10^{-7}	6.16	7.84	1.4×10^{-8}
	$H-EDTA^{3-}$	5.50×10^{-11}	10.26	3.74	1.8×10^{-4}

续表

弱酸	分子式	K_a	pK_a	共轭碱	
				pK_b	K_b
铵离子	NH_4^+	5.50×10^{-10}	9.26	4.74	1.8×10^{-5}
联氨离子	$^+H_3NNH_3^+$	3.31×10^{-9}	8.48	5.52	3.0×10^{-6}
羟氨离子	NH_3^+OH	1.10×10^{-6}	5.96	8.04	9.1×10^{-9}
甲胺离子	$CH_3NH_3^+$	2.40×10^{-11}	10.62	3.38	4.2×10^{-4}
乙胺离子	$C_2H_5NH_3^+$	1.78×10^{-11}	10.75	3.25	5.6×10^{-4}
二甲胺离子	$(CH_3)_2NH_2^+$	8.51×10^{-11}	10.07	3.93	1.2×10^{-4}
二乙胺离子	$(C_2H_5)_2NH_2^+$	7.76×10^{-12}	11.11	2.89	1.3×10^{-3}
乙醇胺离子	$HOCH_2CH_2NH_3^+$	3.16×10^{-10}	9.50	4.50	3.2×10^{-5}
三乙醇胺离子	$(HOCH_2CH_2)_3NH^+$	1.74×10^{-8}	7.76	6.24	5.8×10^{-7}
六亚甲基四胺离子	$(CH_2)_6N_4H^+$	7.08×10^{-6}	5.15	8.85	1.4×10^{-9}
乙二胺离子	$^+H_3NCH_2CH_2NH_3^+$	$1.41 \times 10^{-7}(K_{a1})$	6.85	7.15	$7.1 \times 10^{-8}(K_{b1})$
	$H_2NCH_2CH_2NH_3^+$	$1.17 \times 10^{-10}(K_{a2})$	9.93	4.07	$8.5 \times 10^{-5}(K_{b2})$
吡啶离子	⌬NH$^+$	5.89×10^{-6}	5.23	8.77	1.7×10^{-9}

附录7 微溶化合物的溶度积($18\sim25℃, I=0$)

微溶化合物	K_{sp}	pK_{sp}	微溶化合物	K_{sp}	pK_{sp}
AgAc	2.00×10^{-3}	2.7	$BaSO_4$	1.10×10^{-10}	9.96
Ag_3AsO_4	1.00×10^{-22}	22	$Bi(OH)_3$	3.98×10^{-31}	30.4
AgBr	5.01×10^{-13}	12.3	BiOOH	3.98×10^{-10}	9.4
Ag_2CO_3	8.13×10^{-12}	11.09	BiI_3	8.13×10^{-19}	18.09
AgCl	1.78×10^{-10}	9.75	BiOCl	1.78×10^{-31}	30.75
Ag_2CrO_4	1.95×10^{-12}	11.71	$BiPO_4$	1.29×10^{-23}	22.89
AgCN	1.20×10^{-16}	15.92	Bi_2S_3	1.00×10^{-97}	97
AgOH	1.95×10^{-8}	7.71	$CaCO_3$	2.88×10^{-9}	8.54
AgI	9.33×10^{-17}	16.03	CaF_2	2.69×10^{-11}	10.57
$Ag_2C_2O_4$	3.47×10^{-11}	10.46	$CaC_2O_4 \cdot H_2O$	2.00×10^{-9}	8.70
Ag_3PO_4	1.45×10^{-16}	15.84	$Ca_3(PO_4)_2$	2.00×10^{-29}	28.70
Ag_2SO_4	1.45×10^{-5}	4.84	$CaSO_4$	9.12×10^{-6}	5.04
Ag_2S	2.00×10^{-49}	48.7	$CaWO_4$	8.71×10^{-9}	8.06
AgSCN	1.00×10^{-12}	12.00	$CdCO_3$	5.25×10^{-12}	11.28
$Al(OH)_3$(无定形)	1.26×10^{-33}	32.9	$Cd_2[Fe(CN)_6]$	3.24×10^{-17}	16.49
As_2S_3	2.09×10^{-22}	21.68	$Cd(OH)_2$(新析出)	2.51×10^{-14}	13.60
$BaCO_3$	5.13×10^{-9}	8.29	$CdC_2O_4 \cdot H_2O$	9.12×10^{-8}	7.04
$BaCrO_4$	1.17×10^{-10}	9.93	CdS	7.94×10^{-27}	26.1
BaF_2	1.00×10^{-6}	6.0	$CoCO_3$	1.45×10^{-13}	12.84
$BaC_2O_4 \cdot H_2O$	2.29×10^{-8}	7.64	$Co_2[Fe(CN)_6]$	1.82×10^{-15}	14.74

续表

微溶化合物	K_{sp}	pK_{sp}	微溶化合物	K_{sp}	pK_{sp}
Co(OH)$_2$(新析出)	2.00×10^{-15}	14.70	Mg(OH)$_2$	1.82×10^{-11}	10.74
Co(OH)$_3$	2.00×10^{-44}	43.70	MnCO$_3$	1.82×10^{-11}	10.74
Co[Hg(SCN)$_4$]	1.51×10^{-6}	5.82	Mn(OH)$_2$	1.91×10^{-13}	12.72
α-CoS	3.98×10^{-21}	20.40	MnS(无定形)	2.00×10^{-10}	9.7
β-CoS	2.00×10^{-25}	24.70	MnS(晶形)	2.00×10^{-13}	12.7
Co$_3$(PO$_4$)$_2$	2.00×10^{-35}	34.70	NiCO$_3$	6.61×10^{-9}	8.18
Cr(OH)$_3$	6.31×10^{-31}	30.20	Ni(OH)$_2$(新析出)	2.00×10^{-15}	14.7
CuBr	5.25×10^{-9}	8.28	Ni$_3$(PO$_4$)$_2$	5.01×10^{-31}	30.3
CuCl	1.20×10^{-6}	5.92	α-NiS	3.16×10^{-19}	18.5
CuCN	3.24×10^{-20}	19.49	β-NiS	1.00×10^{-24}	24.0
CuI	1.10×10^{-12}	11.96	γ-NiS	2.00×10^{-26}	25.7
CuOH	1.00×10^{-14}	14.00	PbCO$_3$	7.41×10^{-14}	13.13
Cu$_2$S	2.00×10^{-48}	47.70	PbCl$_2$	1.62×10^{-5}	4.79
CuSCN	4.79×10^{-15}	14.32	PbClF	2.40×10^{-9}	8.62
CuCO$_3$	1.38×10^{-10}	9.86	PbCrO$_4$	2.82×10^{-13}	12.55
Cu(OH)$_2$	2.19×10^{-20}	19.66	PbF$_2$	2.69×10^{-8}	7.57
CuS	6.31×10^{-36}	35.20	Pb(OH)$_2$	1.17×10^{-15}	14.93
FeCO$_3$	3.16×10^{-11}	10.50	PbI$_2$	7.08×10^{-9}	8.15
Fe(OH)$_2$	7.94×10^{-16}	15.10	PbMoO$_4$	1.00×10^{-13}	13.0
FeS	6.31×10^{-18}	17.20	Pb$_3$(PO$_4$)$_2$	7.94×10^{-43}	42.10
Fe(OH)$_3$	3.98×10^{-38}	37.40	PbSO$_4$	1.62×10^{-8}	7.79
FePO$_4$	1.29×10^{-22}	21.89	PbS	1.26×10^{-28}	27.9
Hg$_2$Br$_2$	5.75×10^{-23}	22.24	Pb(OH)$_4$	3.16×10^{-66}	65.5
Hg$_2$CO$_3$	8.91×10^{-17}	16.05	Sb(OH)$_3$	3.98×10^{-42}	41.4
Hg$_2$Cl$_2$	1.32×10^{-18}	17.88	Sb$_2$S$_3$	1.58×10^{-93}	92.8
Hg$_2$(OH)$_2$	2.00×10^{-24}	23.70	Sn(OH)$_2$	1.41×10^{-28}	27.85
Hg$_2$I$_2$	4.47×10^{-29}	28.35	SnS	1.00×10^{-25}	25.0
Hg$_2$SO$_4$	7.41×10^{-7}	6.13	Sn(OH)$_4$	1.00×10^{-56}	56.0
Hg$_2$S	1.00×10^{-47}	47.00	SnS$_2$	2.00×10^{-27}	26.7
Hg(OH)$_2$	3.02×10^{-26}	25.52	SrCO$_3$	1.10×10^{-10}	9.96
HgS(红色)	3.98×10^{-53}	52.40	SrCrO$_4$	2.24×10^{-5}	4.65
HgS(黑色)	2.00×10^{-52}	51.70	SrF$_2$	2.45×10^{-9}	8.61
MgNH$_4$PO$_4$	2.00×10^{-13}	12.70	SrC$_2$O$_4$·H$_2$O	1.58×10^{-7}	6.80
MgCO$_3$	3.47×10^{-8}	7.46	Sn$_3$(PO$_4$)$_2$	4.07×10^{-28}	27.39
MgF$_2$	6.46×10^{-9}	8.19	SrSO$_4$	3.24×10^{-7}	6.49
Ti(OH)$_3$	1.00×10^{-40}	40.00	Zn(OH)$_2$	1.20×10^{-17}	16.92
TiO(OH)$_2$	1.00×10^{-29}	29.00	Zn$_3$(PO$_4$)$_2$	9.12×10^{-33}	32.04
ZnCO$_3$	1.45×10^{-21}	20.84	ZnS	2.00×10^{-22}	21.7
Zn$_2$[Fe(CN)$_6$]	4.07×10^{-16}	15.39			

附录8　元素的相对原子质量(IUPAC,2009年公布)

元素	符号	相对原子质量	元素	符号	相对原子质量	元素	符号	相对原子质量
氢	H	1.00794	钇	Y	88.90585	铱	Ir	192.217
氦	He	4.002602	锆	Zr	91.224	铂	Pt	195.084
锂	Li	6.941	铌	Nb	92.90638	金	Au	196.966
铍	Be	9.012182	钼	Mo	95.94	汞	Hg	200.59
硼	B	10.811	锝	Tc	97.9072	铊	Tl	204.383
碳	C	12.017	钌	Ru	101.07	铅	Pb	207.2
氮	N	14.0067	铑	Rh	102.9055	铋	Bi	208.98
氧	O	15.9994	钯	Pd	106.42	钋	Po	[208.9824]
氟	F	18.998	银	Ag	107.8682	砹	At	[209.9871]
氖	Ne	20.1797	镉	Cd	112.411	氡	Rn	[222.0176]
钠	Na	22.989	铟	In	114.818	钫	Fr	[223]
镁	Mg	24.305	锡	Sn	118.71	镭	Re	[224]
铝	Al	26.981	锑	Sb	121.76	锕	Ac	[225]
硅	Si	28.0855	碲	Te	127.6	钍	Th	232.038
磷	P	30.973762	碘	I	126.90447	镤	Pa	231.035
硫	S	32.065	氙	Xe	131.293	铀	U	238.028
氯	Cl	35.453	铯	Cs	132.9054519	镎	Np	[237]
氩	Ar	39.948	钡	Ba	137.327	钚	Pu	[244]
钾	K	39.0983	镧	La	138.90547	镅	Am	[243]
钙	Ca	40.078	铈	Ce	140.116	锔	Cm	[247]
钪	Sc	44.955912	镨	Pr	140.90765	锫	BK	[247]
钛	Ti	47.867	钕	Nd	144.242	锎	Cf	[251]
钒	V	50.9415	钷	Pm	[145]	锿	Es	[252]
铬	Cr	51.9961	钐	Sm	150.36	镄	Fm	[257]
锰	Mn	54.938045	铕	Eu	151.964	钔	Md	[258]
铁	Fe	55.845	钆	Gd	157.25	锘	No	[259]
钴	Co	58.933195	铽	Tb	158.92535	铹	Lr	[262]
镍	Ni	58.6934	镝	Dy	162.5	鑪	Rf	[261]
铜	Cu	63.546	钬	Ho	164.93032	𨧀	Db	[262]
锌	Zn	65.409	铒	Er	167.259	𨭎	Sg	[266]
镓	Ga	69.723	铥	Tm	168.93421	𨨏	Bh	[264]
锗	Ge	72.64	镱	Yb	173.04	𨭆	Hs	[277]
砷	As	74.9212	镥	Lu	174.967	鿏	Mt	[268]
硒	Se	78.96	铪	Hf	178.49	𫟼	Ds	[271]
溴	Br	79.904	钽	Ta	180.94788	𬬭	Rg	[272]
氪	Kr	83.798	钨	W	183.84		Uub	[285]
铷	Rb	85.4678	铼	Re	186.207		Uuq	[289]
锶	Sr	87.62	锇	Os	190.23		Uuh	[289]

附录9 常见化合物的相对分子质量

化合物	相对分子质量	化合物	相对分子质量	化合物	相对分子质量
Ag_3AsO_4	462.52	$CaCl_2$	110.99	$FeCl_2 \cdot 4H_2O$	198.81
$AgBr$	187.77	$Ca(NO_3)_2 \cdot 4H_2O$	236.15	$FeCl_3 \cdot 6H_2O$	270.3
$AgCl$	143.32	$Ca(OH)_2$	74.09		
$AgCN$	133.89	$Ca_3(PO_4)_2$	310.18	$FeNH(SO_4)_2 \cdot 12H_2O$	482.18
$AgSCN$	165.95	$CaSO_4$	136.14	$Fe(NO_3)_3$	241.86
Ag_2CrO_4	331.73	$CdCO_3$	172.42	$Fe(NO_3)_3 \cdot 9H_2O$	404
AgI	234.77	$CdCl_2$	183.32	FeO	71.846
$AgNO_3$	169.87	CdS	144.47	Fe_2O_3	159.69
$AlCl_3$	133.34	$Ce(SO_4)_2$	332.24	Fe_3O_4	231.54
$AlCl_3 \cdot 6H_2O$	241.43	$Ce(SO_4)_2 \cdot 4H_2O$	404.3	$Fe(OH)_3$	105.87
$Al(NO_3)_3$	213	$CoCl_2$	129.84	FeS	87.91
$Al(NO_3)_3 \cdot 9H_2O$	375.13	$CoCl_2 \cdot 6H_2O$	237.93	Fe_2S_3	207.87
Al_2O_3	101.96	$Co(NO_3)_2$	132.94	$FeSO_4$	151.9
$Al(OH)_3$	78	$Co(NO_3)_2 \cdot 6H_2O$	291.03	$FeSO_4 \cdot 7H_2O$	278.01
$Al(SO_4)_3$	342.14	CoS	90.99	$FeSO_4 \cdot (NH_4)_2SO_4 \cdot 6H_2O$	392.13
$Al_2(SO_4)_3 \cdot 18H_2O$	666.41	$CoSO_4$	154.99	H_3AsO_3	125.94
As_2O_3	197.84	$CoSO_4 \cdot 7H_2O$	281.1	H_3AsO_4	141.94
As_2O_5	229.84	$Co(NH_2)_2$	60.06	H_3BO_3	61.83
As_2S_3	246.02	$CrCl_3$	158.35	HBr	80.912
		$CrCl_3 \cdot 6H_2O$	266.45	HCN	27.026
$BaCO_3$	197.34	$Cr(NO_3)_3$	238.01	$HCOOH$	46.026
BaC_2O_4	225.35	Cr_2O_3	151.99	CH_3COOH	60.052
$BaCl_2$	208.24	$CuCl$	98.999	H_2CO_3	62.025
$BaCl_2 \cdot 2H_2O$	244.27	$CuCl_2$	134.45	$H_2C_2O_4$	90.035
$BaCrO_4$	253.32	$CuCl_2 \cdot 2H_2O$	170.48	$H_2C_2O_4 \cdot 2H_2O$	126.07
BaO	153.33	$CuSCN$	121.62	HCl	36.461
$Ba(OH)_2$	171.34	CuI	190.45	HF	20.006
$BaSO_4$	233.39	$Cu(NO_3)_2$	187.56	HI	127.91
$BiCl_3$	315.34	$Cu(NO_3)_2 \cdot 3H_2O$	241.6	HIO_3	175.91
$BiOCl$	260.43	CuO	79.545	HNO_3	63.013
		Cu_2O	143.09	HNO_2	47.013
CO_2	44.01	CuS	95.61	H_2O	18.015
CaO	56.08	$CuSO_4$	159.6	H_2O_2	34.015
$CaCO_3$	100.09	$CuSO_4 \cdot 5H_2O$	249.68	H_3PO_4	97.995
CaC_2O_4	128.1	$FeCl_2$	126.75	H_2S	34.08

续表

化合物	相对分子质量	化合物	相对分子质量	化合物	相对分子质量
$CaCl_2 \cdot 6H_2O$	219.08	$FeCl_3$	162.21	NH_4VO_3	116.98
H_2SO_4	98.07	K_2O	94.196	Na_3AsO_3	191.89
$Hg(CN)_2$	252.63	KOH	56.106	$Na_2B_4O_7$	201.22
$HgCl_2$	271.5	K_2SO_4	174.25	$Na_2B_4O_7 \cdot 10H_2O$	381.37
Hg_2Cl_2	472.09	$MgCO_3$	84.314	$NaBiO_3$	279.97
HgI_2	454.4	$MgCl_2$	95.211	$NaCN$	49.007
$Hg_2(NO_3)_2$	525.19	$MgCl \cdot 6H_2O$	203.3	$NaSCN$	81.07
$Hg_2(NO_3)_2 \cdot 2H_2O$	561.22	MgC_2O_4	112.33	Na_2CO_3	105.99
$Hg(NO_3)_2$	324.6	$Mg(NO_3)_2 \cdot 6H_2O$	256.41	$Na_2CO_3 \cdot 10H_2O$	286.14
HgO	216.59	$MgNH_4PO_4$	137.32	$Na_2C_2O_4$	134
HgS	232.65	MgO	40.304	CH_3COONa	82.034
$HgSO_4$	296.65	$Mg(OH)_2$	58.31	$CH_3COONa \cdot 3H_2O$	136.08
Hg_2SO_4	497.24	$Mg_2P_2O_7$	222.55	$NaCl$	58
		$MgSO_4 \cdot 7H_2O$	246.47		
$KAl(SO_4)_2 \cdot 12H_2O$	474.38	$MnCO_3$	114.95	$NaClO$	74.442
KBr	119	$MnCl_2 \cdot 4H_2O$	197.91	$NaHCO_3$	84.007
$KBrO_3$	167	$Mn(NO_3)_2 \cdot 6H_2O$	287.04	$Na_2HPO_4 \cdot 12H_2O$	358.14
KCl	74.551	MnO	70.937	$Ha_2H_2Y \cdot 2H_2O$	372.24
$KClO_3$	122.55	MnO_2	86.937	$NaNO_2$	68.995
$KClO_4$	138.55	MnS	87	$NaNO_3$	84.995
KCN	65.116	$MnSO_4$	151	Na_2O	61.979
$KSCN$	97.18	$MnSO_4 \cdot 4H_2O$	223.06	Na_2O_2	77.978
K_2CO_3	138.21	NO	30.006	$NaOH$	39.997
K_2CrO_4	194.19	NO_2	46.006	Na_3PO_4	163.94
$K_2Cr_2O_7$	294.18	NH_3	17.03	Na_2S	78.04
$K_3[Fe(CN)_6]$	329.25	CH_3COONH_4	77.083	$Na_2S \cdot 9H_2O$	240.18
$K_4[Fe(CN)_6]$	368.35	NH_3Cl	53.491	Na_2SO_3	126.04
$KFe(SO_4)_2 \cdot 12H_2O$	503.24	$(NH_4)_2CO_3$	96.086	Na_2SO_4	142.04
$KHC_2O_4 \cdot H_2O$	146.14	$(NH_4)_2C_2O_4$	124.1	$Na_2S_2O_3$	158.1
$KHC_2O_4 \cdot KHC_2O_4 \cdot 2H_2O$	254.19	$(NH_4)_2C_2O_4 \cdot H_2O$	142.11	$Na_2S_2O_3 \cdot 5H_2O$	248.17
$KHC_4H_4O_6$	188.18	NH_4SCN	76.12	$NiCl_2 \cdot 6H_2O$	237.69
$KHSO_4$	136.16			NiO	74.69
KI	166	NH_4HCO_3	79.055	$Hi(NO_3)_2 \cdot 6H_2O$	290.79
KIO_3	214	$(NH_4)_2MoO_4$	196.01	NiS	90.75
$KIO_3 \cdot HIO_3$	389.91	NH_4NO_3	80.043	$NiSO_4 \cdot 7H_2O$	280.85
$KMnO_4$	158.03	H_2SO_3	82.07	$KNaC_4H_4O_6 \cdot 4H_2O$	282.22

化合物	相对分子质量	化合物	相对分子质量	化合物	相对分子质量
KNO_3	101.1	$(NH_4)_2HPO_4$	132.06	$Sr(NO_3)_2 \cdot 4H_2O$	283.69
KNO_2	85.104	$(NH_4)_2S$	68.14	$SrSO_4$	183.68
PbC_2O_4	295.22	$(NH_4)_2SO_4$	132.13	P_2O_5	141.94
$PbCl_2$	278.1	$SbCl_5$	299.02	$PbCO_3$	267.2
$PbCrO_4$	323.2	Sb_2O_3	291.5		
$Pb(CH_3COO)_2$	325.3	Sb_2S_3	339.68		
$Pb(CH_3COO)_2 \cdot 3H_2O$	379.3	SiF_4	104.08	$UO_2(CH_3COO)_2 \cdot 2H_2O$	424.15
		SiO_2	60.084	$ZnCO_3$	125.39
PbI_2	461	$SnCl_2$	189.62	ZnC_2O_4	153.4
$Pb(NO_3)_2$	331.2	$SnCl \cdot 2H_2O$	225.65	$ZnCl_2$	136.29
PbO	223.2	$SnCl_4$	260.52	$Zn(CH_3COO)_2$	183.47
PbO_2	239.2	$SnCl_4 \cdot 5H_2O$	350.596	$Zn(CH_3COO)_2 \cdot 2H_2O$	219.5
$Pb_3(PO_4)_2$	811.54	SnO_2	150.71	$Zn(NO_3)_2$	189.39
PbS	239.3	SnS	150.776	$Zn(NO_3)_2 \cdot 6H_2O$	97.48
$PbSO_4$	303.3	$SrCO_3$	147.63	ZnO	81.38
SO_3	80.06	SrC_2O_4	175.64	ZnS	97.44
SO_2	64.06	$SrCrO_4$	203.61	$ZnSO_4$	161.44
$SbCl_3$	228.11	$Sr(NO_3)_2$	211.63	$ZnSO_4 \cdot 7H_2O$	287.54

附录10 分析化学实验操作考试评分表

	项　目	配分	得分
电子分析天平	(1)取下、放好天平罩,检查天平,清扫天平	2	
	(2)检查和调节天平零点	1	
	(3)承接容器放置位置	1	
	(4)差减法称取基准物质	10	
	①用纸条拿取称量瓶	1	
	②称量瓶放置	1	
	③敲瓶的动作(距离适中,轻敲瓶上部……逐渐竖直,轻敲瓶口)	1	
	④无倒出烧杯或锥形瓶外	1	
	⑤开关天平门操作	1	
	⑥称量范围,超出范围扣1分,重称样品扣2分	3	
	*⑦数据记录正确,修改规范	1	
	⑧称量时间(调好零点~记录第二次读数)10min,超过扣1分	1	
	(5)结束工作(仪器复位、清洁、关天平门、罩好天平罩、关电源)	1	
	小计	15	
样品溶解	(1)加蒸馏水的操作(量具的选择、使用方法)	1	
	(2)搅拌(动作轻重合理、搅拌均匀)	1	
	(3)溶解是否完全(全溶,若加热溶解,溶解后应冷至室温)	1	
	小计	3	

续表

项 目		配分	得分
容量瓶	(1)容量瓶试漏,清洁(内壁不挂水珠)	1	
	(2)定量转移入容量瓶(转移溶液操作,冲洗烧杯、玻璃棒3~5次,不溅失)	3	
	*(3)准确稀释至标线(盖盖子之前需监考老师确认,如没确认扣1分)	2	
	(4)摇匀(3/4时初步混匀,最后混匀8~10次)	1	
	小计	7	
移液管	(1)清洁(内壁和下部外壁不挂水珠)	1	
	(2)25mL移液管用待吸溶液润洗3次(每次适量)	2	
	(3)吸取溶液(手法规范,吸空一次扣1分)	3	
	(4)调节液面至标线(管垂直,容量瓶倾斜,管尖靠容量瓶内壁,调节自如;不能超过3次,超过1次扣1分)	5	
	(5)放溶液(管垂直,锥形瓶倾斜,管尖靠锥形瓶内壁,最后停靠15s)	4	
	小计	15	
滴定	(1)滴定管试漏,清洁(自来水洗涤、蒸馏水润洗方法)	2	
	(2)用操作液润洗3次	2	
	(3)装液,无气泡(或排气泡),不漏水	3	
	*(4)调初读数为0.00mL	1	
	(5)滴定(确保平行滴定3次)	12	
	①滴定管(手法规范;连续滴加,加1滴,加半滴;不漏水)	5	
	②锥形瓶(位置适中,手法规范,溶液呈圆周运动)	3	
	③终点判断(近终点加1滴,半滴,颜色适中)	4	
	*(6)读数(手不拿盛液部位,滴定管垂直,眼与液面平行,读弯月面下缘实线最低点)	4	
	*(7)数据记录(读至0.01mL,及时记录,数据不能随意修改,需确认)	1	
	小计	25	
实验结果	c_{HCl}(平均) = mol·L^{-1}, 相对平均偏差 = %	25	
	准确度 | 分数 | 相对平均偏差 | 分数		
	±0.2%内 | 15 | ≤0.2% | 10		
	±0.5%内 | 12 | ≤0.4% | 8		
	±1%内 | 9 | ≤0.6% | 6		
	±1%以外 | 6 | >0.6% | 4		
其他	(1)数据记录,结果计算(列计算式—带入数据—计算),报告格式	6	
	(2)清洁、整齐(台面清洁、实验过程中桌面无水、仪器摆放整齐)	4	
	小计	10	
总分		100	
说明	(1)考察时,此表交给监考老师;学生用实验报告(或记录本)记录,考察完毕交实验报告		
	(2)实验应在90min时间内完成(调天平零点~滴定完毕),超过5min,扣总分1分,依次类推		
	(3)带*的项目,需监考老师确认后,方可进行下一步操作		